"十四五"普通高等学校规划教材

单片机原理与应用

张良智◎主　编
张吉卫　刘美丽◎副主编

中国铁道出版社有限公司
CHINA RAILWAY PUBLISHING HOUSE CO., LTD.

内 容 简 介

本书以 MCS-51 系列单片机 AT89S52 为例,介绍了单片机片内硬件资源及工作原理,采用汇编语言和 C51 语言编程,虚拟仿真平台 Proteus 作为设计与开发工具,讲解了单片机基本应用与开发技术。主要内容包括单片机基础知识,单片机发展历史,片内系统结构,汇编与 C51 语言,中断与定时器/计数器,串口通信,系统接口,A/D、D/A 转换等内容。

本书在每章都介绍了若干示例,以 C51 语言为主、汇编语言为辅实现了程序设计,并将单片机仿真软件 Proteus 贯穿其中。为方便读者学习,每章都安排了思考练习题。受篇幅所限,若干相关内容没有直接编入书中,而是归并到二维码中,请读者自行扫码阅读。

本书适合作为高等工科院校自动化类、电气类、电子信息类、交通类、计算机类各专业单片机相关课程的教材,也可供单片机应用设计、生产从业人员参考使用。

图书在版编目(CIP)数据

单片机原理与应用/张良智主编. —北京:中国铁道出版社有限公司,2022.6
"十四五"普通高等学校规划教材
ISBN 978-7-113-28845-7

Ⅰ.①单… Ⅱ.①张… Ⅲ.①单片微型计算机-高等学校-教材 Ⅳ.①TP368.1

中国版本图书馆 CIP 数据核字(2022)第 025342 号

书　　名:单片机原理与应用
作　　者:张良智

策　　划:张松涛　　　　　　　　　　　编辑部电话:(010)83527746
责任编辑:张松涛　绳　超
封面设计:刘　颖
责任校对:安海燕
责任印制:樊启鹏

出版发行:中国铁道出版社有限公司(100054,北京市西城区右安门西街 8 号)
网　　址:http://www.tdpress.com/51eds/
印　　刷:三河市宏盛印务有限公司
版　　次:2022 年 6 月第 1 版　2022 年 6 月第 1 次印刷
开　　本:787 mm×1 092 mm　1/16　印张:17　字数:421 千
书　　号:ISBN 978-7-113-28845-7
定　　价:49.00 元

版权所有　侵权必究

凡购买铁道版图书,如有印制质量问题,请与本社教材图书营销部联系调换。电话:(010)63550836
打击盗版举报电话:(010)63549461

前 言

随着计算机技术在社会各个领域的渗透,单片微型计算机(简称单片机)已广泛应用到工业控制、机电一体化、智能仪表、通信、家用电器等领域,并成为当今科学技术现代化的重要工具。单片机的应用提高了机电设备的技术水平和自动化程度,成为产品更新换代的重要手段。因此,高等工科院校师生和工程技术人员了解和掌握单片机的原理、结构和应用技术是十分必要的。

单片机不仅集成度高、结构简单,而且具有完整的计算机结构,随着机型的不断增多,功能越来越强大。目前,世界上生产单片机的公司数不胜数,但以 MCS-51 为核心的单片机仍是主流单片机,也是广大工程技术人员首选的机型,在国内的多数高校也都采用 MCS-51 系列单片机作为主要的讲解对象。本书以 MCS-51 单片机为例,系统介绍单片机的体系结构、工作原理、接口扩展技术、中断系统和各功能部件的硬件组成及编程应用。为了培养在工业、工程领域的生产、建设、管理、服务等第一线岗位直接从事解决实际问题、维持工作正常运行的高等技术型人才,本书在内容选取上侧重应用,通过大量的示例把在工程中广泛应用的知识、技术讲清楚,增强读者的实际应用能力。

为加强创新教育,锻炼读者创新思维,本书每章都设置了创新思维的内容,有些与章节内容直接相关,有些从宏观角度开展思维训练,作为创新人才培养的积极尝试和探索。

本书由山东交通学院张良智任主编,山东交通学院张吉卫、刘美丽任副主编,参与编写的人员有山东交通学院苏现征、李鸣,北京方智科技股份有限公司梁浩和山东山丰自动化有限公司贾增贵。具体编写分工如下:第 2 章~第 7 章、第 13 章由张良智编写;第 8 章、第 9 章由张吉卫编写;第 1 章、第 11 章由刘美丽编写;第 10 章由苏现征编写;第 12 章由李鸣编写;梁浩、贾增贵编写了本书中的应用案例。

在本书的编写过程中,参考了目前国内有关单片机方面的比较优秀的教材,在此谨向有关作者表示诚挚的感谢。

由于编者水平有限,书中难免会有疏漏之处,请广大读者批评指正。

编 者

2021 年 9 月

目 录

第1章 单片机基础知识 ·· 1
1.1 微型计算机的发展历史 ·· 1
1.2 微型计算机的组成 ··· 2
1.3 进制和转换 ··· 11
创新思维 ·· 12
思考练习题1 ·· 13

第2章 单片机概述 ·· 14
2.1 单片机的概念及分类 ·· 14
2.2 单片机的发展与趋势 ·· 15
2.3 单片机的特点与应用 ·· 17
2.4 常见单片机简介 ·· 19
创新思维 ·· 25
思考练习题2 ·· 25

第3章 单片机的结构和原理 ·· 27
3.1 AT89S52单片机的硬件组成 ·· 27
3.2 AT89S52单片机的引脚功能 ·· 28
3.3 AT89S52单片机的CPU ·· 31
3.4 AT89S52单片机的存储器结构 ··· 33
3.5 AT89S52单片机的并行I/O口 ·· 41
3.6 时钟电路与时序 ·· 44
3.7 复位操作和复位电路 ·· 46
3.8 AT89S52单片机的最小应用系统 ·· 48
3.9 看门狗定时器(WDT) ·· 48
3.10 低功耗节电模式 ··· 49
创新思维 ·· 50
思考练习题3 ·· 51

第4章 单片机的指令系统及汇编语言程序设计 ·· 54
4.1 寻址方式 ·· 54
4.2 指令系统 ·· 60
4.3 汇编语言程序设计 ··· 69
创新思维 ·· 76

I

思考练习题 4 76

第 5 章 C51 编程语言基础 78
5.1 C51 编程语言简介 78
5.2 C51 语言程序设计基础 79
5.3 C51 语言的函数 97
创新思维 100
思考练习题 5 101

第 6 章 开发工具 Keil 和仿真工具 Proteus 102
6.1 Keil C51 的使用 102
6.2 Proteus 虚拟仿真平台简介 112
创新思维 124
思考练习题 6 124

第 7 章 单片机基本 I/O 接口设计 126
7.1 单片机控制发光二极管显示 126
7.2 开关状态检测 131
7.3 单片机控制 LED 数码管的显示 133
7.4 键盘接口的设计 139
创新思维 148
思考练习题 7 149

第 8 章 中断系统的工作原理及应用 151
8.1 单片机中断技术概述 151
8.2 AT89S52 单片机的中断系统结构 151
8.3 中断允许与中断优先级的控制 154
8.4 响应中断请求的条件 157
8.5 外部中断的响应时间 158
8.6 外部中断的触发方式选择 159
8.7 中断请求的撤销 159
8.8 中断函数 160
8.9 中断系统应用设计案例 162
创新思维 165
思考练习题 8 166

第 9 章 单片机的定时器/计数器 168
9.1 定时器/计数器 T0 与 T1 的结构 168
9.2 定时器/计数器 T0 与 T1 的 4 种工作方式 170
9.3 计数器模式对外部输入的计数信号的要求 173
9.4 定时器/计数器 T1、T0 的编程应用 174

创新思维 ··· 179

思考练习题 9 ··· 180

第 10 章 单片机的串行口 ··· 182

10.1 串行通信基础 ··· 182

10.2 串行口的结构 ··· 185

10.3 串行口的 4 种工作方式 ·· 187

10.4 多机通信 ·· 195

10.5 波特率的制定方法 ·· 196

10.6 串行口应用的设计案例 ··· 198

创新思维 ··· 216

思考练习题 10 ·· 217

第 11 章 单片机系统的并行扩展 ·· 219

11.1 系统并行扩展技术 ·· 219

11.2 外部数据存储器的并行扩展 ·· 225

11.3 EEPROM 存储器的并行扩展 ·· 230

创新思维 ··· 232

思考练习题 11 ·· 233

第 12 章 单片机系统的串行扩展 ·· 234

12.1 SPI 总线串行扩展 ··· 234

12.2 I^2C 总线的串行扩展 ·· 235

创新思维 ··· 249

思考练习题 12 ·· 250

第 13 章 A/D、D/A 转换 ·· 252

13.1 单片机扩展 DAC 概述 ·· 252

13.2 单片机扩展并行 8 位 DAC0832 芯片的设计 ··· 253

13.3 单片机扩展 ADC 概述 ·· 256

13.4 单片机扩展并行 8 位 ADC0809 芯片的设计 ··· 257

创新思维 ··· 261

思考练习题 13 ·· 262

参考文献 ·· 264

第1章 单片机基础知识

微型计算机(Microcomputer)是现代电子技术和信息技术发展的产物,在生产和生活中应用广泛,其中,最为人所熟悉的是个人计算机(Personal Computer,PC)。本书所讲的单片机是一种将计算机各组成部分集成在一片芯片上的微型计算机,虽然不被普通用户所认识,但同样广泛应用于人们的日常生活中,如电视机、电冰箱、打印机和扫描仪等家用电器和办公设备中。本章将主要介绍一些与单片机相关的微型计算机的基础知识,为后续章节的学习奠定良好的基础。

1.1 微型计算机的发展历史

从结绳计数、算筹到计算尺,人类从远古时期就已开始探索提高计算速度和效率的方法。

1642年,法国数学家使用齿轮等配件制造了世界上第一台机械式计算机——帕斯卡加法器,这是人类从手动计算时代进入机械式计算时代的里程碑。

1801年,法国机械师将穿孔纸带上的小孔用于自动提花机工作流程和步骤的控制,这是现代计算机程序设计思想的萌芽。而纸带上的"有孔"和"无孔"分别类似于二进制数的0和1,是二进制数在机械控制中的早期应用。1843年,英国数学家查尔斯·巴贝奇受这种"穿孔纸带"控制思想的启发,设计了一种通用的自动计算机器——分析机。分析机以齿轮为主要部件,由蒸汽机提供动力,齿轮存放数据,通过齿轮间的啮合完成计算,穿孔纸带控制运算过程。虽然由于设计理念超越时代,巴贝奇并没有成功地制造出一台实际可用的分析机,但是分析机已经具备了现代计算机的某些基本特征,例如,存放数据的齿轮相当于存储器,齿轮啮合完成了运算器的工作,而穿孔纸带则是控制机器工作流程的程序。

1854年,英国数学家布尔创立了布尔代数,这是现代计算机工作的重要理论基础之一。1936年,"人工智能之父"艾伦·麦席森·图灵在其论文《论可计算数及其在判定问题上的应用》中提出了算法的概念和一种抽象计算机模型——"图灵机"。图灵机的基本思想是用机器模拟人用纸笔进行计算的过程,是现代计算机和人工智能领域的开端。

与图灵同时代,被称为"计算机之父"的美国数学家冯·诺依曼研究了离散变量自动电子计算机(Electronic Discrete Variable Automatic Computer,EDVAC),并和他的研究小组发表了"存储程序的通用计算机方案"。该方案解决了计算机设计中的许多关键问题,其中有三个主要设计思想需要本书读者掌握。

(1) 计算机采用的数制为二进制。采用二进制设计可降低计算机的结构复杂度。

(2) 计算机由五部分组成,包括运算器、控制器、存储器、输入设备和输出设备。其中,运算器可以完成各种算术和逻辑运算;控制器能够控制计算机的各部件协调工作;存储器用于存放程序指令和数据;输入设备和输出设备用于实现人与计算机之间的交互。

(3) 计算机的工作原理是"存储程序"的原理,即计算机工作之前,程序与数据预先存放在存储器的存储单元中;计算机工作时,控制器按照指令的存放顺序(存储单元的地址顺序)从存储单元中读取指令,然后分析并执行指令;若被执行的指令具有判断或转移的功能,则根据判断结果或转移要求确定后续指令读取的顺序,从而控制指令的执行顺序;上述过程将重复进行,直到遇到停机指令。

"存储程序的通用计算机方案"的提出标志着人类进入了电子计算机时代,是计算机科学发展的又一座里程碑。而按照该方案设计的计算机称为"冯·诺依曼机",世界上第一台通用计算机"埃尼阿克"(Electronic Numerical Integrator And Calculator,ENIAC)就是按照该方案设计的。

从埃尼阿克起,微型计算机的发展经历了电子管计算机、晶体管计算机、集成电路计算机和大规模集成电路计算机四个阶段。电子管计算机以电子管为主要逻辑器件,使用磁鼓存储数据,体积大、运算速度慢,编程语言为机器语言;晶体管计算机以比电子管体积更小的晶体管为主要器件,采用磁心存储器,速度快、价格昂贵,可以使用高级语言(如 FORTRAN 语言)进行程序设计;集成电路将多个元器件集成在一片半导体芯片上,以集成电路为主要逻辑器件的计算机体积更小、速度更快、功耗更低;从 20 世纪 70 年代初开始至今,计算机进入了大规模集成电路时代,一片半导体芯片上可以集成几十万甚至几百万个元器件,使得计算机的体积更小、价格更低、性能和可靠性更高。

1.2　微型计算机的组成

在微型计算机的五个组成部分(运算器、控制器、存储器、输入设备和输出设备)中,运算器和控制器是核心部分,由它们所构成的运算和控制中心称为微处理器(Microprocessor)或中央处理器(Central Processing Unit,CPU)。存储器用于存放程序指令和数据,可分为只读存储器(Read-Only Memory,ROM)和随机存储器(Random Access Memory,RAM)两大类。输入设备和输出设备因其电压、电流和数据传输速度等与微处理器不匹配,而必须通过输入/输出接口(I/O 接口)才能与微处理器相连。本节将介绍微型计算机系统的层次关系和体系结构及微型计算机各组成部分的功能和相关基础知识。

1.2.1　微型计算机系统的层次关系和体系结构

微处理器、存储器和 I/O 接口需要通过总线连接在一起,总线按功能可以分为三类:①地址总线(Address Bus,AB),负责传输存储单元的地址信息,微处理器通过地址信息才能找到存储单元或 I/O 接口;②数据总线(Data Bus,DB),负责在 CPU 和存储器(或 I/O 接口)之间传输数据;③控制总线(Control Bus,CB),用于传输微处理器的控制信号,如确定数据总线上的数据流向(数据由微处理器流向存储器或 I/O 接口时,被视为输出数据,即 CPU 执行"写"操作;反之,被视为输入数据,即 CPU 执行"读"操作)。

1. 微型计算机系统的层次关系

图 1-1 给出了微型计算机的组成结构图,图 1-2 给出了微型计算机系统的层次关系,由这两个图可知,仅有微处理器无法构成微型计算机,而没有软件支持的微型计算机硬件也无法工作,只有软件和硬件配合构成的微型计算机系统才能为人所用。

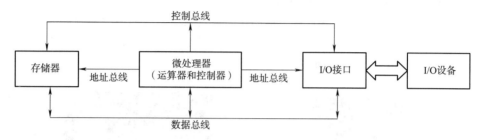

图 1-1　微型计算机的组成结构

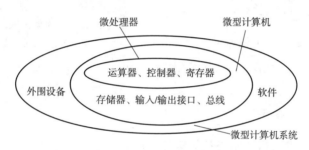

图 1-2　微型计算机系统的层次关系

在微型计算机系统中,运算器和控制器集成在一片芯片上,称为微处理器芯片,其外形如图 1-3 所示。而单片机是将微处理器、存储器和输入/输出接口(I/O 接口)集成在一片芯片上的单片型微型计算机,简称单片机(Single-chip Computer),其外形如图 1-4 所示。

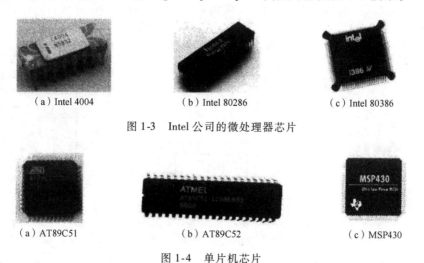

（a）Intel 4004　　　（b）Intel 80286　　　（c）Intel 80386

图 1-3　Intel 公司的微处理器芯片

（a）AT89C51　　　（b）AT89C52　　　（c）MSP430

图 1-4　单片机芯片

作为半导体芯片，微处理器芯片和单片机芯片均利用引脚与其他电路或芯片相连，其引脚按功能可以分为供电引脚、传输数据的引脚、传输地址的引脚、传输控制信号的引脚和其他辅助功能引脚，其中传输数据（Data）、地址（Address）和控制（Control）信号的引脚称为总线（Bus）。

图 1-5 给出了微机计算机系统和单片机系统的外观。微机计算机系统的特点是功能丰富、用途广、价格高，属于通用型微型计算机，其核心是集成了运算器和控制器的微处理器芯片，而存储器和 I/O 接口被放置在多块不同的印制电路板上。与通用型微型计算机不同，单片机功能简单、用途单一、价格便宜，属于专用型微型计算机，常被用作控制系统的控制器，因此又称微控制器（Micro-Controller Unit，MCU）。

（a）微型计算机系统外观　　　　　　（b）单片机系统外观

图 1-5　微机计算机系统与单片机系统的外观图

2. 微型计算机的体系结构

1964 年，IBM 公司的阿姆达尔将计算机体系结构（Computer Architecture）定义为"程序员所看到的计算机属性，即概念性结构与功能特性"。目前，主要的计算机体系结构有冯·诺依曼结构和哈佛结构。

1）冯·诺依曼结构

按照冯·诺依曼的"存储程序"的原理所设计的计算机体系结构为冯·诺依曼结构（又称普林斯顿结构），其系统结构如图 1-6 所示。使用 Intel 公司 x86 系列微处理器的计算机均为冯·诺依曼结构。

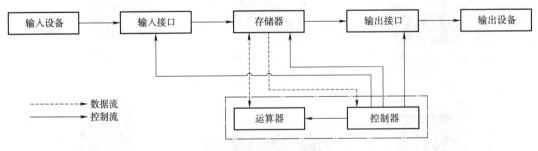

图 1-6　冯·诺依曼结构

冯·诺依曼结构的特点是，指令和数据存放在同一个存储器的不同存储单元中，使用同一套总线（地址总线、数据总线和控制总线）进行读或写的访问。这种体系结构的缺点是：

（1）因为使用同一套总线访问指令和数据，所以数据和指令的宽度（即所含二进制数的位数)是相同的,而且不能同时访问指令和数据。

(2)因为指令和数据在存储器中混合存放,为了避免混淆,必须在程序中进行存储器空间的逻辑划分,将指令和数据划分入不同的逻辑空间,例如,Intel 公司的 16 位 CPU 8086 将存储器划分成不同的逻辑段,包括存放数据的数据段和存放指令的代码段等,这使得计算机程序的结构相对复杂。

2)哈佛结构

计算机的哈佛结构如图 1-7 所示,与冯·诺依曼结构相比,其最大特点是指令和数据分别存放在不同的物理存储器中,并通过两套总线进行访问。这种结构的优点是:

(1)指令和数据的宽度可以不同,可以实现指令和数据的同时访问。

(2)因为指令和数据的存储空间在物理上是独立的,因此不需要在程序中进行存储器空间的逻辑划分,程序结构相对简单。哈佛结构因其能够有效提高计算机的数据吞吐量,而被广泛应用于嵌入式微型计算机,如以 MCS-51 单片机为代表的各种微控制器。

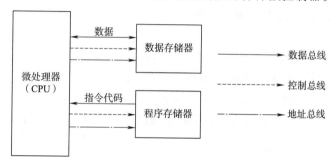

图 1-7 哈佛结构

1.2.2 微处理器

微处理器(CPU)是计算机的核心部件,其中除了运算器和控制器外,还包括用于暂存数据的寄存器和传输信息用的内部总线。图 1-8 所示为一个简化的 CPU 模型,CPU 需要通过三总线(数据总线、地址总线和控制总线)与存储器和 I/O 接口进行通信和联络。本小节将介绍微处理器各组成部件的功能以及微处理器的主要性能指标。以微处理器为核心部件,微机系统发展历程详细内容见二维码。

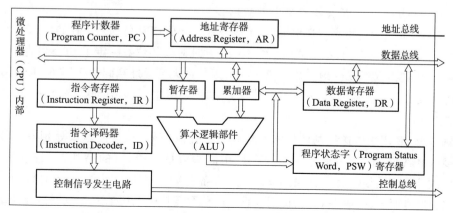

CPU 与微型计算机系统发展历程

图 1-8 简化的 CPU 模型

1. 微处理器各部件的功能

1）运算器

运算器由算术逻辑部件（Arithmetic and Logical Unit,ALU）、累加器和暂存器等部件构成。ALU是运算器的核心部件,可以完成两个数的加法、减法、比较以及与、或、非等运算,参与运算的两个数分别由累加器和暂存器提供。ALU的运算结果被送回累加器,并且运算结果的状态将被记录在程序状态字（Program Status Word,PSW）寄存器中。这里所谓的运算结果状态是指运算是否产生了进位、借位,运算结果是否为零,是否为负数等,每种状态均以1位二进制数来表示。

2）寄存器

寄存器是CPU内部用于存储信息的物理器件。所谓的信息可以是数据、地址或指令。比如,累加器是用于存放数据的寄存器;PSW是用于存放ALU运算结果状态的寄存器;而指令寄存器（IR）存放从存储器中读取的指令代码。

3）控制器

控制器是控制和协调计算机各部件协同工作的机构,主要包括程序计数器（PC）、指令寄存器（IR）、指令译码器（ID）和控制信号发生电路。

控制器按照预定顺序改变主电路或控制电路的接线和改变电路中电阻值来控制电动机的启动、调速、制动和反向,它是发布命令的"决策机构",即完成协调和指挥整个计算机系统的操作。

4）系统总线

系统总线上传送的信息包括数据信息、地址信息、控制信息,因此,系统总线包含有三种不同功能的总线,即数据总线DB（Data Bus）、地址总线AB（Address Bus）和控制总线CB（Control Bus）。

数据总线DB用于传送数据信息。数据总线是双向三态形式的总线,既可以把CPU的数据传送到存储器或I/O接口等其他部件,也可以将其他部件的数据传送到CPU。数据总线的位数是微型计算机的一个重要指标,通常与微处理器字长一致。例如,Intel 8086微处理器字长为16位,其数据总线宽度也是16位。需要指出的是,数据的含义是广义的,它可以是真正的数据,也可以是指令代码或状态信息,有时甚至是一个控制信息,因此,在实际工作中,数据总线上传送的并不一定是真正意义上的数据。

地址总线AB是专门用来传送地址的,由于地址只能从CPU传向外部存储器或I/O接口,所以地址总线总是单向三态的,这与数据总线不同。地址总线的位数决定了CPU可直接寻址的内存空间大小,比如,8位微机的地址总线为16位,则其最大可寻址空间为$2^{16}=64$ KB,16位微型机的地址总线为20位,其可寻址空间为$2^{20}=1$ MB。一般来说,若地址总线为n位,则可寻址空间为2^n字节。

控制总线CB用来传送控制信号和时序信号。控制信号中,有的是微处理器送往存储器和I/O接口电路的,如读/写信号、片选信号、中断响应信号等;有的是其他部件反馈给CPU的,如中断申请信号、复位信号、总线请求信号、设备就绪信号等。因此,控制总线的传送方向由具体控制信号而定,一般是双向的,控制总线的位数要根据系统的实际控制需要而定。实际上控制总线的具体情况主要取决于CPU。

2. 微处理器的主要性能指标

微处理器的主要性能指标有字长和指令执行时间,分别用于衡量微处理器的运算能力和运算速度。

1)字长

字长是微处理器一次可以处理的二进制数的位数。字长越长,CPU 的计算能力越强、计算速度越快。比如,Intel 公司 1971 年推出的第一代微处理器 Intel 4004 的字长是 4 位,每次只能进行 4 位二进制数计算,4 位二进制无符号数的数值范围是 0~15;而该公司生产的微处理器 Intel 80386 的字长是 32 位,每次可以完成 32 位二进制数的计算,32 位二进制无符号数的数值范围是 0~4 294 967 295。

2)指令执行时间

指令执行时间越短,速度越快。指令执行时间与微型计算机的时钟频率有关,每条指令执行所消耗的时钟周期个数是固定的,因此时钟频率越高,指令执行速度越快。

1.2.3 存储器

在微型计算机中,存储器主要用于存放数据和指令。存储器由半导体存储器芯片构成,包含若干个存储单元,每个存储单元可以存放若干位二进制数,每个存储单元都被分配一个地址,即存储单元地址。微处理器读/写存储器时必须提供存储单元的地址。

存储器的结构示意图如图 1-9 所示。存储器分为若干大小一致的单元,每个单元都有地址编号,如 00H、01H、FFFFH 等,地址连续编号。存储器内由控制线、写控制线和内部总线连接到所有单元。读/写控制线负责发送读信号和写信号,内部总线负责传递数据到存储器外的数据总线。

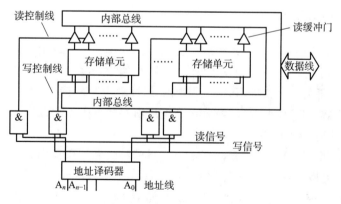

图 1-9 存储器的结构示意图

因存储器中存储单元数量众多,对每个单元进行存入和读取前,必须明确知道对哪个编号的单元进行操作。这个功能由地址总线负责完成。CPU 发出目标操作单元的地址信号到地址总线,地址总线连接到地址译码器,通过译码器后确定了要操作单元的物理位置,译码操作见图 1-10。译码器与所有存储器的每个单元都直接连接,配合读/写控制信号就可以进行存取操作。

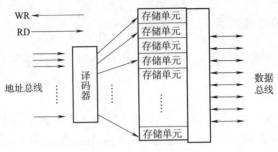

图 1-10 存储器译码示意图

存储器有两类，包括随机存储器(RAM)和只读存储器(ROM)。RAM 中的信息可以被读、写，既能存放数据，也能存放指令代码。而 ROM 中的信息只能被读取，不能被修改，因此 ROM 只能存放指令代码或程序执行过程中保持不变的数据。

1. 随机存储器 RAM

RAM 是与 CPU 直接交换数据的内部存储器。它可以随时读写(刷新时除外)，而且速度很快，通常作为操作系统或其他正在运行中的程序的临时数据存储介质。RAM 工作时可以随时从任何一个指定的地址写入(存入)或读出(取出)信息。它与 ROM 的最大区别是数据的易失性，即一旦断电，所存储的数据将随之丢失。RAM 在计算机和数字系统中用来暂时存储程序、数据和中间结果。

RAM 所谓"随机存取"，指的是当存储器中的数据被读取或写入时，所需要的时间与这段信息所在的位置或所写入的静态随机存储器位置无关。相对应的，读取或写入"顺序存取"方式的数据时，所需要的时间与位置就会有关系。

根据存储单元的工作原理不同，RAM 分为静态 RAM 和动态 RAM。

2. 只读存储器 ROM

只读存储器(Read-Only Memory，ROM)以非破坏性读出方式工作，只能读出无法写入信息。信息一旦写入后就固定下来，即使切断电源，信息也不会丢失，所以又称固定存储器。ROM 所存数据通常是装入整机前写入的，整机工作过程中只能读出，不像随机存储器能快速方便地改写存储内容。ROM 所存数据稳定，断电后所存数据也不会改变，并且结构较简单，使用方便，因而常用于存储各种固定程序和数据。

ROM 有多种类型，且每种只读存储器都有各自的特性和适用范围。从其制造工艺和功能上分，ROM 有五种类型，即掩模只读存储器 MROM(Mask-programmed ROM)、可编程只读存储器 PROM(Programmable ROM)、可擦编程只读存储器 EPROM(Erasable Programmable ROM)、电可擦编程只读存储器 EEPROM(Electrically-Erasable Programmable ROM)和闪速存储器(Flash Memory)。

1) 掩模只读存储器

掩模只读存储器中存储的信息由生产厂家在掩模工艺过程中"写入"。在制造过程中，将资料以一特制光罩(Mask)烧录于线路中，有时又称"光罩式只读内存"(Mask ROM)，此内存的制造成本较低。其行线和列线的交点处都设置了 MOS 管，在制造时的最后一道掩模工艺，按照规定的编码布局来控制 MOS 管是否与行线、列线相连。相连者定为1(或0)，未连者定为

0(或1),这种存储器一旦由生产厂家制造完毕,用户就无法修改。

MROM 的主要优点是存储内容固定,掉电后信息仍然存在,可靠性高。缺点是信息一次写入(制造)后就不能修改,很不灵活且生产周期长,用户与生产厂家之间的依赖性大。CD-ROM 光盘多采用这种技术。

2）可编程只读存储器(PROM)

可编程只读存储器允许用户通过专用设备(编程器)一次性写入自己所需要的信息,其一般可编程一次,PROM 存储器出厂时各个存储单元皆为1,或皆为0。用户使用时,再使用编程的方法使 PROM 存储所需要的数据。

PROM 的种类很多,需要用电和光照的方法编写与存放程序和信息。但仅仅只能编写一次,第一次写入的信息就被永久性地保存起来。例如,双极性 PROM 有两种结构:一种是熔丝烧断型;另一种是 PN 结击穿型。它们只能进行一次性改写,一旦编程完毕,其内容便是永久性的。由于可靠性差,又是一次性编程,较少使用。PROM 中的程序和数据是由用户利用专用设备自行写入,一经写入无法更改,永久保存。PROM 具有一定的灵活性,适合小批量生产,常用于工业控制机或电器中。

3）可擦编程只读存储器(EPROM)

可擦编程只读存储器可多次编程,是一种以读为主的可写可读的存储器。是一种便于用户根据需要来写入,并能把已写入的内容擦去后再改写的 ROM。其存储的信息可以由用户自行加电编写,也可以利用紫外线光源或脉冲电流等方法先将原存的信息擦除,然后用写入器重新写入新的信息。EPROM 比 MROM 和 PROM 更方便、灵活、经济实惠。但是 EPROM 采用 MOS 管,速度较慢。

擦除存储内容可以采用以下方法:电的方法(称为电可改写 ROM)或用紫外线照射的方法(称为光可改写 ROM)。光可改写 ROM 可利用高电压将资料编程写入,擦除时将线路曝光于紫外线下,则资料可被清空,并且可重复使用,通常在封装外壳上会预留一个石英透明窗以方便曝光。

4）电可擦编程只读存储器(EEPROM)

电可擦编程只读存储器是一种随时可写入而无须擦除原先内容的存储器,其写操作比读操作时间要长得多,EEPROM 把不易丢失数据和修改灵活的优点组合起来,修改时只需使用普通的控制、地址和数据总线。EEPROM 运作原理类似 EPROM,但擦除的方式是使用高电场完成的,因此不需要透明窗。EEPROM 比 EPROM 贵,集成度低,成本较高,一般用于保存系统设置的参数、IC 卡上存储信息、电视机或空调中的控制器。但由于其可以在线修改,所以可靠性不如 EPROM。

5）闪速存储器(Flash Memory)

闪速存储器是英特尔公司 20 世纪 90 年代中期发明的一种高密度、非易失性的读/写半导体存储器,它既有 EEPROM 的特点,又有 RAM 的特点,是一种全新的存储结构,又称快闪存储器。它在 20 世纪 80 年代中后期首次推出,快闪存储器的价格和功能介于 EPROM 和 EEPROM 之间。

与 EEPROM 一样,快闪存储器使用电可擦技术,整个快闪存储器可以在几秒内被擦除,速度比 EPROM 快得多。另外,它能擦除存储器中的某些块,而不是整块芯片。然而快闪存储器不提供字节级的擦除,与 EPROM 一样,快闪存储器每位只使用一个晶体管,因此能获得与

EPROM 一样的高密度(与 EEPROM 相比较)。快闪存储器芯片采用单一电源(3 V 或者 5 V)供电,擦除和编程所需的特殊电压由芯片内部产生,因此可以在线系统擦除与编程。

快闪存储器也是典型的非易失性存储器,在正常使用情况下,其浮置栅中所存电子可保存 100 年而不丢失。目前,闪存已广泛用于制作各种移动存储器,如 U 盘及数码照相机/摄像机所用的存储卡等。

1.2.4 数据存取过程

图 1-11 给出了 MCS-51 单片机的微处理器从程序存储器中读取一条指令"MOV A,#12H"(该指令中"#12H"代表十六进制数 12H,即十进制数 18,A 代表累加器,指令功能是将数字 12H 送入累加器)的过程示意图,可以帮助读者更好地理解计算机的工作原理,即"存储程序"的原理。

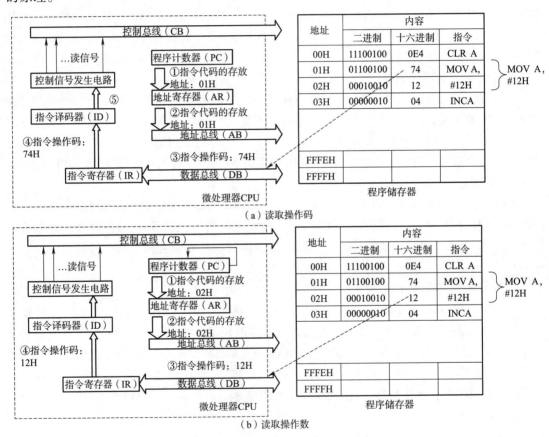

图 1-11 指令"MOV A,#12H"读取过程示意图

所有单片机可执行的指令存放在程序存储器中,程序存储器分为若干大小一致的单元,每个单元都有地址编号,如 00H、01H、FFFFH 等,地址连续编号。每个单元存放一定的指令,也有多个连续单元共同存放一个指令。指令知识参见后续汇编语言章节的介绍。

读写存储器时必须提供被访问存储单元的地址,该地址由程序计数器(PC)提供。PC 中始终存放下一条指令的地址。

图 1-11 中的①~⑤是指令执行步骤的序号。

①为从 PC 中读取地址 01H,将取到的地址存放到地址寄存器 AR 中。读指令的过程中,PC 的值会自动增加(当程序出现分支或循环时可能是减小)指向下一个存储单元,为取下一条指令做准备。

②根据 AR 中的地址,通过地址总线查找到该地址单位存放的指令码。

③将查找到的指令码传到数据总线,若是指令操作码,传到指令寄存器 IR,若是指令操作数,传到数据寄存器 DR。

④指令操作码用于指明指令要完成的操作,需要经指令译码器翻译后才能被 CPU"理解",而指令操作数是被指令处理的数据,不需要指令译码器翻译,本示例中直接存入累加器 A 中。

⑤指令操作码经指令译码器译码后,将命令传给控制信号发生电路,由控制总线发起读取指令操作数的动作,即从①开始下一个循环的操作。

另外,单片机进行数据存储器读、写的过程与读取指令操作数的过程类似,主要差别是数据存放在数据存储器中,并且其存储单元的地址不由 PC 提供。

1.3 进制和转换

在微型计算机中,所有信息(如数值、符号和图像等)均以二进制形式存储、传输和计算。由于二进制数冗长、不方便读写和辨认,因此,现代微型计算机也支持编程时使用书写长度更短的十六进制数和十进制数,同时也为各种非数值信息提供了相应的数值编码(即用数值表示非数值信息)方法。

计算机应用中,最常用的数制有二进制(Binary)、十六进制(Hexadecimal)和十进制(Decimal)。本小节将介绍这三种进制的数值表示方法,以及它们之间的转换方法。

1. 进制数的表示和计算

二进制数由数字 0 和 1 表示,十进制数由数字 0~9 表示,而十六进制数则由数字 0~9 以及大写或小写的英文字母 A、B、C、D、E 和 F 表示。表 1-1 给出了部分二进制数、十进制数和十六进制数之间的对应关系。

表 1-1 部分二进制数、十进制数和十六进制数之间的对应关系

十进制数	二进制数	十六进制数	十进制数	二进制数	十六进制数
0	0000	0	8	1000	8
1	0001	1	9	1001	9
2	0010	2	10	1010	A
3	0011	3	11	1011	B
4	0100	4	12	1100	C
5	0101	5	13	1101	D
6	0110	6	14	1110	E
7	0111	7	15	1111	F

数值通常以其数制的英文名称的开头字母(大、小写均可)为后缀,例如,10B、7FH 和 39D 分别为二进制、十六进制和十进制数。十进制数的后缀字母 D 可以省略。进行加法计算时,二进制数、十进制数和十六进制数分别遵循"逢二进一"、"逢十进一"和"逢十六进一"的原则。例如,1B + 01B = 10 B;09D + 1D = 10D;09H + 1H = 0AH。

2. 进制的转换

任意一个数 $a_{n-1}a_{n-2}\cdots a_0 a_{-1} a_{-2} \cdots a_{-m}$,无论其以何种进制表示,都可以按照下式转换成对应的十进制数 N:

$$N = \sum_{i=-m}^{n-1} a_i \times b^i = a_{n-1} \times b^{n-1} + a_{n-2} \times b^{n-2} + \cdots + a_0 \times b^0 + a_1 \times b^{-1} + a_{-2} \times b^{-2} + \cdots + a_{-m} \times b^{-m}$$

(1-1)

式中,b 为基数,二进制数、十进制数和十六进制数的基数分别为 2、10 和 16;a_i 为数的第 i 位,是在 $0 \sim (b-1)$ 范围内的自然数;b^i 为该数第 i 位的权值;n 和 m 分别为该数整数部分和小数部分的位数。可见,将任意进制数转换为十进制数是一个加权求和的过程。例如,十六进制转换为十进制数,$0FAH = 0FH \times 16^1 + 0AH \times 16^0 = 15 \times 16 + 10 \times 1 = 250D = 250$。

数据在计算机中的表示和编码

将十进制数转换为二进制数和十六进制数时,应重复进行除法,直到余数为 0 为止,并且各次除法所得的余数中,最先得到和最后得到的余数分别为转换结果的最低位和最高位,其他依此类推。

所有数据在计算机中都以二进制方式存在,但又分为原码、补码和反码等几种形式,具体内容请参考二维码资料。

创 新 思 维

1. 二进制的起源

"逢二进一"的运算方式最初是由 18 世纪德国数学家、哲学家莱布尼茨发现的,这个发现奠定了第三次计算机革命的基础。在德国图林根著名的郭塔王宫图书馆保存着一份弥足珍贵的手稿,其中有关于 1、0 的描述内容。

二进制的起源与中国古代的一本著作《易经》也有着莫大的关联。《易经》中太极是说宇宙混沌在一起的大气之气,两仪即为二进制的位 0 和 1,四象即两位二进制组合的 4 种状态,八卦即 3 位二进制组合的 8 种状态,"万有一千五百二十,当万物之数也"是二进制通过运算后所得的一个数,此数总计一万一千五百二十,相当于万物之数宗。可见,《易经》是通过二进制来研究天地之间万物的一门科学,是二进制最早的起源。莱布尼茨受中国阴阳太极影响,他也进行了诸多的研究,推演出二进制,莱布尼茨在 1679 年 3 月 15 日记录下他的二进制体系的同时,还设计了一台可以完成数码计算的机器,就此,二进制时代被开启。

2. 计算机采用二进制的创新思路——删繁就简

十进制起源更早,并且在生产生活中已经广泛应用,最早的计算机也曾经使用过十进制,甚至其他进制(苏联曾研制过三进制计算机),但由于早期机械、电气方面的技术不够先进,使用其他进制显然比只有两种状态的二进制更容易出错,为提高容错性能,使用二进制更具优势,因此二进制计算机就沿用了下来。

思考练习题 1

一、填空题

1. 除了单片机这一名称之外,单片机还可称为(　　　)或(　　　)。
2. 单片机与普通微型计算机的不同之处在于其将(　　)、(　　)和(　　)三部分,通过内部(　　)连接在一起,集成于一片芯片上。
3. 将二进制数 00111001.010111B 转换为十六进制数为(　　　)。
4. 与冯·诺依曼结构相比,哈佛结构的最大特点是(　　　　　)。

二、单项选择题

1. 中央处理器(CPU)中不包含的部件是(　　)。
   A. 控制器　　　B. 总线　　　C. 寄存器　　　D. 运算器
2. 一般情况优盘属于(　　)。
   A. EPROM　　　B. RAM　　　C. DRAM　　　D. Flash Memory
3. 下列数值最大的是(　　)。
   A. 170　　　B. 10101100 B　　　C. ADH　　　D. 11001010 B
4. 冯·诺依曼提出的计算机设计中三个主要思想,不包括(　　)。
   A. 计算机采用二进制数制
   B. 计算机由运算器、控制器、存储器、输入设备和输出设备等部分组成
   C. 存储程序的原理
   D. 数据存储与程序存储分开

三、简答题

1. 将十进制数 0.359 8 转换为二进制数,列出计算过程。
2. 列出各种不同的存储器的功能特点。
3. 试分析微处理器从程序存储器中读取一条指令的过程。

第2章 单片机概述

本章介绍单片机的基础知识。Intel 公司的 8051 单片机被世界许多厂商作为基核,先后推出多种兼容机型,在世界范围内得到广泛应用,已成为国内外公认的标准体系结构。在众多的兼容机型中,美国 ATMEL 公司的 AT89S5X 系列中的增强型 AT89S52 单片机非常适合作为单片机初学者的入门机型。本章除了对 AT89S51/52 单片机作简单介绍外,还对嵌入式处理器家族中其他成员,如数字信号处理器(DSP)、嵌入式微处理器进行概括性介绍,以使读者对其有初步了解,为后续学习数字信号处理器、嵌入式微处理器打下基础。

单片机自 20 世纪 70 年代问世以来,已广泛应用在工业自动化、自动控制与检测、智能仪器仪表、机电一体化设备、汽车电子、家用电器等方面。

2.1 单片机的概念及分类

单片机就是在一片半导体硅片上,集成了中央处理器(CPU)、存储器(RAM、ROM)、中断系统、定时器/计数器、并行 I/O、串行 I/O、时钟电路及系统总线,用于测控领域的单片微型计算机,简称单片机。

由于单片机在使用时,通常处于测控系统的核心地位并嵌入其中,所以国际上通常把单片机称为嵌入式控制器(Embedded Micro Controller Unit,EMCU)或微控制器(Micro Controller Unit,MCU)。在我国,大部分工程技术人员则习惯使用"单片机"这一名称。

单片机的问世,是计算机技术发展史上的一个重要里程碑,它标志着计算机正式形成了通用计算机和嵌入式计算机两大分支。单片机芯片体积小、成本低,可广泛地嵌入工业控制单元、智能仪器仪表、机器人、武器系统、家用电器、办公自动化设备、金融电子系统、汽车电子系统、玩具、个人信息终端以及通信产品中。

单片机按照其用途可分为通用型和专用型两大类。

通用型单片机就是其内部可开发的资源(如存储器、I/O 等各种外围功能部件)全部提供给用户,用户可根据实际需要,设计一个以通用单片机芯片为核心,再配以外围接口电路及其他外围设备(简称外设),并编写相应的程序来实现其测控功能,以满足各种不同测控系统的功能需求。通常所说的和本书所介绍的单片机均指通用型单片机。

专用型单片机是专门针对某些产品的特定用途而制作。例如,各种家用电器中的控制器等。由于用作特定用途,单片机芯片制造商常与产品厂家合作,设计和生产"专用"的单片机芯片。在设计中,已经对"专用"单片机的系统结构最简化、可靠性和成本的最佳化等方面都做了全面综合考虑,所以"专用"单片机具有十分明显的综合优势。但是,专用型单片机的基本结构和工作原理都是以通用单片机为基础的。

2.2 单片机的发展与趋势

2.2.1 单片机的发展历史

单片机根据其基本操作处理的二进制位数可分为:8位单片机、16位单片机以及32位单片机。

单片机的发展历史可大致分为4个阶段。

第一阶段(1974—1976年):单片机初级阶段。因工艺限制,单片机采用双片的形式,而且功能比较简单。1974年12月,仙童半导体公司(Fairchild Semiconductor)推出了8位的F8单片机,实际上只包括了8位CPU、64B RAM和2个并行口。

第二阶段(1976—1978年):低性能单片机阶段。1976年Intel公司推出的MCS-48单片机(8位),极大地促进了单片机的变革和发展,1977年GI公司推出了PIC1650,但这个阶段的单片机仍然处于低性能阶段。

第三阶段(1978—1983年):较高性能单片机阶段。这个阶段推出的单片机普遍带有串行I/O口、多级中断系统、16位定时器/计数器,片内ROM、RAM容量加大,且寻址范围可达64KB,有的片内还带有A/D转换器。由于这类单片机性价比高,从而得到广泛应用。典型代表产品为Intel公司的MCS-51系列,Motorola公司的6801单片机。此后,与MCS-51系列兼容的8位单片机得到迅速发展,各公司的新机型不断涌现。

第四阶段(1983年至今):8位单片机巩固发展及16位、32位单片机推出阶段。20世纪90年代是单片机制造业大发展时期,这个时期的Motorola、Intel、Microchip、ATMEL、得州仪器(TI)、三菱、日立、飞利浦、韩国LG等公司也开发了一大批性能优越的单片机,极大地推动了单片机的推广与应用。近年来,又有不少新型的高集成度的单片机不断涌现,出现了单片机产品百花齐放、丰富多彩的局面。目前,除了8位单片机得到广泛应用之外,16位、32位单片机也受到广大用户的青睐,得到普及。

16位单片机的操作速率及数据吞吐能力等性能指标比8位机有较大提高,目前以Intel的MCS-96/196系列、TI(得州仪器)的MSP430系列及Motorola的68HC11系列为主。

16位单片机主要应用于工业控制、智能化仪器仪表、便携式设备等,其中,TI的MSP430系列因超低功耗的特性广泛应用于低功耗场合。

由于8位、16位单片机数据吞吐率有限,在语音、图像、工业机器人、网络以及无线数字传输技术需求的驱动下,开发、使用32位单片机芯片就成为一种必然趋势。目前,各大芯片厂家纷纷推出各自的32位嵌入式单片机芯片,主要有Motorola、TOSHIBA、HITACH、NEC、EPSON、SAMSUNG、ATMEL、Philips等,其中,32位ARM单片机及Motorola的MC683XX、68K系列应用较为广泛,产量也较大。

ARM(Advanced RISC Machines,ARM)是微处理器行业的一家知名企业,但它本身不生产芯片,通过转让设计使用许可的方式由合作伙伴来生产各具特色的芯片。ARM公司设计了大量高性能、廉价、耗能低的RISC处理器及相关产品和软件。目前,包括Intel、IBM、SAMSUNG、OKI、LG、NEC、SONY、Philips等公司在内的30多家半导体公司与ARM签订了硬件技术使用许可协议。

当前 ARM 处理器有多个系列(ARM7、ARM9、ARM9E、ARM10、ARM11 和 SecurCore)数十种型号,每个系列具有特定的性能来满足设计者对功耗、性能、体积的需求。ARM 已逐渐成为移动通信、掌上电脑、多媒体数字消费等嵌入式产品解决方案的 RISC 标准,其内核芯片广泛应用在若干领域。

2.2.2 单片机的发展趋势

单片机的发展趋势将是向大容量、高性能、外设部件内装化等方面发展。

1. CPU 的改进

(1)增加数据总线的宽度。例如,各种 16 位单片机和 32 位单片机,其数据处理能力要优于 8 位单片机。

(2)采用双 CPU 结构,以提高数据处理能力。

2. 存储器的发展

(1)片内程序存储器普遍采用闪速(Flash)存储器。闪速存储器能在 +5 V 下读/写,既有静态 RAM 的读/写操作简便,又有在掉电时数据不会丢失的优点。单片机可不用扩展外部程序存储器,大大简化了系统的硬件结构,有的单片机片内的 Flash 程序存储器容量可达 128 KB,甚至更大。

(2)加大片内数据存储器存储容量,例如,8 位单片机 PIC18F452 片内集成了 4 KB 的 RAM,以满足动态数据存储的需要。

3. 片内 I/O 的改进

(1)增加并行口的驱动能力,以减少外部驱动芯片。有的单片机可以直接实现大电流和高电压输出,以便能直接驱动 LED 和 VFD(真空荧光显示器)。

(2)有些单片机设置了一些特殊的串行 I/O 功能,为构成分布式、网络化系统提供了方便条件。

(3)引入了数字交叉开关,改变了以往片内外设与外部 I/O 引脚的固定对应关系。交叉开关是一个大的数字开关网络,可通过编程设置,将片内的计数器/定时器、串行口、中断系统、A/D 转换器等片内外设资源灵活配置给端口 I/O 引脚。

4. 低功耗

目前单片机产品均为 CMOS 化芯片,具有功耗小的优点。这类单片机普遍配置有低功耗工作模式。在这些状态下低电压工作的单片机,其消耗的电流仅在 μA 或 nA 量级,非常适合于电池供电的便携式、手持式的仪器仪表以及其他消费类电子产品中。

5. 外围电路内装化

随着集成电路技术及工艺的不断发展,把所需的众多外围电路全部装入单片机内,即系统的单片化是目前的发展趋势之一,一片芯片就是一个"测控"系统。

6. 编程及仿真的简单化

目前大多数的单片机都支持程序的在系统编程 ISP(In System Program,ISP),又称在线编程,只需一条与 PC 的 USB 口(或串行口)相连的 ISP 下载线,就可以把仿真调试通过的程序代码从 PC 在线写入单片机的闪速存储器内,省去编程器与仿真器。某些机型还支持在线应用编程 IAP,即可在线升级或销毁单片机的应用程序。

7. 实时操作系统的使用

单片机可配置实时操作系统 RTX51。RTX51 是一个针对 80C51 单片机的多任务内核。RTX51 实时内核从本质上简化了对实时事件反应速度要求较高的复杂系统设计、编程和调试,已完全集成到 80C51 编译器中,使用简单方便。

综上所述,单片机正在向多功能、高性能、高速度、低电压、低功耗、低价格(几元钱)、外设电路内装化以及片内程序存储器、数据存储器容量不断增大的方向发展。

2.3 单片机的特点与应用

2.3.1 单片机的特点

单片机是集成电路技术与微型计算机技术高速发展的产物。单片机体积小、价格低、应用方便、稳定可靠,因此,单片机的发展普及给工业自动化等领域带来了一场重大革命和技术进步。由于单片机很容易嵌入系统之中,便于实现各种方式的检测或控制,这是一般微型计算机根本做不到的。单片机只要在其外部适当增加一些必要的外围扩展电路,就可以灵活地构成各种应用系统,如工业自动控制系统、自动检测监视系统、数据采集系统、智能仪器仪表等。

为什么单片机应用如此广泛?主要是单片机系统具有以下优点。

(1) 简单方便,易于掌握和普及。单片机技术是较为容易掌握和普及的技术。单片机应用系统设计、组装、调试已经是一件容易的事情,广大工程技术人员通过学习可很快地掌握其应用设计与调试技术。

(2) 功能齐全,应用可靠,抗干扰能力强,工作温度范围宽(按工作温度分类,有民用级、工业级、汽车级及军用级)。通用微机 CPU 一般要求在室温下工作(与民用级单片机工作温度相同),抗干扰性能较差。在工业控制中,任何差错都可能造成极其严重的后果,单片机芯片普遍采用硬件看门狗技术,通过"复位"唤醒处于"失控"状态的单片机芯片。

(3) 发展迅速,前景广阔。在短短几十年的时间里,单片机就经过了 4 位机、8 位机、16 位机、32 位机等几大发展阶段。尤其是形式多样、集成度高、功能日臻完善的单片机不断问世,更使得单片机在工业控制及自动化领域获得长足发展和大量应用。近几年,单片机内部结构愈加完美,配套的片内外设部件越来越完善,一片芯片就是一个应用系统,为应用系统向更高层次和更大规模的发展奠定了坚实基础。

(4) 嵌入容易,用途广泛。单片机体积小、性价比高、灵活性强等特点在嵌入式控制系统中具有十分重要的地位。在单片机问世前,人们要想制作一套测控系统,往往采用大量的模拟电路、数字电路、分立元件来完成,系统体积庞大,且因为线路复杂,连接点太多,极易出现故障。单片机问世后,电路组成和控制方式都发生了很大变化。在单片机应用系统中,各种测控功能的实现绝大部分都已经由单片机的程序来完成,其他电子线路则由片内的外设部件来替代。

2.3.2 单片机的应用

单片机具有软硬件结合、体积小、很容易嵌入各种应用系统中的优点。因此,以单片机为核心的嵌入式控制系统在下述各个领域中得到了广泛应用。

1. 工业控制与检测

在工业领域,单片机主要用于:工业过程控制、智能控制、设备控制、数据采集和传输、测试、测量、监控等。在工业自动化的领域中,机电一体化技术将发挥越来越重要的作用,在这种集机械、微电子和计算机技术为一体的综合技术(如机器人技术)中,单片机发挥着非常重要的作用。

2. 仪器仪表

目前对仪器仪表的自动化和智能化要求越来越高。在智能仪器仪表中使用单片机,有助于提高仪器仪表的精度和准确度,简化结构,减小体积而便于携带和使用,加速仪器仪表向数字化、智能化、多功能化方向发展。

3. 消费类电子产品

单片机在家用电器中的应用已经非常普及,例如,洗衣机、电冰箱、微波炉、空调、电风扇、电视机、加湿机、消毒柜等。在这些设备中嵌入了单片机后,使其功能与性能大大提高,并实现了智能化、最优化控制。

4. 通信

在调制解调器、各类手机、传真机、程控电话交换机、信息网络以及各种通信设备中,单片机也得到了广泛应用。

5. 武器装备

在现代化的武器装备中,如飞机、军舰、坦克、导弹、鱼雷制导、智能武器装备、航天飞机导航系统等,都有单片机的嵌入。

6. 各种终端及计算机外部设备

计算机网络终端设备(如银行终端)以及计算机外围设备(如打印机、硬盘驱动器、绘图机、传真机、复印机等)中都使用了单片机作为控制器。

7. 汽车电子设备

单片机已经广泛地应用在各种汽车电子设备中,如汽车安全系统、汽车信息系统、智能自动驾驶系统、卫星汽车导航系统、汽车紧急请求服务系统、汽车防撞监控系统、汽车自动诊断系统以及汽车黑匣子等。

8. 分布式多机系统

在比较复杂的多节点测控系统中,常采用分布式多机系统。多机系统一般由若干台功能各异的单片机组成,各自完成特定的任务,它们通过串行通信相互联系、协调工作。在这种系统中,单片机往往作为一个终端机,安装在系统的某些节点上,对现场信息进行实时的测量和控制。

综上所述,从工业自动化、自动控制、智能仪器仪表、消费类电子产品等方面,直到国防尖端技术领域,单片机都发挥着十分重要的作用。

2.4 常见单片机简介

本部分介绍了常见的几种类型单片机系列,它们特点不同,各有优劣,各单片机外观参见二维码资料。

几种型号的单片机外观

2.4.1 8051 系列单片机

20 世纪 80 年代以来,单片机的发展非常迅速,其中 Intel 公司推出的 MCS-51 系列单片机是一款设计成功、易掌握并在世界范围得到普及应用的机型。

1. MCS-51 系列单片机

MCS 是 Intel 公司生产的单片机的系列符号,MCS-51 系列单片机是 Intel 公司在 MCS-48 系列基础上发展起来的,是最早进入我国,并在我国得到广泛应用的机型。

基本型产品主要包括 8031、8051、8751(对应的 CMOS 工艺的低功耗型为 80C31、80C51、87C51)和增强型产品 8032、8052、8752。

1)基本型

典型产品为 8031、8051、8751。8031 内部包括 1 个 8 位 CPU、128B RAM,21 个特殊功能寄存器(SFR)、4 个 8 位并行 I/O 口、1 个全双工串行口、2 个 16 位定时器/计数器,5 个中断源,但片内无程序存储器,需外部扩展程序存储器芯片。

8051 是在 8031 的基础上,片内又集成 4 KB ROM 作为程序存储器。所以 8051 是一个程序不超过 4 KB 的小系统。ROM 内的程序是芯片厂商制作芯片时,代为用户烧制的,主要用在程序已定且批量大的单片机应用系统的产品中。

8751 与 8051 相比,片内 4 KB EPROM 取代了 8051 的 4 KB ROM,构成了一个程序不大于 4 KB 的小系统。用户可以将程序固化在 EPROM 中,EPROM 中的内容可反复擦写修改。8031 外扩一片 4 KB 的 EPROM 就相当于一片 8751。

2)增强型

Intel 公司在 MCS-51 系列基本型产品 8051 的基础上,又推出了增强型系列产品,即 52 子系列,典型产品为 8032、8052、8752。它们的内部 RAM 由 128 B 增至 256 B,8052、8752 的片内程序存储器由 4 KB 增至 8 KB,16 位定时器/计数器由 2 个增至 3 个。表 2-1 列出基本型和增强型 MCS-51 系列单片机片内的基本硬件资源。

2. AT89S5X 系列单片机简介

1)8051 内核单片机

20 世纪 80 年代中期以后,Intel 公司已把精力集中在高档 CPU 芯片的研发上,逐渐淡出单片机芯片的开发和生产。由于 MCS-51 单片机设计上的成功以及较高的市场占有率，得到了世界众多公司的青睐。MCS-51 系列单片机的代表性机型为 8051，Intel 公司以专利转让或技术交换的形式把 8051 的内核技术转让给了许多芯片生产厂家，如 ATMEL、Philips、Cygnal、ANALOG、LG、ADI、Maxim、DALLAS 等公司。目前世界其他公司推出的各种与 8051 兼容、扩展型单片机都是在 8051 内核的基础上进行了功能模块的增加与扩展，使其集成度更高，功能和市场竞争力更强。人们常用 8051（或 80C51）来称呼所有这些具有 8051 内核，且使用 8051 指令系统的单片机，统称为 8051 单片机或简称为 51 单片机。

表 2-1 MCS-51 系列单片机片内的基本硬件资源

项目	型号	片内程序存储器	片内数据存储器/B	I/O 口线/位	定时器/计数器/个	中断源个数/个
基本型	8031	无	128	32	2	5
	8051	4 KB ROM	128	32	2	5
	8751	4 KB EPROM	128	32	2	5
增强型	8032	无	256	32	3	6
	8052	8 KB ROM	256	32	3	6
	8752	8 KB EPROM	256	32	3	6

2）AT89S5X 系列单片机

在众多的兼容扩展型的机型中，美国 ATMEL 公司的 AT89C5X/AT89S5X 单片机在单片机市场中占有较大的份额。

ATMEL 公司于 1994 年以 EEPROM 技术与 Intel 公司的 80C51 内核的使用权进行了交换。ATMEL 公司的技术优势是其闪烁（Flash）存储器技术，将 Flash 技术与 80C51 内核相结合，形成了片内带有 Flash 存储器的 AT89C5X/AT89S5X 系列单片机。AT89C5X/AT89S5X 系列单片机与 MCS-51 系列单片机在原有功能、引脚以及指令系统完全兼容，系列中的某些品种又增加了一些新的功能，如 WDT（看门狗定时器）、ISP（在线编程）及 SPI 串行接口等，片内 Flash 存储器可直接在线（ISP）重复编程。此外，还支持两种节电工作方式，非常适合于电池供电或其他低功耗场合。

AT89S5X 的"S"档系列是 ATMEL 公司继 AT89C5X 系列之后推出的新机型，"S"表示含有串行下载的 Flash 存储器。AT89C51 单片机已不再生产，可用 AT89S51 直接代换。与 AT89C5X 系列相比，AT89S5X 系列的时钟频率以及运算速度有了较大的提高。例如，AT89C51 工作频率的上限为 24 MHz，而 AT89S51 则为 33 MHz。AT89S51 片内集成有双数据指针 DPTR，看门狗定时器，具有低功耗的空闲工作方式和掉电工作方式，还增加了 5 个特殊功能寄存器。

AT89S51（相当于表 1-1 中基本型的 8751）与 AT89S52（相当于表 1-1 中增强型的 8752）单片机的差别在于 AT89S51 片内有 4 KB Flash 存储器、128 B 的 RAM、5 个中断源以及 2 个定时器/计数器；而 AT89S52 片内有 8 KB 的 Flash 存储器、256 B 的 RAM、6 个中断源、3 个定时器（比 AT89S51 多出 1 个定时器，且具有捕捉功能）。AT89S52 在片内硬件资源方面对 AT89S51 做了增强。AT89S52 单片机是目前广泛应用的 8051 单片机的代表性机型，本书介绍 AT89S52 单片机的工作原理与应用系统设计。

本书中经常用到 8051，它是泛指世界各芯片厂商生产的具有 8051 内核的各种增强型、扩展型的单片机。而 AT89S51 或 AT89S52 仅是指 ATMEL 公司的单片机产品。

除了 8 位单片机得到广泛应用外,一些厂家的 16 位单片机也得到了用户的青睐。例如,美国 TI 公司的 16 位的 MSP430 系列,Microchip 公司的 PIC24XX 系列单片机。这些单片机本身带有 A/D 转换器,各种串行口以及各种数字控制与检测部件,一片芯片就构成了一个小的测控系统,使用非常方便。除了 16 位单片机外,各公司还推出了 32 位单片机,例如,Microchip 公司的 PIC32XX 系列单片机,意法半导体的 STM32XX 单片机。尽管如此,8 位单片机的性能基本能满足中低端应用的大部分实际需求,况且 8 位单片机价格十分低廉,性价比高,在中低端应用场合得到了广泛应用。

3) AT89 系列单片机的型号说明

AT89 系列单片机的型号编码由三部分组成:前缀、型号和后缀。下面分别说明。

(1) 前缀。字母"AT"表示是 ATMEL 公司的产品。

(2) 型号。由"89CXXX"或"89LVXXX"或"89SXXX"等表示。其中,8 表示单片机,9 表示内部含有 Flash 存储器,C 表示 CMOS 产品,LV 表示低电压产品,可在 2.5 V 电压下工作;S 表示含有串行下载的 Flash 存储器;"XXX"表示器件的型号,如 51、52、2051、2052 等。

(3) 后缀。由最后的 4 个"XXXX"参数组成,每个参数意义不同。型号与后缀部分由"-"号隔开。

① 后缀中第 1 个"X"表示时钟频率。

X = 12,时钟频率为 12 MHz;X = 24,时钟频率为 24 MHz。

② 后缀中第 2 个"X"表示封装方式。

X = P,塑料双列直插 DIP 封装;X = A,TQFP 封装;X = J,PLCC 封装;X = Q,PQFP 封装;X = W,表示裸芯片。

③ 后缀中第 3 个"X"表示芯片的使用温度范围。

X = C,表示商业用产品,温度范围为 0 ~ +70 ℃;

X = U 或 I,表示工业级产品,温度范围为 -40 ~ +85 ℃;

X = M,表示军用产品,温度范围为 -55 ~ +150 ℃;

除了 AT89S5XXX 列单片机外,世界各半导体器件厂家也推出了 8051 内核、集成度高、功能强的增强扩展型单片机,已得到广泛应用。

3. STC 系列单片机

STC 系列单片机是我国具有独立自主知识产权,宏晶科技公司(STC)生产,功能与抗干扰性强的增强型 8051 单片机。该系列单片机中有多种子系列,几百个品种,以满足不同应用的需要。

1) STC89C52RC

STC89C52RC 是 STC 公司生产的一种低功耗、高性能 CMOS8 位微控制器,具有 8 KB 系统可编程 Flash 存储器。STC89C52 使用经典的 MCS-51 内核,但是做了很多的改进使得芯片具有传统的 51 单片机不具备的功能。在单芯片上,拥有灵巧的 8 位 CPU 和在系统可编程 Flash,使得 STC89C52 为众多嵌入式控制应用系统提供高灵活、超有效的解决方案。

STC89C52RC 单片机的主要性能及特点如下:

(1) 增强型 8051 单片机,6 时钟/机器周期和 12 时钟/机器周期可以任意选择,指令代码

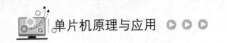

完全兼容传统8051。

(2)工作电压范围:3.3~5.5 V(5 V单片机)/2.0~3.8 V(3 V单片机)。

(3)工作频率范围:0~40 MHz,相当于普通8051的0~80 MHz,实际工作频率可达48 MHz。

(4)用户应用程序空间为8 KB。

(5)片上集成512 B RAM。

(6)通用I/O口(32个),复位后:P1、P2、P3口是准双向口/弱上拉,P0口是漏极开路输出,作为总线扩展用时,不用加上拉电阻,作为I/O口用时,需加上拉电阻。

(7)ISP(在系统可编程或在线编程)/IAP(在应用可编程),无须专用编程器,无须专用仿真器,可通过串口(RXD/P3.0,TXD/P3.1)直接下载用户程序,数秒即可完成一片。

(8)具有EEPROM功能。

(9)共3个16位定时器/计数器,即定时器T0、T1、T2。

(10)外部中断4路,下降沿中断或低电平触发电路,Power Down模式可由外部中断低电平触发中断方式唤醒。

(11)通用异步串行口(UART),还可用定时器软件实现多个UART。

(12)工作温度范围: −40~+85 ℃(工业级)/0~75 ℃(商业级)。

(13)PDIP封装。

STC89C5X单片机与AT89S5X单片机的功能和性能非常接近,新手在学习阶段可相互替换使用,在工程应用中注意查单片机手册获得具体差异。

2)STC12C系列

STC12C5410/STC12C2052系列机型的主要性能及特点如下:

(1)高速:普通的8051单片机为每个机器周期12个时钟,而STC单片机可以为每个机器周期1个时钟,指令执行速度大大提高,速度比普通的8051快8~12倍。

(2)工作电压范围宽,3.8~5.5 V,2.4~3.8 V(STC12LE5410AD系列)。

(3)12 KB/10 KB/8 KB/6 KB/4 KB片内Flash程序存储器,擦写次数10万次以上。

(4)512B片内的RAM数据存储器。

(5)在系统可编程(ISP)/在应用可编程(IAP),无须编程器/仿真器,可远程升级。

(6)8通道的10位ADC,4路PWM输出。

(7)4通道捕捉/比较单元,也可用来再实现4个定时器或4个外部中断(支持上升沿/下降沿中断)。

(8)2个硬件16位定时器,兼容普通8051的定时器。4路可编程计数器/定时器阵列(PCA)还可再实现4个定时器。

(9)含有硬件看门狗(WDT)。

(10)高速SPI串口。

(11)全双工异步串行口(UART),兼容普通8051的串口。

(12)通用I/O口(27个/23个/15个)中的每个I/O口驱动能力均可达到20 mA,但整个芯片最大不可超过55 mA。

(13)超强抗干扰能力与高可靠性:

①高抗静电。

②通过 2 kV/4 kV 快速脉冲干扰的测试(EFT 测试)。

③宽电压,不怕电源抖动。

④宽温度范围:-40 ~ +85 ℃。

⑤片内的电源供电系统、I/O 口、时钟与复位电路、看门狗电路均经过特殊处理。

(14)采取降低单片机时钟对外部电磁辐射的措施。如选每个机器周期为 6 个时钟,外部时钟频率可降一半。

(15)超低功耗设计:

①掉电模式:典型功耗 <0.1 μA。

②空闲模式:典型功耗为 2 mA。

③正常工作模式:典型功耗为 4 ~ 7 mA。

扩展阅读

④掉电模式可由外部中断唤醒,适用于电池供电系统,如水表、气表等各种便携设备等。

STC 单片机可直接替换世界各公司的 8051/8052 的兼容机型产品,是一款高性能、高可靠性且价格低廉的机型,尤其是其较高的抗干扰特性,应给予足够的重视。

4. C8051FXXX 单片机

美国 Cygnal 公司的 C8051FXXX 系列单片机,是一款集成度高,采用 8051 内核的 8 位单片机,代表性产品为 C8051F020。

C8051F020 内部采用流水线结构,大部分指令的执行时间为 1 或 2 个时钟周期,峰值处理能力为 25 MIPS,与经典的 8051 单片机相比,可靠性和速度有很大提高。

C8051F020 片内集成了 1 个 8 位 ADC、1 个 12 位 ADC、1 个双 12 位 DAC;64 KB 片内 Flash 程序存储器、256 B RAM,128 B SFR;8 个 I/O 端口共 64 根 I/O 口线;5 个 16 位通用定时器;5 个捕捉/比较模块的可编程计数器/定时器阵列,1 个 UART 串行口、1 个 SMBus/I²C 串口、1 个 SPI 串行口;2 路电压比较器、电源监测器、内置温度传感器。

C8051FXXX 单片机最突出的改进是引入了数字交叉开关(C8051F2XX 除外)。它改变了以往内部功能与外部引脚的固定对应关系。用户可通过可编程的交叉开关控制寄存器将片内的计数器/定时器、串行总线、硬件中断、ADC 转换器输入、比较器输出以及单片机内部的其他硬件外设配置出现在端口 I/O 引脚。用户可根据特定应用,选择通用 I/O 端口与片内硬件资源的灵活组合。

2.4.2 非 8051 系列单片机

除 8051 单片机外,各种非 8051 机型的 8 位单片机也得到广泛应用。其中使用较多的是 PIC 系列与 AVR 系列单片机,这两种单片机博采众长,又具独特技术,已占有较大的市场份额。下面介绍 PIC 系列单片机。

PIC 系列单片机是美国 Microchip 公司的产品,其主要特性如下:

(1)PIC 系列单片机最大特点是从实际出发,从低到高有几十个型号,可满足各种需要。

(2)PIC 单片机采用精简指令集计算机(RISC),指令执行效率大为提高。

(3)具有优越开发环境。PIC 每推出一款新型号单片机的同时,还同时推出相应的仿真芯片,所有开发系统由专用的仿真芯片支持,实时性非常好。

(4) 引脚通过限流电阻可接至 220 V 交流电源,直接与继电器控制电路相连,无须光耦合器隔离,给使用带来极大方便。

PIC 的 8 位单片机型号繁多,分为低档、中档和高档型。中档产品是 Microchip 公司重点发展的系列产品,品种最为丰富。尤其是 PIC18 系列,价格适中,性价比高。已广泛应用在高、中、低档的各类电子产品中。

2.4.3 其他嵌入式处理器简介

各类嵌入式处理器为核心的嵌入式系统的应用,已经成为当今电子信息技术应用的一大热点。具有各种不同体系结构的嵌入式处理器是嵌入式系统的核心部件。除单片机外还有嵌入式数字信号处理器(DSP)以及嵌入式微处理器。

1. 嵌入式数字信号处理器

数字信号处理器(DSP)是非常擅长高速实现各种数字信号处理运算(如数字滤波、FFT、频谱分析等)的嵌入式处理器。由于 DSP 的硬件结构和指令进行了特殊设计,使其能够高速完成各种数字信号处理算法。

嵌入式数字信号处理器的优点在于能够进行向量运算、指针线性寻址等运算量较大的数据处理。嵌入式数字信号处理器是专门用于信号处理的嵌入式处理器,在系统结构和指令算法方面经过特殊设计。因而具有很高的编译效率和指令执行速度。DSP 芯片内部采用程序和数据分开的哈佛结构。具有专门的硬件乘法器,广泛采用流水线操作。提供特殊的 DSP 指令,可以快速实现各种数字信号处理算法。

DSP 的主要厂商有美国 TI、ADI、Motorola、Zilog 等公司。TI 公司位居榜首,占全球 DSP 市场约 60%,有代表性的产品是 TMS320 系列和 Motorola 公司的 DSP56000 系列。TMS320 系列处理器包括用于控制的 C2000 系列、用于移动通信的 C5000 系列,以及性能更高的 C6000 系列和 C8000 系列。DSP56000 已经发展成为 DSP56000、DSP56100、DSP56200 和 DSP56300 等几个不同系列的处理器。

2. 嵌入式微处理器

嵌入式微处理器(Embedded Micro Processor Unit,EMPU)的基础是通用计算机中的 CPU。虽然在功能上和标准微处理器基本是一样的,但由于只保留和嵌入式应用有关的功能,这样可大幅度减小系统体积和功耗,同时在工作温度、抗电磁干扰、可靠性等方面一般都做了各种增强处理。

常用的实时操作系统(RTOS)包括 Linux 和 VxWorks 以及 μC/OS Ⅱ。由于嵌入式实时多任务操作系统具有高度灵活性,可很容易地对它进行定制或适当开发,即对它进行"裁剪"、"移植"和"编写",从而设计出用户所需的程序,满足实际应用需要。

由于嵌入式微处理器能运行实时多任务操作系统,所以能够胜任复杂的系统管理任务和数据处理工作。因此,在移动计算平台、媒体手机、工业控制和商业领域(如智能工控设备、ATM 机等)、电子商务平台、信息家电(机顶盒、数字电视)等方面,甚至军事上的应用,具有巨大的潜力。因此,以嵌入式微处理器为核心的嵌入式系统的应用,已经成为继单片机、DSP 之后的电子信息技术应用的又一大热点。

创新思维

1. **单片机的种类为什么如此繁多**

   单片机的生产厂家众多,型号更是五花八门,让人眼花缭乱。为什么会出现这种状况?除了厂家商业竞争的需要外,主要的客观原因有两个,一是现实的应用场景差异很大,对单片机的需要也差异很大;二是单片机自身功能、性能结构有一定的灵活性,便于进行多方位扩展、改造和提升。

2. **发展新型单片机创新思路——差异化发展,突出优势**

   单片机功能和性能与成本、价格必然成正比,要做到物美价廉,必须突出发展核心优势,扬长避短,差异化发展。从品牌型号看,AVR 单片机的特点为高性能、高速度、低功耗,PIC 单片机具有低工作电压、低功耗、驱动能力强等特点,TMS 单片机具有多种存储模式、多种外围接口模式,适用于复杂的实时控制场合。从功能特点看,低功耗单片机一般侧重从休眠状态、睡眠与唤醒、工作电流和待机电流等方面深挖潜力,小体积单片机从封装方式、电路集成度、引脚复用等角度做文章,要做抗干扰,须从抑制干扰源、接地、隔离、屏蔽、滤波、布线工艺等多个角度进行扩展设计。

思考练习题 2

一、填空题

1. 当前应用最为广泛的单片机是(　　)位单片机。
2. 单片机的型号,如 AT89S52、STC89C51 等,其中数字 9 表示的含义是(　　),字母 C 表示(　　)。
3. AT89S52 单片机的工作频率上限为(　　)MHz。
4. 专用单片机已使系统结构最简化、软硬件资源利用最优化,从而大大降低(　　)和提高(　　)。

二、单项选择题

1. 单片机内部数据之所以用二进制形式表示,主要是(　　)。
   A. 为了编程方便　　　　　　B. 受器件的物理性能限制
   C. 为了通用性　　　　　　　D. 为了提高运算速度
2. 在家用电器中使用单片机应属于微型计算机的(　　)。
   A. 辅助设计应用　　　　　　B. 测量、控制应用
   C. 数值计算应用　　　　　　D. 数据处理应用
3. 下面(　　)应用,不属于单片机的应用范围。
   A. 工业控制　　　　　　　　B. 家用电器的控制
   C. 数据库管理　　　　　　　D. 汽车电子设备

三、判断题

1. STC 系列单片机是 8051 内核的单片机。( )
2. AT89S52 与 AT89S51 相比，片内多出了 4 KB 的 Flash 程序存储器、128 B 的 RAM、3 个中断源、1 个定时器(且具有捕捉功能)。( )
3. 单片机是一种 CPU。( )
4. AT89S52 单片机是微处理器。( )
5. AT89C52 片内的 Flash 程序存储器可在线写入，而 AT89S52 则不能。( )
6. 为 AT89C51 单片机设计的应用系统板，可将芯片 AT89C51 直接用芯片 AT89S51 替换。( )
7. 为 AT89S51 单片机设计的应用系统板，可将芯片 AT89S51 直接用芯片 AT89S52 替换。( )
8. 单片机的功能侧重于测量和控制，而复杂的数字信号处理运算及高速的测控功能则是 DSP 的长处。( )
9. AT89S52 单片机是专用型单片机。( )

四、简答题

1. 微处理器、微型计算机、微处理机、CPU、单片机、嵌入式处理器之间有何区别？
2. AT89S51 单片机相当于 MCS-51 系列单片机中的哪一型号的产品？"S"的含义是什么？
3. 单片机可分为商用、工业用、汽车用以及军用产品，它们的使用温度范围各为多少？
4. 什么是单片机的在系统可编程(ISP)与在应用可编程(IAP)。
5. 什么是"嵌入式系统"？系统中嵌入了单片机作为控制器，是否可称其为"嵌入式系统"？
6. 嵌入式处理器家族中的单片机、DSP、嵌入式微处理器各有何特点？它们的应用领域有何不同？

第3章 单片机的结构和原理

本章介绍 AT89S52 单片机的片内硬件结构。读者应了解并熟知 AT89S52 单片机的片内硬件结构,以及片内外设资源的工作原理与基本功能,重点掌握 AT89S52 单片机的存储器结构、常见的特殊功能寄存器的基本功能以及复位电路与时钟电路的设计,掌握单片机最小系统的概念。此外,还对 AT89S52 单片机的低功耗节电模式进行了简要介绍。

单片机应用设计的特点是编写程序来控制硬件电路,所以,读者应首先熟知并掌握 AT89S52 单片机片内硬件的基本结构与特点。

 ## 3.1 AT89S52 单片机的硬件组成

AT89S52 单片机片内硬件结构如图 3-1 所示,它把作为控制应用所需要的基本外围部件都集成在一个集成电路芯片上。

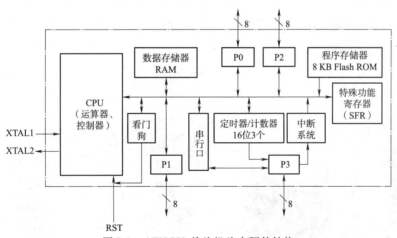

图 3-1 AT89S52 单片机片内硬件结构

AT89S52 片内的各部件通过片内单一总线连接而成(见图 3-1),其基本结构依旧是 CPU 加上外围芯片的传统微型计算机结构模式,但 CPU 对片内各种外设部件的控制,采用了特殊功能寄存器 SFR(Special Function Register,SFR)的集中控制方式。

下面对图 3-1 中的片内各部件做简要介绍。

(1) CPU(中央处理器)。8 位的 CPU,包括了运算器和控制器两大部分,此外还有面向控制的位处理和位控功能。

(2) 数据存储器(RAM)。片内为 256 B,片外最多还可外扩 64 KB 的数据存储器。

(3) 程序存储器(Flash ROM)用来存储程序。AT89S51 片内有 4 KB 的 Flash 存储器；AT89S52 片内有 8 KB 的 Flash 存储器；AT89S53/AT89S54/AT89S55 片内分别集成了 12 KB/16 KB/20 KB 的 Flash 存储器，如果片内程序存储器容量不够，片外最多可外扩至 64 KB 程序存储器，即"片内+片外"的程序存储器总容量不超过 64 KB。

(4) 定时器/计数器。片内有 3 个 16 位的定时器/计数器，具有 4 种工作方式。

(5) 中断系统。具有 6 个中断源，2 级中断优先权。

(6) 串行口。1 个全双工的通用的异步收发串行口(UART)，是有 4 种工作方式。

(7) 并行口。4 个 8 位的并行口 P0 口、P1 口、P2 口和 P3 口。

(8) 特殊功能寄存器(SFR)。共有 32 个特殊功能寄存器，用于 CPU 对片内各外设部件进行管理、控制和监视。特殊功能寄存器实际上是片内各外设部件的控制寄存器和状态寄存器，这些特殊功能寄存器映射在片内 RAM 区的 80H—FFH 的地址区间内。

AT89S52 单片机完全兼容 AT89C51/AT89S51 单片机，使用 AT89C51/AT89S51 单片机的系统，在保留原来软硬件的基础上，可用 AT89S52 直接代换。

STC89C52 单片机，比 AT89S52 单片机对比，除数据存储器(RAM)更大(512B)和具有 EEPROM 功能外，基本一致，使用 AT89S52 单片机的系统，可 STC89C52 直接代换。

3.2 AT89S52 单片机的引脚功能

掌握 AT89S52 单片机，应首先熟悉并掌握各引脚的功能。AT89S52 单片机与各种 8051 单片机的引脚是兼容的。目前，AT89S52 单片机多采用 40 引脚的 DIP 封装(双列直插)，以及 44 引脚的 PLCC 和 TQFP 封装方式，外形见图 3-2。AT89S52 单片机的 DIP 封装引脚分布见图 3-3。

图 3-2 AT89S52 单片机的外形　　图 3-3 AT89S52 单片机 DIP 封装引脚分布

3.2.1 电源及时钟引脚

1. 电源引脚 V_{CC} 和 V_{SS}

(1) V_{CC} (40 引脚)：接 +5 V 电源正端。

(2) V_{SS} (20 引脚)：接 +5 V 电源地线。

2. 时钟引脚

（1）XTAL1（19 引脚）：片内时钟振荡器的反相放大器的输入端。当使用 AT89S52 单片机片内的时钟振荡器时，该引脚外接石英晶体和微调电容。当使用外部时钟源时，该引脚接时钟振荡器的输出信号。

（2）XTAL2（18 引脚）：片内时钟振荡器的反相放大器的输出端。当使用片内时钟振荡器时，该引脚外接石英晶体和微调电容。当使用片外的独立时钟振荡器时，该引脚悬空。

3.2.2 控制引脚

控制引脚提供控制信号，有的引脚还具有复用功能。

1. RST（RESET，9 引脚）

复位信号输入端，高电平有效。在此引脚加上持续时间大于 2 个机器周期的高电平，就可使单片机复位。在单片机正常工作时，此引脚应为 ≤0.5 V 的低电平。

当看门狗定时器溢出时，在引脚内部，看门狗定时器向该引脚输出长达 96 个时钟振荡周期的高电平，从而使单片机复位。

2. $\overline{EA}/V_{PP}$（Enable Address/Voltage Pulse of Programming，31 引脚）

EA（External Access Enable）为该引脚的第一功能：外部程序存储器访问允许控制端。

当 $\overline{EA}=1$ 时，在 AT89S52 单片机片内的 PC 值不超出 1FFFH（即不超出片内 8 KB 程序存储器的最大地址）时，AT89S52 单片机读片内程序存储器（8 KB）中的程序代码，但 PC 值超出 1FFFH（即超出片内 8 KB Flash 存储器的最大地址）时，将自动转向读取片外 60 KB（2000H～FFFFH）程序存储器空间中的程序代码。

当 $\overline{EA}=0$ 时，单片机只读取片外程序存储器中的内容，读取的地址范围为 0000H～FFFFH，此时片内的 8 KB Flash 存储器不起作用。

V_{PP} 为该引脚的第二功能，在对片内 Flash 进行编程时，V_{PP} 引脚接入编程电压。

3. ALE/$\overline{PROG}$（Address Latch Enable/Programming，30 引脚）

ALE 为地址锁存控制信号端，为引脚的第一功能。由于单片机的引脚数目有限，P0 口是作为低 8 位地址总线与 8 位数据总线分时复用的。当单片机访问外部程序存储器或外部数据存储器时，ALE 的负跳变将单片机 P0 口先发出的低 8 位地址锁存在 P0 口外接的地址锁存器中，然后 P0 口再作为 8 位数据总线使用，如图 3-4 所示。

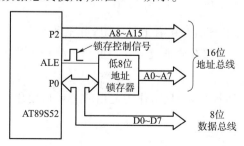

图 3-4　ALE 引脚输出地址锁存控制信号

此外，单片机在正常运行时，ALE 端一直有正脉冲信号输出，此频率为时钟振荡器频率 f_{osc} 的 1/6。该正脉冲信号可作外部定时或触发信号使用。但是要注意，每当 AT89S52 单片机执行访问外部 RAM 或 I/O 指令时，要丢失一个 ALE 脉冲。所以 ALE 引脚的输出信号频率并不是准确的 $f_{osc}/6$。

如果不需要 ALE 端输出脉冲信号，可将特殊功能寄存器 AUXR（字节地址为 8EH）的第 0 位（ALE 禁止位）置 1，来禁止 ALE 信号的输出。但在访问外部程序存储器或外部数据存储器时，ALE 端仍然有脉冲信号输出。也就是说，即使把 ALE 的禁止位置 1，并不影响单片机对外部存储器访问时的 ALE 信号输出。

$\overline{PROG}$ 为该引脚的第二功能，在对片内 Flash 程序存储器编程时，此引脚作为编程脉冲输入端。

4. $\overline{PSEN}$（Program Store Enable，29 引脚）

访问片外程序存储器的读选通信号，低电平有效。当访问片外程序存储器读取指令码时，每个机器周期，引脚产生两次有效信号，即输出两个 $\overline{PSEN}$ 有效脉冲。在执行读取片内程序存储器指令码时，该引脚不产生此脉冲。

3.2.3 并行 I/O 口引脚

1. P0 口：P0.7～P0.0 引脚

P0 口为漏极开路的 8 位并行双向 I/O 口。作为输出口时，每个引脚可驱动 8 个 LS 型 TTL 负载。当 P0 口作为通用 I/O 口使用时，需外加上拉电阻，这时为准双向口。

2. P1 口：P1.7～P1.0 引脚

P0 口为准双向 I/O 口，具有内部上拉电阻，可驱动 4 个 LS 型 TTL 负载。

在对片内 Flash 编程和校验时定义为低 8 位地址线。P1 口某些引脚具有第二功能。

AT89S51 单片机与 AT89S52 单片机引脚的差别仅仅是在 1 引脚（P1.0）与 2 引脚（P1.1）上，AT89S52 单片机的 1 引脚（P1.0）与 2 引脚（P1.1）分别增加了定时器/计数器 T2 的两个外部引脚 T2 和 T2EX 的复用功能，这是 AT89S52 单片机与 AT89S51（或 AT89C51）单片机在外围接口电路设计上的微小差别。

3. P2 口：P2.7～P2.0 引脚

P2 口为准双向 I/O 口，引脚内部接有上拉电阻，可驱动 4 个 LS 型 TTL 负载。

当 AT89S52 单片机访问外部存储器及 I/O 口时，P2 作为高 8 位地址总线使用，输出高 8 位地址。

当 P2 口不作为高 8 位地址总线时，可作为通用 I/O 口使用。

4. P3 口：P3.7～P3.0 引脚

P3 口为准双向 I/O 口，引脚内部接有上拉电阻。

P3 口的第一功能是作为通用的 I/O 口使用,可驱动 4 个 LS 型 TTL 负载。
P3 口还具有第二功能,其定义见表 3-1。

扩展阅读

表 3-1　P3 口的第二功能定义

引脚	第二功能	说　　明
P3.0	RXD	串行数据输入口
P3.1	TXD	串行数据输出口
P3.2	$\overline{INT0}$	外部中断 0 输入
P3.3	$\overline{INT1}$	外部中断 1 输入
P3.4	T0	定时器 T0 外部计数输入
P3.5	T1	定时器 T1 外部计数输入
P3.6	$\overline{WR}$	外部数据存储器的写选通控制信号
P3.7	$\overline{RD}$	外部数据存储器的读选通控制信号

综上所述,P0 口作为地址总线(低 8 位)及数据总线使用时,为双向口。作为通用的 I/O 口使用时,需加上拉电阻,为准双向口。而 P1 口、P2 口与 P3 口内部均有上拉电阻,所以均为准双向口,没有高阻"悬浮"态。

 ## 3.3　AT89S52 单片机的 CPU

AT89S52 单片机的 CPU 是由运算器和控制器构成。

3.3.1　运算器

运算器主要用来对操作数进行算术、逻辑和位操作运算。主要包括算术逻辑部件 ALU、累加器 A、位处理器、程序状态字寄存器 PSW 及两个暂存器等。

1. 算术逻辑部件(ALU)

ALU 的功能强,不仅可对 8 位变量进行逻辑与、或、异或以及循环、求补和清 0 等操作,还可以进行加、减、乘、除等基本算术运算。ALU 还具有位操作功能,可对位(bit)变量进行位处理,如置 1、清 0、求补、测试转移及逻辑与、或等操作。

2. 累加器(ACC)

ACC 是一个 8 位寄存器,简称为 A,通过暂存器与 ALU 相连。它是 CPU 工作中使用最频繁的寄存器,位于片内的特殊功能寄存器区,用来存放一个操作数或中间结果。
累加器的作用如下:
(1) 累加器是 ALU 单元的输入数据源之一,同时又是 ALU 运算结果的存放单元。
(2) CPU 中的数据传送大多通过累加器 A,故累加器 A 又相当于数据的中转站。为解决累加器结构所带来的"瓶颈堵塞"问题,AT89S52 单片机增加了一部分可以不经过累加器 A 的数据传送指令。

累加器 A 的进位位 Cy(位于程序状态字特殊功能寄存器 PSW 中)是特殊的,因为它同时又是位处理器的位累加器。

3. 程序状态字寄存器(PSW)

AT89S52 单片机的程序状态字寄存器 PSW(Program Status Word)位于片内的特殊功能寄存器区,字节地址为 D0H。PSW 的各个位包含程序运行状态的不同信息,其中 4 位保存当前指令执行后的状态,以供程序查询和判断。PSW 的格式如图 3-5 所示。

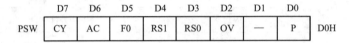

图 3-5 PSW 的格式

PSW 中各个位的功能如下:

(1) CY(PSW.7)进位标志位,也可写为 C。在执行算术运算和逻辑运算指令时,若最高位有进位或借位,则 CY = 1;否则,CY = 0。在位处理器中,它又是位累加器。

(2) AC(PSW.6)辅助进位标志位。AC 标志位用于在 BCD 码运算时进行十进位调整。即在运算时,当 D3 位向 D4 位产生进位或借位时,AC = 1;否则,AC = 0。

(3) F0(PSW.5)用户使用的标志位。可用指令来使它置 1 或清 0,也可用指令来测试该标志位,根据测试结果控制程序的流向。编程时用户应充分利用该标志位。

(4) RS1、RS0(PSW.4、PSW.3)4 组工作寄存器区选择控制位。这两位用来选择片内 RAM 区中的 4 组工作寄存器区中的某一组作为当前工作寄存器区,RS1、RS0 与所选择的 4 组工作寄存器区的对应关系见表 3-2。

表 3-2 RS1、RS0 与所选择的 4 组工作寄存器区的对应关系

RS1	RS0	所选的 4 组工作寄存器
0	0	0 区(片内 RAM 地址 00H ~ 07H)
0	1	1 区(片内 RAM 地址 08H ~ 0FH)
1	0	2 区(片内 RAM 地址 10H ~ 17H)
1	1	3 区(片内 RAM 地址 18H ~ 1FH)

(5) OV(PSW.2)溢出标志位。当执行算术指令时,OV 用来指示运算结果是否产生溢出。如果结果产生溢出,OV = 1;否则,OV = 0。若在执行有符号数加、减运算指令过程中,累加器 A 中的运算结果超出了 8 位数能表示的范围,即 - 128 ~ + 127,则 OV 标志自动置 1,否则清 0。因此,根据 OV 状态可以判断累加器 A 中的结果是否正确。

(6) PSW.1 位,保留位,未用。

(7) P(PSW.0)奇偶标志位。该标志位表示指令执行后,累加器 A 中 1 的个数是奇数还是偶数。P = 1,表示累加器 A 中 1 的个数为奇数;P = 0,表示累加器 A 中 1 的个数为偶数。

该标志位在串行通信中,常用奇偶检验的方法来检验数据串行传输的可靠性。

3.3.2 控制器

控制器的作用是对取自程序存储器中的指令进行译码,在规定的时刻发出各种操作所需的控制信号,完成指令所规定的功能。

控制器主要包括程序计数器、指令寄存器、指令译码器、定时及控制电路等。其功能是控制指令的读入、译码和执行,从而对单片机的各功能部件进行定时和逻辑控制。

程序计数器(PC)是控制器中最基本的寄存器,是程序存储器的地址指针。PC 是一个独立的 16 位计数器,用户不能直接使用指令对 PC 进行访问(读/写),单片机复位时,PC 的内容变为 0000H,即 CPU 从程序存储器 0000H 单元读取指令,开始执行程序。

PC 的基本工作过程是:CPU 读取指令时,PC 内容作为欲读取指令的地址发送给程序存储器,然后 CPU 读取程序存储器该地址单元内的指令字节,同时 PC 自动加 1,这也是为什么 PC 被称为程序计数器的原因。由于 PC 实质上是作为程序寄存器的地址指针,所以也称其为程序指针。

PC 内容的变化轨迹决定了程序的流程。由于 PC 是用户不可用指令直接访问,当顺序执行程序时 PC 自动加 1;执行转移程序或子程序调用或中断子程序调用时,由运行的指令自动将 PC 中的内容更改成所要转移的目的地址。

指令寄存器、指令译码器、数据指针介绍

程序计数器的计数宽度决定了访问程序存储器的地址范围。AT89S52 单片机的 PC 位数为 16 位,故可对 64 KB($=2^{16}$B)的程序存储器进行寻址。

指令寄存器、指令译码器、数据指针等部分的介绍见二维码。

3.4 AT89S52 单片机的存储器结构

AT89S52 单片机存储器结构为哈佛结构,即片外程序存储器空间和数据存储器空间是各自独立的。AT89S52 单片机的存储器空间划分为如下 4 类。

1. 程序存储器空间

单片机能够按照一定的次序工作,是由于程序存储器中存放了经过调试正确的程序。程序存储器可以分为片内和片外两部分。

AT89S52 单片机的片内程序存储器为 8 KB 的 Flash 存储器,编程和擦除完全是电气实现,且速度快。可使用编程器对其编程,也可在线编程。

当片内 8 KB 的 Flash 存储器不够用时,用户可在片外扩展程序存储器,最多可扩展至 64 KB 程序存储器。

2. 数据存储器空间

数据存储器空间分为片内与片外两部分。AT89S52 单片机片内有 256 B 的 RAM,用来存放可读/写的数据。当片内 RAM 不够用时,可在片外扩展最多 64 KB 的 RAM,究竟扩展多少 RAM,由用户根据实际需要来定。

3. 特殊功能寄存器

AT89S52 单片机片内共有 32 个特殊功能寄存器 SFR(Special Function Register,SFR)。SFR 实际上是片内各外设部件的控制寄存器及状态寄存器,综合反映了单片机内部的实际工作状态及工作方式。

4. 位地址空间

AT89S52 单片机内共有 219 个可寻址位,构成了位地址空间。它们位于片 RAM 区字节地址 20H~2FH(共 128 位)和特殊功能寄存器区(片内 RAM 区字节地址 80H~FFH 区间内,共定义 91 个可寻址位)。

3.4.1 程序存储器空间

程序存储器是只读存储器(ROM),具有"非易失性",只用于存放程序和表格之类的固定常数。AT89S52 单片机的片内程序存储器为 8 KB 的 Flash 存储器,地址范围为 0000H~1FFFH;AT89S52 单片机有 16 位地址总线,可外扩的程序存储器空间最大为 64 KB,地址范围为 0000H~FFFFH。有关片内与片外扩展的程序存储器在使用时应注意以下问题。

(1)整个存储器空间可分为片内和片外两部分,CPU 究竟是访问片内的还是片外的程序存储器,可由 $\overline{EA}$ 引脚上所接的电平来确定。

当 $\overline{EA}=1$,且 PC 值没有超出片内 8 KB Flash 存储器的最大地址 1FFFH 时,CPU 只读取片内的 Flash 程序存储器中的程序代码,当 PC 值 >1FFFH,CPU 会自动转向读取片外程序存储器空间 2000H~FFFFH 内的程序代码。

当 $\overline{EA}=0$,单片机的 CPU 只读取片外程序存储器地址范围为 0000H~FFFFH 中的程序代码,此时 CPU 不理会片内 0000H~1FFFH 的 Flash 存储器中的程序代码。

(2)程序存储器的某些单元被固定用于各中断源的中断服务程序的入口地址。

64 KB 程序存储器空间中有 6 个固定单元分别对应于各中断源的中断服务子程序的中断入口(中断向量),见表 3-3。

表 3-3 AT89S52 各中断源的中断入口地址

中断源	入口地址
外部中断 0	0003H
定时器/计数器 T0	000BH
外部中断 1	0013H
定时器/计数器 T1	001BH
串行口	0023H
定时器/计数器 T2	002BH

表 3-3 中最后一行的定时器/计数器 T2,即第 6 个中断入口地址 002BH,是 AT89S52 单片机在 AT89S51 单片机基础上新增加的定时器/计数器 T2 所对应的中断入口地址。

AT89S52 单片机复位后,程序计数器 PC 的内容为 0000H,从程序存储器地址 0000H 处开始执行程序。

3.4.2 数据存储器空间

数据存储器空间分为片内与片外两部分。

1. 片内数据存储器

AT89S52 单片机的片内数据存储器(RAM)共有 256 个单元,字节地址为 00H~FFH。图 3-6 所示为 AT89S52 片内 RAM 的结构。图中地址 80H~FFH 为特殊功能寄存器区,与片内的高 128B 的 RAM 单元统一编址,但它是另一专用空间区域,将在后面专门介绍。

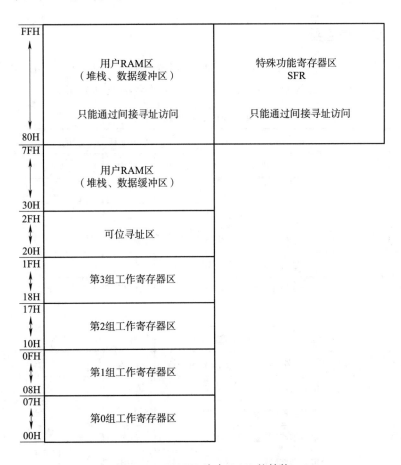

图 3-6 AT89S52 片内 RAM 的结构

片内 RAM 字节地址为 00H~1FH 的 32 个单元是 4 组通用寄存器区,每组通用寄存器区包含 8B 的工作寄存器,编号为 R0~R7。用户可以通过指令改变特殊功能寄存器 PSW 中的 RS1、RS0 这两位来切换选择当前的工作寄存器,见表 3-2。片内 RAM 地址为 20H~2FH 的 16 个单元的 128 位(8 位×16)可进行位寻址,也可以字节寻址。地址为 30H~FFH 的单元为用户 RAM 区,只能进行字节寻址,用作存放数据以及作为堆栈区使用。

AT89S52 与 AT89S51 片内数据存储器相比，片内数据存储器增加了 128B，对应的字节地址为 80H~FFH。增加的 128B 的 RAM 单元地址与特殊功能寄存器区的字节地址重合，但它们是两个不同的物理区域，在 C51 编程中来访问这两个具有相同地址的不同区域，是通过不同的关键字来区分的。例如，为了能直接访问特殊功能寄存器 SFR，可使用 C51 语言的关键字 sfr 来定义特殊功能寄存器。

2. 片外数据存储器

当 AT89S52 片内 256B 的 RAM 不够用时，需要外扩数据存储器，片外最多可扩展 64 KB 的 RAM。注意，虽然片内 RAM 与片外扩展的 RAM 的低 256B 的地址是相同的，但这是两个不同的数据存储区。

3.4.3 特殊功能寄存器

AT89S52 单片机中的特殊功能寄存器的单元地址映射在片内 RAM 区的 80H~FFH 区域中，共计 32 个，离散地分布在该区域中，表 3-4 为 SFR 的名称及其分布。

表 3-4 SFR 的名称及其分布

序号	特殊功能寄存器	名称	字节地址	位地址	复位值
1	P0	P0 口	80H	87H~80H	FFH
2	SP	堆栈指针	81H		07H
3	DP0L	数据指针 DPTR0 低字节	82H		00H
4	DP0H	数据指针 DPTR0 高字节	83H		00H
5	DP1L	数据指针 DPTR1 低字节	84H		00H
6	DP1H	数据指针 DPTR1 高字节	85H		00H
7	PCON	电源控制寄存器	87H		0×××0000B
8	TCON	定时器/计数器 T1、T2 的控制寄存器	88H	8FH~88H	00H
9	TMOD	定时器/计数器 T1、T2 的方式控制寄存器	89H		00H
10	TL0	定时器/计数器 T0（低字节）	8AH		00H
11	TL1	定时器/计数器 T1（低字节）	8BH		00H
12	TH0	定时器/计数器 T0（高字节）	8CH		00H
13	TH1	定时器/计数器 T1（高字节）	8DH		00H
14	AUXR	辅助寄存器	8EH		×××00××0B
15	P1	P1 口寄存器	90H	97H~90H	FFH
16	SCON	串行控制寄存器	98H	9FH~98H	00H
17	SBUF	串行发送数据缓冲器	99H		××××××××B

续表

序号	特殊功能寄存器	名　　称	字节地址	位地址	复位值
18	P2	P2 口寄存器	A0H	A7H～A0H	FFH
19	AUXR1	辅助寄存器	A2H		×××××××0B
20	WDTRST	看门狗复位寄存器	A6H		××××××××B
21	IE	中断允许控制寄存器	A8H	AFH～A8H	0××00000B
22	P3	P3 口寄存器	B0H	B7H～B0H	FFH
23	IP	中断优先级控制寄存器	B8H	BFH～B8H	××000000B
24	PSW	程序状态字寄存器	D0H	D7H～D0H	00H
25	A(或 Acc)	累加器	E0H	E7H～E0H	00H
26	B	B 寄存器	F0H	F7H～F0H	00H
27	T2CON	定时器/计数器 T2 控制寄存器	C8H	CFH～C8H	00H
28	T2MOD	定时器/计数器 T2 方式控制	C9H		××××××00B
29	RCAP2L	定时器/计数器 T2 陷阱寄存器(低字节)	CAH		00H
30	RCAP2H	定时器/计数器 T2 陷阱寄存器(高字节)	CBH		00H
31	TL2	定时器/计数器 T2(低字节)	CCH		00H
32	TH2	定时器/计数器 T2(高字节)	CDH		00H

　　AT89S52 单片机在 AT89S51 单片机的基础上,新增加了 6 个特殊功能寄存器:T2CON、T2MOD、RCAP2L、RCAP2H、TL2 和 TH2,新增加的 6 个 SFR 为表 3-4 中序号 27～32(最后 6 行)的寄存器,均与 AT89S52 单片机新增的定时器/计数器 T2 相关。有些 SFR 还可进行位寻址,其位地址已在表 3-4 中列出。从表 3-4 中可发现,凡是可进行位寻址的 SFR,其字节地址的末位只能是 0H 或 8H。另外,若 CPU 读取没有定义的单元,将得到一个不确定的随机数。

　　SFR 区中的累加器 A 和程序状态字(PSW)寄存器已在前面做过介绍。下面简单介绍 SFR 块中的部分 SFR,余下的 SFR 与片内各外设部件密切相关,将在后续介绍片内各外设部件时进行详细说明。

1. 堆栈指针 SP

　　AT89S52 单片机的堆栈只能设在片内的 RAM 区。堆栈指针 SP 的内容指示出堆栈顶部在片内 RAM 区中的位置,它可指向片内 RAM 00H～FFH 的任何单元。AT89S52 单片机的堆栈属于向上生长型的(即每向堆栈压入 1 字节数据时,SP 的内容自动增 1),且遵循"先进后出"的原则。单片机复位后,SP 中的内容为 07H,使得堆栈实际上从 08H 单元开始,考虑到 08H～1FH 单元分别是属于 1～3 组的工作寄存器区,而在程序设计中有可能要用到这些工作寄存器区,所以一般都在单片机复位后,首先把 SP 值改为 60H 或其他值,以避免堆栈区与工作寄存器区发生冲突。

　　堆栈主要是为子程序调用和中断操作而设立的,有两个功能:保护断点和现场保护。

　　(1)保护断点。因为无论是子程序调用操作还是中断服务子程序调用操作,主程序都会被"打断",但最终都要返回到主程序断点地址处继续执行程序。因此,应预先把主程序的断点地址在堆栈中保护起来,为程序的正确返回做准备。

(2)现场保护。在单片机执行子程序或中断服务子程序时,很可能要用到单片机中的一些寄存器单元,这就会破坏主程序运行时这些寄存器单元的原有内容。所以在执行子程序或中断服务程序之前,要把单片机中有关寄存器单元的内容保存起来,送入堆栈,这就是所谓的"现场保护"。

堆栈的操作有两种:一种是数据压入(PUSH)堆栈,另一种是数据从堆栈中弹出(POP)。当执行1字节数据压入堆栈的指令时,SP先自动加1,再把1字节数据压入堆栈;当执行1字节数据弹出堆栈指令时,先将堆栈栈顶内容弹出,然后SP再自动减1。

2. 寄存器 B

AT89S52 单片机在进行乘法和除法操作时要使用寄存器 B。在不执行乘、除法操作的情况下,可把寄存器 B 当作一个普通寄存器来使用。

乘法运算时,两个乘数分别在 A、B 中,执行乘法指令后,乘积存放在 BA 寄存器对中。B 中放乘积的高 8 位,A 中放乘积的低 8 位。

除法运算时,被除数取自 A,除数取自 B,商存放在 A 中,余数存放于 B 中。

3. AUXR 寄存器

AUXR 是辅助寄存器,格式如图 3-7 所示。

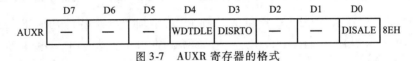

图 3-7 AUXR 寄存器的格式

其中:

(1)DISALE:ALE 的禁止/允许位。

0:ALE 有效,允许 ALE 引脚发出 ALE 脉冲;

1:ALE 脉冲仅在 CPU 访问外部存储器时有效,在不访问外部存储器时,ALE 引脚不输出脉冲信号,这可减少 ALE 脉冲对外部电路的干扰。

(2)DISRTO:禁止/允许看门狗定时器(WDT)溢出时的复位输出。

0:WDT 溢出时,允许向 RST 引脚输出一个高电平脉冲,使单片机复位;

1:禁止 WDT 溢出时的复位输出。

(3)WDTDLE:WDT 在空闲模式下的禁止/允许控制位。

0:允许 WDT 在空闲模式下计数;

1:禁止 WDT 在空闲模式下计数。

4. 数据指针 DPTR0 和 DPTR1

DPTR0 和 DPTR1 为双数据指针寄存器,是为了便于访问数据存储器而设置的。DPTR0 为 AT89C51 单片机原有的数据指针,DPTR1 为 AT89S51/AT89S52 新增加的数据指针。寄存器 AUXR1 中的 DPS 位用于选择这两个数据指针。当 DPS=0 时,选用 DPTR0;DPS=1 时,选用 DPTR1。AT89S52 单片机复位时,默认选用 DPTR0。

DPTR0(或 DPTR1)是一个 16 位的 SFR,其高位字节寄存器用 DP0H(或 DP1H)表示,低位字节寄存器用 DP0L(或 DP1L)表示。DPTR0(或 DPTR1)既可作为一个 16 位寄存器来用,也可作为两个独立的 8 位寄存器 DP0H(或 DP1H)和 DP0L(或 DP1L)来用。

5. AUXR1 寄存器

AUXR1 是辅助寄存器,其格式如图 3-8 所示。

图 3-8　AUXR1 寄存器的格式

其中:DPS 是数据指针寄存器 DPTR0 或 DPTR1 的选择位。

0:选择数据指针寄存器 DPTR0;

1:选择数据指针寄存器 DPTR1。

6. 看门狗定时器(WDT)

看门狗定时器(WDT)包含 1 个 14 位计数器和看门狗复位寄存器(WDTRST)。当 CPU 由于干扰,程序陷入"死循环"或"跑飞"①状态时,看门狗定时器提供了一种使程序恢复正常运行的有效手段。

3.4.4 位地址空间

AT89S52 单片机的位地址空间共有两部分,分别位于片内 RAM 和 SFR 区域中,共有 219 个可寻址位,位地址范围为 00H~FFH。其中位地址为 00H~7FH 的这 128 个位,位于片内 RAM 字节地址 20H~2FH 单元中,见表 3-5。

表 3-5　AT89S52 的片内 RAM 可寻址位及位地址

字节地址	位地址							
	D7	D6	D5	D4	D3	D2	D1	D0
2FH	7FH	7EH	7DH	7CH	7BH	7AH	79H	78H
2EH	77H	76H	75H	74H	73H	72H	71H	70H
2DH	6FH	6EH	6DH	6CH	6BH	6AH	69H	68H
2CH	67H	66H	65H	64H	63H	62H	61H	60H
2BH	5FH	5EH	5DH	5CH	5BH	5AH	59H	58H
2AH	57H	56H	55H	54H	53H	52H	51H	50H
29H	4FH	4EH	4DH	4CH	4BH	4AH	49H	48H
28H	47H	46H	45H	44H	43H	42H	41H	40H
27H	3FH	3EH	3DH	3CH	3BH	3AH	39H	38H
26H	37H	36H	35H	34H	33H	32H	31H	30H
25H	2FH	2EH	2DH	2CH	2BH	2AH	29H	28H
24H	27H	26H	25H	24H	23H	22H	21H	20H
23H	1FH	1EH	1DH	1CH	1BH	1AH	19H	18H

---

① 跑飞是指系统受到某种干扰后,程序计数器 PC 的值偏离了给定的唯一变化历程,导致程序运行偏离正常的运行路径。程序跑飞因素及后果往往是不可预测的,在多数情况下,程序跑飞后系统会进入循环而导致死机。

续表

字节地址	位地址							
	D7	D6	D5	D4	D3	D2	D1	D0
22H	17H	16H	15H	14H	13H	12H	11H	10H
21H	0FH	0EH	0DH	0CH	0BH	0AH	09H	08H
20H	07H	06H	05H	04H	03H	02H	01H	00H

而 AT89S52 单片机特殊功能寄存器(SFR)中的可寻址位离散地分布在特殊功能寄存器区字节地址为 80H~FFH 的区域内,见表 3-6,共有 91 个可寻址位。

表 3-6 AT89S52 单片机 SFR 中的位地址分布

特殊功能寄存器	位地址								字节地址
	D7	D6	D5	D4	D3	D2	D1	D0	
B	F7H	F6H	F5H	F4H	F3H	F2H	F1H	F0H	F0H
Acc	E7H	E6H	E5H	E4H	E3H	E2H	E1H	E0H	E0H
PSW	D7H	D6H	D5H	D4H	D3H	D2H	D1H	D0H	D0H
T2CON			CDH	CCH	CBH	CAH	C9H	C8H	C8H
IP			BDH	BCH	BBH	BAH	B9H	B8H	B8H
P3	B7H	B6H	B5H	B4H	B3H	B2H	B1H	B0H	B0H
IE	AFH	—	ADH	ACH	ABH	AAH	A9H	A8H	A8H
P2	A7H	A6H	A5H	A4H	A3H	A2H	A1H	A0H	A0H
SCON	9FH	9EH	9DH	9CH	9BH	9AH	99H	98H	98H
P1	97H	96H	95H	94H	93H	92H	91H	90H	90H
TCON	8FH	8EH	8DH	8CH	8BH	8AH	89H	88H	88H
P0	87H	86H	85H	84H	83H	82H	81H	80H	80H

从表 3-6 中可发现一个规律,凡是可位寻址的特殊功能寄存器,其最低位的位地址与其字节地址相同。表 3-6 中阴影标记的 8 个位为 AT89S52 单片机在 AT89S51 单片机基础上新增加的可寻址位。

3.4.5 存储器结构总结

图 3-9 所示为 AT89S52 单片机中各类存储器的结构图。从图中可清楚地看出 AT89S52 单片机中各类存储器在存储器空间的位置。

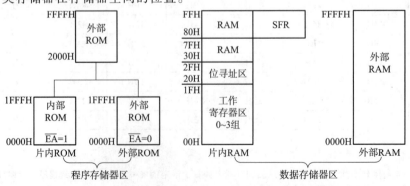

图 3-9 AT89S52 单片机中各类存储器的结构图

AT89S52 单片机共有 4 个双向的 8 位并行 I/O 端口,即 P0~P3,表 3-4 中的特殊功能寄存器 P0、P1、P2 和 P3 就是这 4 个端口的输出锁存器。4 个端口除了按字节输入/输出外,还可按位寻址,便于实现位控功能。

3.5 AT89S52 单片机的并行 I/O 口

3.5.1 P0 口

P0 口是一双功能的 8 位并行 I/O 端口,字节地址为 80H,位地址为 80H~87H。P0 口某一位的位电路结构如图 3-10 所示。

1. P0 口的工作原理

(1) P0 口作为系统的地址/数据总线使用。当 AT89S52 单片机外部扩展存储器或 I/O 时,P0 口作为单片机系统复用的地址/数据总线使用。此时,图 3-10 中的"控制"信号为 1,硬件自动使转接开关 MUX 打向上面,接通反相器的输出,同时使与上方场效应晶体管栅极相连的"与门"处于开启状态。

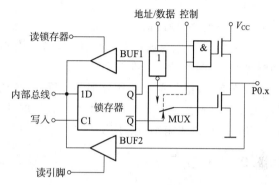

图 3-10 P0 口某一位的位电路结构

当输出的"地址/数据"信号为 1,"与门"输出为 1,上方的场效应晶体管导通,下方的场效应晶体管截止,P0.x 引脚输出为 1。

当输出的"地址/数据"信号为 0 时,上方的场效应晶体管截止,下方的场效应晶体管导通,P0.x 引脚输出为 0。可见 P0.x 引脚的输出状态随"地址/数据"信号的状态变化而变化。上方的场效应晶体管起到内部上拉电阻的作用。

当 P0 口作为数据总线输入时,仅从外部存储器(或外部 I/O)读入信息,对应的"控制"信号为 0,MUX 接通锁存器的 $\overline{Q}$ 端。由于 P0 口作为地址/数据复用方式访问外部存储器时,CPU 自动向 P0 口写入 FFH,使下方的场效应晶体管截止,由于"控制"信号为 0,上方的场效应晶体管也截止,从而保证数据信息的高阻悬浮输入,从外部 P0.x 引脚输入的数据信息直接通过输入缓冲器 BUF2 进入内部总线。

由以上分析可见,P0 口作为总线端口使用时,具有高电平、低电平和高阻悬浮输入 3 种状态的端口,此时 P0 口是一真正的双向端口,简称双向口。

(2) P0 口作为通用 I/O 口使用。当 P0 不作地址/数据总线使用时,也可作为通用的 I/O 口使用,各引脚需要在片外接上拉电阻,此时端口不存在高阻悬浮状态,对应的"控制"信号为 0,MUX 打向下面,接通锁存器的 $\overline{Q}$ 端,"与门"输出为 0,上方的场效应晶体管截止。

P0 口作用通用 I/O 口输出时,来自 CPU 的"写"脉冲加在 D 锁存器的 CP 端,内部总线上的数据写入 D 锁存器,并由引脚 P0.x 输出。当 D 锁存器为 1 时,$\overline{Q}$ 端为 0,下方的场效应晶体管截止,输出为漏极开路,此时,引脚 P0.x 必须外接上拉电阻才能有高电平输出;当 D 锁存器为 0 时,下方的场效应晶体管导通,P0 口输出为低电平。

P0 口作为通用 I/O 口输入时,有两种读入方式:读锁存器和读引脚。当 CPU 发出"读锁存器"类指令时,锁存器的状态由 Q 端经上方的三态缓冲器 BUF1 进入内部总线;当 CPU 发出"读引脚"类指令时,锁存器的输出状态 = 1(即 $\overline{Q}$ 端为 0),从而使下方的场效应晶体管截止,引脚的状态经下方的三态缓冲器 BUF2 进入内部总线。

2. P0 口总结

综上所述,P0 口具有如下特点:

(1)当 P0 口作为地址/数据总线端口使用时,是一个真正的双向口,作为与外部扩展的存储器或 I/O 连接,输出低 8 位地址和输出/输入 8 位数据。

(2)当 P0 口作为通用 I/O 口使用时,各引脚需要在片外接上拉电阻,此时端口不存在高阻悬浮状态,因此是一个准双向口。

大多数情况下,单片机片外都要扩展 RAM 或 I/O 接口芯片,此时 P0 口只能作为复用的地址/数据总线使用。如果单片机片外没有扩展外部 RAM 和 I/O 接口芯片,不作地址/数据总线口使用时,P0 口才能作为通用 I/O 口使用,P0 口的引脚需在片外接一个上拉电阻。

3.5.2 P1 口

P1 口为通用 I/O 端口,字节地址为 90H,位地址为 90H ~ 97H。P1 口某一位的位电路结构如图 3-11 所示。

1. P1 口的工作原理

P1 口只作为通用 I/O 口使用。

(1)P1 口作为输出口时,若 CPU 输出 1,Q = 1,$\overline{Q}$ = 0,场效应晶体管截止,P1.x 引脚的输出为 1;若 CPU 输出 0,Q = 0,$\overline{Q}$ = 1,场效应晶体管导通,P1.x 引脚的输出为 0。

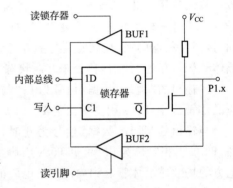

图 3-11 P1 口某一位的位电路结构

(2)P1 口作为输入口时,分为"读锁存器"和"读引脚"两种方式。"读锁存器"时,锁存器的输出端 Q 的状态经输入缓冲器 BUF1 进入内部总线;"读引脚"时,先向锁存器写 1,使场效应晶体管截止,P1.x 引脚上的电平经输入缓冲器 BUF2 进入内部总线。

2. P1 口总结

P1 口由于有内部上拉电阻,没有高阻输入状态,故为准双向口。P1 口作为输出口时,不需要在片外接上拉电阻。P1 口"读引脚"输入时,必须先向 P1 口的锁存器写入 1。

3.5.3 P2 口

P2 口是一个双功能口,字节地址为 A0H,位地址为 A0H ~ A7H。P2 口某一位的位电路结构如图 3-12 所示。

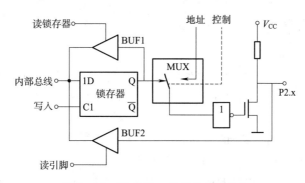

扩展阅读

图 3-12 P2 口某一位的位电路结构

1. P2 口的工作原理

(1) P2 口作为高 8 位地址总线口。在内部控制信号作用下,MUX 与"地址"线接通。当"地址"线为 0 时,场效应晶体管导通,P2.x 引脚输出 0;当"地址"线为 1 时,场效应晶体管截止,P2.x 引脚输出 1。

(2) P2 口作为通用 I/O 口。在内部控制信号作用下,MUX 与锁存器的 Q 端接通。CPU 输出 1 时,Q=1,场效应晶体管截止,P2.x 引脚输出 1;CPU 输出 0 时,Q=0,场效应晶体管导通,P2.x 引脚输出 0。

输入时,分为"读锁存器"和"读引脚"两种方式。"读锁存器"时,Q 端信号经输入缓冲器 BUF1 进入内部总线;"读引脚"时,先向锁存器写 1,使场效应晶体管截止,P2.x 引脚上的电平经输入缓冲器 BUF2 进入内部总线。

2. P2 口总结

P2 口作为高 8 位地址总线使用时,可输出外部存储器或 I/O 的高 8 位地址,与 P0 口输出并经锁存器锁存的低 8 位地址一起构成 16 位地址,共可寻址 64 KB 的片外地址空间。当 P2 口作为高 8 位地址输出口时,输出锁存器的内容保持不变。

P2 口作为通用 I/O 口使用时,为准双向口,功能与 P1 口一样。

一般情况下,P2 口大多作为高 8 位地址总线口使用,这时就不能再作为通用 I/O 口。如果不作为地址总线口使用,可作为通用 I/O 口使用。

3.5.4 P3 口

由于 AT89S52 单片机的引脚数目有限,因此在 P3 口电路中增加了引脚的第二功能(第二功能定义见表 3-1)。P3 口的每一位都可以分别定义为第二功能。P3 口的字节地址为 B0H,位地址为 B0H~B7H。P3 口某一位的位电路结构如图 3-13 所示。

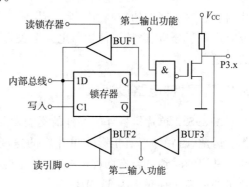

图 3-13 P3 口某一位的位电路结构

1. P3 口的工作原理

(1) P3 口用作第二功能：

当选择第二输出功能时，该位的锁存器需要置 1，使"与非门"为开启状态。当第二输出为 1 时，场效应晶体管截止，P3.x 引脚输出为 1；当第二输出为 0 时，场效应晶体管导通，P3.x 引脚输出为 0。

当选择第二输入功能时，该位的锁存器和第二输出功能端均应置 1，保证场效应晶体管截止，P3.x 引脚的信息由输入缓冲器 BUF3 的输出获得。

(2) P3 口用作第一功能：通用 I/O 口。当 P3 口用作通用 I/O 的输出时，"第二输出功能"端应保持高电平，"与非门"为开启状态。CPU 输出 1 时，Q=1，场效应晶体管截止，P3.x 引脚输出为 1；CPU 输出 0 时，Q=0，场效应晶体管导通，P3.x 引脚输出为 0。

当 P3 口作为通用 I/O 的输入时，P3.x 位的输出锁存器和"第二输出功能"端均应置 1，场效应晶体管截止，P3.x 引脚信息通过输入 BUF3 和 BUF2 进入内部总线，完成"读引脚"操作。

当 P3 口作为通用 I/O 的输入时，也可执行"读锁存器"操作，此时 Q 端信息经过缓冲器 BUF1 进入内部总线。

2. P3 口总结

P3 口内部有上拉电阻，不存在高阻输入状态，故为准双向口。

由于 P3 口每一引脚有第一功能与第二功能，究竟是使用哪个功能，完全是由单片机执行的指令控制来自动切换的，用户不需要进行任何设置。

引脚输入部分有两个缓冲器，第二功能的输入信号取自缓冲器 BUF3 的输出端，第一功能的输入信号取自缓冲器 BUF2 的输出端。

3.6 时钟电路与时序

时钟电路用于产生 AT89S52 单片机工作时所需的控制信号，AT89S52 单片机的内部电路正是在时钟信号的驱动下，严格地按时序执行指令进行工作。

CPU 执行指令时，首先到程序存储器中取出需要执行的指令操作码，然后译码，并由时序电路产生一系列控制信号完成指令所规定的操作。CPU 发出的时序信号有两类：一类用于对片内各个功能部件的控制，用户无须了解；另一类用于对片外存储器或 I/O 端口的控制，这部分时序对于分析、设计硬件接口电路至关重要，这也是单片机应用系统设计者普遍关心和重视的问题。

3.6.1 时钟电路设计

AT89S52 单片机各外围部件的运行都以时钟控制信号为基准，有条不紊、一拍一拍地工作。因此，时钟频率直接影响单片机的速度，时钟电路的质量也直接影响单片机系统的稳定性。常用的时钟电路有两种方式：一种是内部时钟方式，另一种是外部时钟方式。AT89S52 单片机的最高时钟频率为 33 MHz。

1. 内部时钟方式

AT89S52 单片机内部有一个用于构成时钟振荡器的高增益反相放大器,它的输入端为引脚 XTAL1,输出端为引脚 XTAL2。这两个引脚外部跨接石英晶体振荡器和微调电容,构成一个稳定的自激振荡器,图 3-14 所示为 AT89S52 单片机内部时钟电路。

电路中的电容 C_1 和 C_2 的典型值通常选择为 30 pF。晶体振荡频率通常选择 6 MHz、12 MHz(可得到准确的定时)或 11.059 2 MHz(在串行通信时用,可得到准确的串行通信波特率)的石英晶体。

2. 外部时钟方式

外部时钟方式使用外部振荡器产生时钟脉冲信号,常用于多片 AT89S52 单片机同时工作,以便于多片 AT89S52 单片机之间的同步。

外部时钟源直接接到 XTAL1 端,XTAL2 端悬空,其电路如图 3-15 所示。

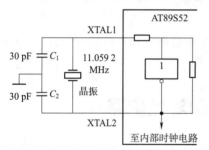

图 3-14 AT89S52 单片机内部时钟电路

图 3-15 外部时钟方式的电路连接

3.6.2 时钟周期、机器周期、指令周期

单片机执行的指令均是在 CPU 控制器的时序控制电路的控制下进行的,各种时序均与时钟周期有关。

1. 时钟周期 T_{osc}

时钟周期是单片机时钟控制信号的基本时间单位。若时钟晶体的振荡频率为 f_{osc},则时钟周期 $T_{osc} = \dfrac{1}{f_{osc}}$。

扩展阅读

2. 机器周期 T

CPU 完成一个基本操作所需要的时间称为机器周期。单片机中常把执行一条指令的过程分为几个机器周期。每个机器周期完成一个基本操作,如取指令、读数据或写数据等。AT89S52 单片机的每 12 个时钟周期为一个机器周期,即 $T = \dfrac{12}{f_{osc}}$。

一个机器周期包括 12 个时钟周期,分为 6 个状态:S1~S6。每个状态又分为两拍:P1 和 P2。因此,一个机器周期中的 12 个时钟周期表示为 S1P1、S1P2、S2P1、S2P2、……、S6P2,如图 3-16 所示。

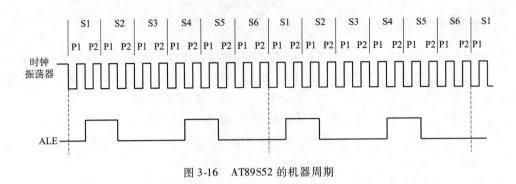

图 3-16 AT89S52 的机器周期

3. 指令周期

指令周期是执行一条指令所需的时间。指令可分为单字节、双字节与三字节指令,因此执行一条指令的时间也不同。对于简单的单字节指令,取出指令立即执行,只需 1 个机器周期的时间。而有些复杂的指令,如转移、乘、除指令则需 2 个或多个机器周期。

从指令的执行时间看,单字节和双字节指令一般为单机器周期和双机器周期,三字节指令都是双机器周期,只有乘、除指令的执行需要 4 个机器周期。

3.7 复位操作和复位电路

复位操作是单片机片内各寄存器的初始化操作,只需给 AT89S52 单片机的复位引脚 RST 加上大于 2 个机器周期(即 24 个时钟周期)的高电平就可使 AT89S52 单片机复位。

3.7.1 复位操作

当单片机复位时,PC 被初始化为 0000H,使单片机从程序存储器的 0000H 单元开始执行程序。除了进入系统的正常初始化之外,当程序运行出错(如程序跑飞)或操作错误使系统处于"死循环"或"跑飞"状态时,也需按下复位键使 RST 脚为高电平,从而使 AT89S52 单片机摆脱"死循环"或"跑飞"状态,重新从 0000H 开始执行程序。

复位时片内各寄存器的状态见表 3-7。

表 3-7 复位时片内各寄存器的状态

寄存器	复位状态	寄存器	复位状态
PC	0000H	DP1H	00H
Acc	00H	DP1L	00H
PSW	00H	TMOD	00H
B	00H	TCON	00H
SP	07H	TH0、TH1	00H
DPTR	0000H	TL0、TL1	00H

续表

寄存器	复位状态	寄存器	复位状态
P0～P3	FFH	SCON	00H
IP	××000000B	SBUF	××××××××B
IE	0×000000B	PCON	0×××0000B
DP0H	00H	AUXR	×××00××0B
DP0L	00H	AUXR1	×××××××0B
WDTRST	××××××××B		

由表 3-7 可看出,复位时,SP = 07H,而 4 个 I/O 端口 P0～P3 的引脚均为高电平,且为输入状态。在某些控制应用中,要注意考虑 P0～P3 引脚的高电平对接在这些引脚上的外部电路的影响。例如,当 P1 口某引脚外接一个继电器绕组,当复位时,该引脚为高电平,继电器绕组就会有电流通过,吸合继电器开关,使开关接通,可能会引起意想不到的后果。

3.7.2 复位电路

AT89S52 单片机的复位是由外部的复位电路实现的。复位电路应兼有上电复位和人工按键复位两种功能。典型的复位电路如图 3-17 所示。

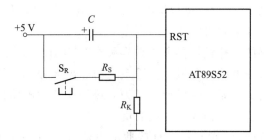

图 3-17 典型的复位电路

上电复位的工作原理是 +5 V(V_{CC})电源通过电容 C 与电阻 R_K 回路,给电容 C 充电,加给 RST 引脚上一个短暂的高电平信号,此信号随着 V_{CC} 对电容 C 的充电过程而逐渐回落,即 RST 引脚上的高电平持续时间取决于电容 C 充电时间。充电时间越长,复位时间越长,增大电容或电阻都可以增加复位时间。

除了上电复位外,有时还需要人工按键复位。按下按键后,通过两个电阻 R_S 和 R_K 的分压,在 RST 端产生高电平,按键按下的时间决定了复位时间。

当时钟频率选用 6 MHz 时,电容 C 的参考取值为 22 μF,两个电阻 R_S 和 R_K 的参考阻值分别为 220 Ω 和 1 kΩ。

一般来说,单片机的复位速度比外部扩展的 I/O 接口电路快些,因此在实际应用设计中,为保证系统可靠复位,在单片机的初始化程序段应安排一定的复位延迟时间,以保证单片机与系统中其他扩展的 I/O 接口电路都能可靠地复位。

3.8 AT89S52单片机的最小应用系统

单片机的最小应用系统是指能让单片机运行起来的所需的最少器件构成的电路系统。AT89S52单片机本身片内有8 KB闪速存储器,256B的RAM单元,4个I/O口,因此外接时钟电路和复位电路即构成了一个AT89S52单片机最小应用系统,如图3-18所示。当然,该最小应用系统只能作为小型的数字量的测控单元。

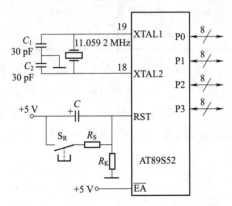

图3-18 AT89S52单片机最小应用系统

电源部分:从计算机USB接口DC 5V取电。开关电源的输出电压往往纹波较大,不像线性稳压器输出的电压那么稳定,可以进行滤波。如果需要可使用电容接在开关电路上,在接通开关的瞬间产生的抖动能被电容吸收。

复位电路和时钟电路的电路设计参考3.6节和3.7节的内容。

负载电路:严格讲,负载电路不是最小应用系统的必需部分,但要证明最小系统能正常工作,需要有验证电路,同时最小系统的设计也是为后续扩展负载电路做准备。一般情况下,使用简单的电阻和发光二极管即可构成单片机的负载电路。

注意发光二极管的方向,51单片机I/O吸收灌电流可达20 mA,但输出高电平驱动电流才几十微安,所以I/O负载电流比较大时只能接成吸收灌电流的形式。电阻的取值要保证发光二极管亮度合适。若太亮,会影响发光二极管寿命而且电源功耗大。发光二极管流过5~10 mA的电流时,亮度是比较合适的。

程序下载电路:为了使得单片机能正常工作,多数初学者采用先编程、再下载运行、后调试改进的方法,因此程序下载电路是必不可少的。当然程序正常运行后,下载电路是没有任何作用的。目前单片机开发采用USB下载方式,但USB程序下载电路原理比较复杂,在本书中不展开介绍。

最小应用系统虽然功能简单,但却是所有单片机开发的基础功能。建议有条件的初学者自己动手焊接制作单片机最小系统,这对加强单片机系统的理解大有裨益。

3.9 看门狗定时器(WDT)

单片机应用系统受到干扰可能会引起程序"跑飞"或"死循环",会使系统失控。如果操作人员在场,可按人工复位按钮,强制系统复位。但操作人员不可能一直监视着系统,即使监视着系统,也往往是在引起不良后果之后才进行人工复位。能不能不要人来监视,使系统摆脱失控状态,重新从 0000H 地址处执行程序呢?这时可采用"看门狗"技术。

"看门狗"技术就是使用一个看门狗定时器(WDT)来对系统时钟不断计数,监视程序的运行。当看门狗定时器启动运行后,为防止看门狗定时器的不必要溢出而引起单片机的非正常复位,应定期地把看门狗定时器清 0,称为"喂狗",以保证看门狗定时器不溢出。

AT89S52 单片机的"看门狗"部件,包含 1 个 14 位看门狗定时器和看门狗复位寄存器(表 3-4 中的特殊功能寄存器 WDTRST,地址 A6H)。开启看门狗定时器后,14 位定时器会自动对系统时钟 12 分频后的信号计数,即每 16 384(2^{14})个机器周期溢出一次,并产生一个高电平复位信号,使单片机复位。采用 12 MHz 的系统时钟时,则每 16 384 μs 产生一个复位信号。

当由于干扰,使单片机程序"跑飞"或陷入"死循环"时,单片机也就不能正常运行程序来定时地把看门狗定时器清 0,使得看门狗定时器计满溢出,在 AT89S52 单片机的 RST 引脚上输出一个正脉冲(宽度为 98 个时钟周期),使单片机复位,然后从单片机的复位入口 0000H 处重新开始执行主程序,从而使程序摆脱"跑飞"或"死循环"状态,让单片机归复于正常的工作状态。

看门狗定时器的启动和清 0 的方法是一样的。实际应用中,用户只要向寄存器 WDTRST(地址为 A6H)先写入 1EH,接着写入 E1H,看门狗定时器便启动计数。为防止看门狗定时器启动后产生不必要的溢出,在执行程序的过程中,应在看门狗定时器计数未溢出之前,即 16 384 μs(时钟为 12 MHz 时)内,不断地复位清 0 看门狗。

3.10 低功耗节电模式

AT89S52 单片机有两种低功耗节电工作模式:空闲模式(Idle Mode)和掉电模式(Power Down Mode),其目的是尽可能降低系统的功耗。在掉电模式下,V_{CC} 可由后备电源供电。图 3-19 所示为低功耗节电模式的控制电路。

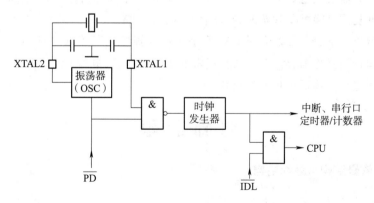

图 3-19 低功耗节电模式的控制电路

3.10.1 空闲模式

1. 空闲模式的进入

如果用指令把寄存器 PCON 中的 IDL 位置 1,由图 3-19 可见,则把通往 CPU 的时钟信号关断,单片机进入空闲模式,虽然振荡器还在运行,但是 CPU 进入空闲状态。此时,片内所有外围电路(中断系统、串行口和定时器)仍继续工作,SP、PC、PSW、A、P0~P3 端口等所有寄存器,以及内部 RAM 和 SFR 中的内容均保持进入空闲模式前的状态。因为 CPU 耗电量通常占芯片耗电量的 80%~90%,因此停止 CPU 的工作大大降低了功耗。

2. 空闲模式的退出

系统进入空闲模式后有两种方法可退出。第一种是中断退出。由于在空闲模式下,中断系统还在工作,所以任何的中断请求被响应时,片内硬件都可使 IDL 位自动清 0,从而退出空闲模式,进入中断服务程序。第二种是硬件复位退出。复位时,各个特殊功能寄存器都恢复默认状态,特殊功能寄存器的 IDL 位清 0,退出空闲模式,单片机将重新开始从 0000H 地址执行程序。

3.10.2 掉电运行模式

1. 掉电运行模式的进入

当用指令把 PCON 寄存器的 PD 位置 1,便立即进入掉电模式。由图 3-19 可见,在掉电模式下,进入时钟振荡器的信号被封锁,振荡器停止工作。由于没有了时钟信号,内部的所有部件均停止工作,但片内的 RAM 和 SFR 原来的内容都被保留,有关端口的输出状态值都保存在对应的特殊功能寄存器中。

2. 掉电运行模式的退出

掉电运行模式退出的方法是由外部中断唤醒(低电平触发或由下降沿触发)或者硬件复位来唤醒单片机。需要注意的是,使用外部中断唤醒单片机时,程序是从原来停止处继续运行。当使用硬件复位来唤醒单片机时,程序将从头开始执行。

在掉电运行模式下,V_{CC} 可以降到 2 V,但是在进入掉电运行模式之前,V_{CC} 不能降低,而在准备退出掉电运行模式之前,V_{CC} 必须恢复正常的工作电压值,并维持约 10 ms 的时间,使振荡器重新启动并稳定后方可退出掉电运行模式。

创新思维

1. 冯·诺依曼结构与哈佛结构

二者的区别就是程序空间和数据空间是否是一体的。冯·诺依曼结构数据空间和程序空间不分开,哈佛结构数据空间和程序空间是分开的。一般情况下,多数单片机采用的是哈佛结构,而大部分微机采用的是冯·诺依曼结构。

2. 创新思路:计算机为什么没有采用既有的哈佛结构

哈佛结构更适用于运行中程序固定的应用场合,不适合在运行中动态加载程序,程序和数据的属性截然不同,这显然与计算机中"一切皆数据"的理念不同。从程序和数据分开管理,到程序也是一种数据,是一种创新思路。

3. 创新思路:冯·诺依曼结构与哈佛结构是矛盾的吗

哈佛结构设计复杂,但效率高。冯·诺依曼结构则比较简单,但相对较慢。两者并不是相互排斥的,反而是对立统一的。51单片机虽然数据指令存储区是分开的,但总线是分时复用,有冯·诺依曼结构的影子。ARM系统单片机,之前的版本也有冯·诺依曼结构的,后期多采用哈佛结构。计算机系统,在内存层面,程序和数据是在一起的。而在CPU内缓存中,还会区分指令缓存和数据缓存,最终执行时,指令和数据是从不同的地方获取。因此也可理解为在CPU外部,采用的是冯·诺依曼结构,而在CPU内部用的是哈佛结构。因此现实中是两者的结合应用,不是矛盾的。

现实中的最优结果是哈佛结构与冯·诺依曼结构的组合,这也符合创新思维中组合思维的特点。所谓组合思维,是从某一事物出发,以此为发散点,尽可能多地与另一(或一些)事物联结成具有新价值(或附加价值)的新事物的思维方式。

组合思维的两个大的典型实例:一是牛顿组合了开普勒天体运行三定律和伽利略的物体垂直运动与水平运动规律,从而创造了经典力学,引起了以蒸汽机为标志的技术革命;二是麦克斯韦组合了法拉第的电磁感应理论和拉格朗日、哈密顿的数学方法,创造了更加完备的电磁理论,因此引发了以发电机、电动机为标志的技术革命。

思考练习题3

一、填空题

1. 在AT89S52单片机中,如果采用6 MHz晶振,一个机器周期为(   )。
2. AT89S52单片机的机器周期等于(   )个时钟振荡周期。
3. 内部RAM中,位地址为40H、88H的位,该位所在字节的字节地址分别为(   )和(   )。
4. 片内字节地址为2AH单元最低位的位地址是(   );片内字节地址为A8H单元的最低位的位地址是(   )。
5. 若A中的内容为63H,那么P标志位的值为(   )。
6. AT89S52单片机复位后,R4所对应的存储单元的地址为(   ),因上电时PSW=(   )。这时当前的工作寄存器区是(   )组工作寄存器区。
7. 内部RAM中,可作为工作寄存器区的单元地址为(   )H~(   )H。
8. 通过堆栈操作实现子程序调用时,首先要把(   )的内容入栈,以进行断点保护。调用子程序返回指令时,再进行出栈保护,把保护的断点送回到(   ),先弹出的是原来(   )中的内容。
9. AT89S52单片机程序存储器的寻址范围是由程序计数器(PC)的位数所决定的,因为AT89S52单片机的PC是16位的,因此其寻址的范围为(   )KB。

10. AT89S52 单片机复位时,P0~P3 口的各引脚为(　　)电平。

11. AT89S52 单片机使用片外振荡器作为时钟信号时,引脚 XTAL1 接引脚 XTAL2 的接法是(　　)。

12. AT89S52 单片机复位时,堆栈指针 SP 中的内容为(　　),程序指针 PC 中的内容为(　　)。

二、单项选择题

1. 程序在运行中,当前 PC 的值是(　　)。
   A. 当前正在执行指令的前一条指令的地址
   B. 当前正在执行指令的地址
   C. 当前正在执行指令的下一条指令的首地址
   D. 控制器中指令寄存器的地址

2. 下列说法正确的是(　　)。
   A. PC 是一个可寻址的寄存器
   B. 单片机的主频越高,其运算速度越快
   C. AT89S52 单片机中的一个机器周期为 1 μs
   D. 特殊功能寄存器 SP 内存放的是堆栈栈顶单元的内容

三、判断题

1. 使用 AT89S52 单片机且引脚 $\overline{EA}$ =1 时,仍可外扩 64 KB 的程序存储器。(　　)

2. 区分片外程序存储器和片外数据存储器的最可靠的方法是看其位于地址范围的低端还是高端。(　　)

3. 在 AT89S52 单片机中,为使准双向的 I/O 口工作在输入方式,必须事先预置为 1。(　　)

4. PC 可以看成是程序存储器的地址指针。(　　)

5. AT89S52 单片机中特殊功能寄存器(SFR)使用片内 RAM 的部分字节地址。(　　)

6. 片内 RAM 的位寻址区,只能供位寻址使用,而不能进行字节寻址。(　　)

7. AT89S52 单片机共有 32 个特殊功能寄存器,它们的位都是可以用软件设置的,因此,都是可以位寻址的。(　　)

8. 堆栈区是单片机内部的一个特殊区域,与 RAM 无关。(　　)

9. AT89S52 单片机进入空闲模式,CPU 停止工作。片内的外围电路(如中断系统、串行口和定时器)仍将继续工作。(　　)

10. AT89S52 单片机不论是进入空闲模式还是掉电运行模式后,片内 RAM 和 SFR 中的内容均保持原来的状态。(　　)

11. AT89S52 单片机进入掉电运行模式,CPU 和片内的外围电路(如中断系统、串行口和定时器)均停止工作。(　　)

12. AT89S52 单片机的掉电运行模式可采用响应中断方式来退出。(　　)

四、简答题

1. AT89S52 单片机片内都集成了哪些功能部件?

2. AT89S52 单片机的 64 KB 程序存储器空间有 6 个单元地址,对应 AT89S52 单片机 6 个中断源的中断入口地址,请写出这些单元的入口地址及对应的中断源。

3. 说明 AT89S52 单片机的 $\overline{\text{EA}}$ 引脚接高电平或低电平的区别。

4. AT89S52 单片机有哪两种低功耗节电模式?说明两种低功耗节电模式的异同。

5. AT89S52 单片机运行时程序出现"跑飞"或陷入"死循环"时,说明利用看门狗来摆脱困境的工作原理。

第4章 单片机的指令系统及汇编语言程序设计

所有计算机最早的语言为机器语言,机器语言是机器指令的集合,机器指令是一列二进制数字。计算机将其转变为一列高低电平,以使计算机的电子器件受到驱动,从而进行运算。机器语言的相关介绍见二维码资料。

机器语言简介

因机器语言烦琐、晦涩、难以理解和容易出错,后来发展出了汇编语言指令系统。指令系统是计算机能识别并执行的全部指令的集合,其指令的功能和数量决定了计算机处理能力的强弱,它是应用计算机进行程序设计的基础。51系列单片机指令系统的特点是不同的存储器空间寻址方式不同,适用的指令不同。本章首先介绍51单片机指令系统的7种寻址方式,以及数据传送、运算和移位、控制转移、位操作等各类指令的功能和使用方法;其次,将讨论汇编语言程序设计常用的伪指令及程序设计方法,并给出了一些实用汇编语言程序。

4.1 寻址方式

51单片机汇编语言指令格式如下:

〔标号:〕操作码〔操作数〕　　　〔;注释〕

上述格式中的六角括号区段是可以根据需要省略的部分(本章约定,今后六角括号内的选项都是可省略的),因此最简单的汇编指令只有操作码区段。

标号区段是当前指令行的符号地址,其值等于当前指令的机器码首字节在ROM中的存放地址,由汇编系统软件在编译时对其赋值。编程时可将标号作为其他指令中转移到本行的地址符号。标号由英文字母开头的1~6个字符组成,不区分大小写,以英文冒号结尾。

操作码区段是指令的操作行为,由操作码助记符表征。51单片机共有42个操作码助记符,各由2~5个英文字符组成,不区分大小写。

操作数区段是指令的操作对象。根据指令的不同功能,操作数可以是3个、2个、1个或无操作数。操作数大于1时,操作数之间要用英文逗号隔开。

注释区段是对指令的解释性说明,用以提高程序的可读性,可以用任何文字或符号描述,以英文分号开始,无须结束符号。

在单片机指令手册中,每条指令的操作数都以简记符号的形式表示。表4-1对这些简记符号及含义进行了汇总说明。

表4-1　用于描述指令操作数的简记符号一览表

编号	简记符号	符号意义
1	#data	代表一个8位的立即数(常数)

续表

编号	简记符号	符号意义
2	#data16	代表一个 16 位的立即数(常数)
3	Rn	代表 R0~R7 中的某个工作寄存器(n=0~7)
4	Ri	代表 R0 或 R1 工作寄存器(i=0 或 1)
5	direct	代表 128B 范围内某个 RAM 的具体地址或 SFR 的名称
6	addr16	代表 64 KB 范围内某个 RAM 或 ROM 的具体地址
7	addr11	代表 2 KB 范围内某个 RAM 或 ROM 的具体地址
8	rel	代表 -128~+127 字节范围内某个 RAM 或 ROM 地址的偏移量
9	bit	代表 RAM 或 SFR 中某个位单元的具体地址
10	/	代表将随后的位状态取反
11	$	代表当前指令的首地址
12	@	代表以寄存器中的数据作为单元地址

需要注意的是,表 4-1 中各简记符号都有明确的取值范围,不可越限使用。例如,Rn 中的 n 是 0~7,Ri 中的 i 是 0~1,direct 中的地址是 0~127(SFR 的字节地址虽大于 127,但也属于 direct)。分析汇编程序时,只需将具体指令中的操作数还原成简记符号,然后根据 51 指令手册找到相应指令,查出指令的功能,进而逐步理解整个程序的意图。

在执行指令时,CPU 要先根据操作数部分的信息寻找参加运算的操作数,才能对操作数进行操作,有时操作结果还需要存入相应的存储单元或寄存器中。可见,CPU 执行程序实际上是不断寻找操作数并进行操作的过程,寻址方式就是告诉 CPU 找到操作数的方式。通常,指令的寻址方式越丰富,指令功能就越强,编程越方便。指令采用不同的寻址方式将直接影响指令的长度和执行的速度。因此,要掌握好指令系统,首先应了解寻址方式。

寻址方式与计算机存储器空间结构密切相关。在 51 单片机中,存储器空间分为:程序存储器 ROM、片外数据存储器、片内数据存储器,各部分是分开编址的。为了区别指令中操作数所处的地址空间,对不同存储空间中的数据操作,采用不同的寻址方式。51 单片机的指令系统共使用了 7 种寻址方式,即立即寻址、直接寻址、寄存器寻址、寄存器间接寻址、变址寻址、相对寻址及位寻址。

4.1.1 立即寻址

操作数直接出现在指令中的寻址方式称为立即寻址,这样的操作数称为立即数。在指令中,立即数前面加"#"作为标志。在指令的汇编形式中,常用#data 或#data16 表示。指令的机器码中立即数在操作码之后,可见,立即数存放在程序存储器中。

例 4.1　MOV R0,#58H;58H→R0

这条指令的机器码为 7858H,假设存放该指令的程序存储器单元的起始地址是 2600H,则该指令的执行过程如图 4-1 所示。如果立即数为 16 位,其存放顺序是高 8 位在前(低地址单元)、低 8 位在后(高地址单元)。

例 4.2　MOV DPTR,#1234H

假设存放该指令的程序存储器单元的起始地址是 1920H,则该指令的执行过程如图 4-2 所示。

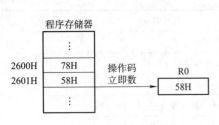
图 4-1 例 4.1 的执行过程

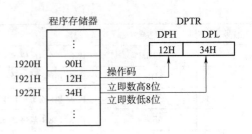
图 4-2 例 4.2 的执行过程

4.1.2 直接寻址

在指令中直接给出操作数所在单元地址的寻址方式称为直接寻址。

直接寻址方式可访问的存储器空间有：

(1) 片内数据存储器 RAM 的低 128 字节；

(2) 特殊功能寄存器(SFR)；

(3) 位地址空间；

(4) 程序存储器空间。

在指令的汇编形式中，用 direct 表示操作数所在存储单元的地址；用 addr16 或 addr11 表示在转移及子程序调用指令中要访问的程序存储器空间的 16 位或低 11 位地址；用 bit 表示可进行位寻址单元中的位地址。位地址空间只能用直接寻址方式访问。对于 SFR 既可以使用它的物理地址，也可以使用它的名称，使用名称可以增强程序的可读性。

例 4.3 MOV 81H,#40H

假设存放该指令的程序存储器单元的起始地址是 1546H，则该指令的执行过程如图 4-3 所示。

这条指令还可以写成：MOV SP,#40H，汇编后的机器码是一样的。其中，操作数 1 为 81H(即 SP 的物理地址)，采用直接寻址方式。

例 4.4 MOV C,00H

这条指令的功能是将位寻址区(20H ~ 2FH)中的地址为 00H 的 1 位内容传递给进位位 C。

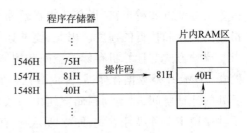
图 4-3 例 4.3 的执行过程

4.1.3 寄存器寻址

操作数存放在寄存器中的寻址方式称为寄存器寻址方式。这里的寄存器包括累加器 A、通用寄存器 B、数据指针 DPTR、位处理累加器 C 或工作寄存器 R0 ~ R7。当操作数存放在除 A、B、DPTR、R0 ~ R7 外的特殊功能寄存器中时，都属于直接寻址。

对于 A、B 既可以寄存器寻址，又可以直接寻址。当 A 写作 ACC 时，是直接寻址；B 在乘除法指令中为寄存器寻址，在其他指令中为直接寻址。寄存器寻址和直接寻址的区别在于前者是寄存器隐含在操作码中或以编码形式出现在机器码中，因寄存器编码位数少，通常合并于操作码中，共占 1 字节；后者是寄存器的物理地址以 1 字节出现在机器码中。所以用寄存器寻址的指令机器码短，执行速度快。

例 4.5　ADD A,ACC;完成的功能是 A + A→A

这条指令中,A 和 ACC 都指累加器,由于指令的一般形式是 ADD A,direct,第一操作数用 A 表示寄存器寻址,第二操作数用 ACC 表示直接寻址,不能写成:ADD A,A。

例 4.6　DEC A;完成的功能是 A - 1→A

DEC 0E0H;完成的功能是(0E0H)-1→(0E0H)

由于累加器 A 的物理地址是 0E0H,上面两条指令从执行的结果看是等效的,但它们的寻址方式不同,机器码也不同,显然寄存器寻址的指令机器码短,执行速度快。

例 4.7　ANL A,Rn;机器码是 58H ~ 5FH,完成的功能是 A∧Rn→A,n = 0 - 7

这条指令的机器码为 01011rrr,rrr 这 3 位二进制数为操作数 2 所在的寄存器号,取值范围为 000B ~ 111B,分别对应着当前工作寄存器 R0 ~ R7,由程序状态字寄存器(PSW)中 RS1、RS0 的状态决定 8 个工作寄存器组中哪一组是当前工作寄存器组。

4.1.4　寄存器间接寻址

当操作数在片内 RAM 的低 128 字节单元或片外 RAM 中时,在指令中用寄存器 R0、R1、DPTR、SP 给出操作数所在存储单元的地址,这种方式称为寄存器间接寻址方式,此时寄存器名前面要加前缀"@"。

寄存器间接寻址的寻址范围是:

(1) @ Ri(i = 0、1)用于寻址片内 RAM 的低 128 B 单元(00H ~ 7FH)。

(2) @ Ri 与 P2 口配合用于寻址片外 RAM 64 KB 的存储空间,其中,P2 口提供外部 RAM 单元的高 8 位地址,Ri 提供低 8 位地址。

(3) @ DPTR 用于寻址片外 RAM 64 KB 的存储空间。

(4) SP 用于寻址堆栈空间,PUSH 指令的目的操作数和 POP 指令的源操作数均是以 SP 间接寻址的。

由于片内 RAM 与片外 RAM 地址有重叠,故规定用 MOV 指令访问片内 RAM,用 MOVX 指令访问片外 RAM。

应注意的是,寄存器间接寻址方式不能用于访问特殊功能寄存器(SFR)。

例 4.8　MOV @ R0,#46H

假设存放该指令的程序存储器单元的起始地址是 1500H,(R0) = 9AH,则该指令的执行过程如图 4-4 所示。

例 4.9　MOVX @ R0,A

假设存放该指令的程序存储器单元的起始地址是 1500H,(R0) = 9AH,(A) = 50H,(P2) = 36H,则该指令的执行过程如图 4-5 所示。

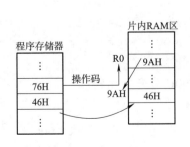

图 4-4　例 4.8 的执行过程

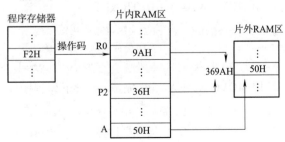

图 4-5　例 4.9 的执行过程

例 4.10　下面的指令不能访问 SP：

```
MOV R1,#81H
MOV A,@R1
```

因为 SP 是特殊功能寄存器，不能用寄存器间接寻址方式访问，只能用直接寻址方式，即

```
MOV A,SP 或 MOV A,81H
```

4.1.5　变址寻址

变址寻址方式只能用于访问程序存储器，由寄存器 DPTR 或 PC 中的内容与累加器 A 内容之和形成操作数在程序存储器中的地址。由于程序存储器是只读存储器，所以变址寻址操作只有读操作，没有写操作。指令助记符采用 MOVC，有两条完成从程序存储器中读数据的指令，即

```
MOVC A,@A+DPTR      ;(A+DPTR)→A
MOVC A,@A+PC        ;(A+PC)→A
```

这种方式常用于查表操作，查阅存放在程序存储器中的数据表格。因此这两条指令又称查表指令。

另一条指令形式上与变址寻址相同，它是无条件转移指令，即 JMP @A+DPTR，但其功能是将 A+DPTR 的值赋给 PC，并从此处开始执行指令，这与上述两条查表指令有实质性的区别。应注意的是：

(1) A 中是一个 00H ~ FFH 范围内的无符号数。

(2) 使用 MOVC A,@A+DPTR 指令查表时，DPTR 中应预先存放表首地址，A 中应存放待查找操作数所在单元地址相对于表首地址的偏移量。由于 DPTR 是 16 位的寄存器，这条指令的寻址范围是整个程序存储器的 64 KB 空间，称为远程查表。

(3) 使用 MOVC A,@A+PC 指令查表时，A 中应存放的值是：(表首地址) - (查表指令的下一条指令地址) + (待查找操作数所在单元地址相对于表首地址的偏移量)。这条指令只能寻址当前 MOVC 指令下一条指令起始的 256 个地址单元之内的代码或常数，称为近程查表。

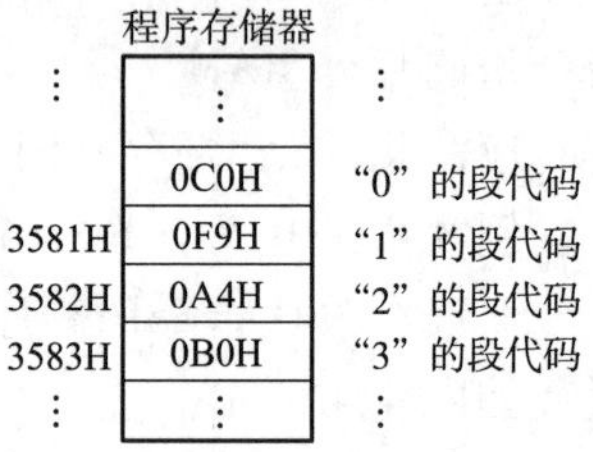

程序存储器		
⋮	⋮	
	0C0H	"0"的段代码
3581H	0F9H	"1"的段代码
3582H	0A4H	"2"的段代码
3583H	0B0H	"3"的段代码
⋮	⋮	

图 4-6　8 段 LED 显示器的段代码表

例 4.11　8 段 LED 显示器段代码表查表程序。

设在程序存储器中，有一张 8 段 LED 显示器的段代码表 SEGTAB，如图 4-6 所示。

现需查找"3"的段代码，可用下面的程序段实现。

(1) 用 MOVC A,@A+DPTR 完成。

```
MOV DPTR,#3580H      ;DETR 取得表首地址
MOV A,#03H           ;A 取得待查数据偏移量
MOVC A,@A+DPTR       ;A 中获得"3"的段代码 0B0H
```

(2) 用 MOVC A,@A+PC 完成(假设下列程序段从 3560H 处开始存放)。

```
3560H:MOV A,#20H;(3580H-3563H)+03H=20H→A
3562H:MOVC A,@A+PC;(A+PC)=(20H+3563H)=(3583H)→A
```

4.1.6 相对寻址

相对寻址访问的对象是程序存储器。在程序出现分支转移时,相对寻址用于转移指令中修改 PC 的值,在执行转移指令时,将 PC 的当前值作为基地址加上指令中给出的相对偏移量作为转移的目的地址,即下一条要执行指令的地址,送给 PC。

(1) 相对偏移量是 1 字节的带符号数,用补码表示。因此,程序的转移范围为:以 PC 的当前值为起始地址,相对偏移量在 −128 ~ +127 字节单元之间。

(2) PC 的当前值是指从程序存储器中取出了转移指令后的 PC 值。如果称转移指令操作码所在的地址为源地址,转移后的地址为目的地址,则有:

目的地址 = 源地址 + 2(或 3,转移指令的字节数) + 相对偏移量

(3) 在源程序中,相对偏移量常用符号地址表示,以便为程序设计提供方便。

例 4.12 在程序存储器 4700H 处有一条短转移指令:

```
4700H:SJMP DEST        ;机器码是 80xxH
```

该指令码占 2 字节,PC 的当前值是 4702H,设转移的目的地址 DEST 与 PC 当前值之差为 19H,则指令的机器码为 8019H。执行时,将 4702H + 19H = 471BH 送给 PC,程序就转向 DEST 处继续执行。具体的执行过程如图 4-7 所示。

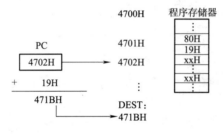

图 4-7 例 4.12 的执行过程

4.1.7 位寻址

将 8 位二进制数中的某一位作为操作数单独进行存取和操作时,这个操作数的地址称为位地址,对位地址寻址简称位寻址。可以进行位寻址的区域在片内 RAM 中,分别是:

(1) 片内 RAM 的位寻址区:字节地址范围是 20H ~ 2FH,共 16 个 RAM 单元,其中每 1 位都可单独作为操作数,相应的位地址为 00H ~ 7FH,共 128 位。

(2) 可以位寻址的特殊功能寄存器(SFR):其特征是它们的物理地址能被 8 整除,共 16 个,分布在 80H ~ FFH 的字节地址区,实有可寻址位 83 位。

位地址的表示方法有 4 种:

(1) 直接使用可寻址位的物理地址,例如:

```
MOV  5AH,C           ;C→(5AH)
```

(2) 采用"字节单元地址.位序号"的表示方法。上述指令可写为:

```
MOV  2BH.2,C         ;C→(2BH.2)
```

(3) 对可以位寻址的 SFR 采用"寄存器名.位序号"的表示方法,例如:

```
MOV  C,B.6              ;(B.6)→C
```

(4)对可以位寻址的 SFR 中一些位是有名称的,可直接使用位名称表示。例如,PSW 的第 6 位为 AC 标志位,则可使用 AC 表示该位。

单片机中对存储器空间进行了严格分配,不同的存储空间,其寻址方式不同,指令中应根据操作数所在的存储空间选用恰当的寻址方式。各种寻址方式和存储空间的对应关系见表 4-2(表中√表示各类存储空间可支持对应的、寻址方式)。

表 4-2 各种寻址方式和存储空间的对应关系

项 目		立即寻址	直接寻址	寄存器寻址	寄存器间接寻址	变址寻址	相对寻址	位寻址
片内 RAM 低 128 B 单元	工作寄存器 R0～R7		√	√	√			
	其他		√		√			
特殊功能寄存器(SFR)	A、B、DPTR、C		√	√				
	其他		√					
程序存储器		√				√	√	
片外 RAM					√			
位地址空间								√

4.2 指令系统

MCS-51 系列单片机的指令系统共有 111 条指令,按指令字节数分类,有 49 条单字节指令、45 条双字节指令和 17 条三字节指令,这可以大大提高程序存储器的使用效率;按指令执行时间分类,有 64 条单周期指令、45 条双周期指令和 2 条四个机器周期指令,可见,运算速度比较快;按指令完成的功能分类,有 29 条数据传送指令、24 条算术运算指令、20 条逻辑运算指令、4 条移位指令、17 条控制转移指令和 17 条位操作指令。

4.2.1 数据传送指令

数据传送指令是指令系统中最基本、使用最多的一类指令,可完成将源地址单元中的内容传送到目的地址单元中的功能,或实现数据的交换。指令系统中数据传送功能是否灵活、快速,对程序的编写和执行速度将产生很大的影响。根据数据传送区的不同,数据传送指令又可分为内部数据传送指令、外部数据传送指令、程序存储器数据传送指令、数据交换指令和堆栈操作指令。

1. 内部数据传送指令

内部数据传送用 MOV 指令,其源操作数和目的操作数都在单片机内部的 RAM 中。MOV 指令执行时,片内数据存储区被选通。指令的格式如下:

```
MOV 目的操作数单元,源操作数单元
```

该指令的功能是把源操作数送到目的操作数单元,源操作数单元的内容不变。

结合寻址方式,片内数据存储区允许的传送关系如图 4-8 所示。

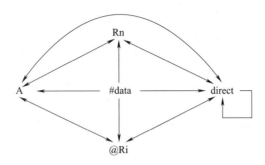

扩展阅读

图 4-8　片内数据存储区允许的传送关系

除了以累加器 A 为目的操作数的传送指令会影响 PSW 中的奇偶标志位以外,其余传送指令对所有的标志位均无影响。

此外,还有一条唯一的 16 位立即数传送指令,其格式如下:

```
MOV DPTR,#data16
```

2. 外部数据传送指令

MCS-51 单片机对片内 RAM 和片外 RAM 独立编址,对这两片区域应采用不同的指令访问。MOVX 指令专门用于访问片外 64 KB 的 RAM(包括片外 I/O 接口芯片),MOVX 指令执行时会使 RD 或 WR 信号有效,进而选通片外的数据存储区。这类指令有 4 条,即

```
MOVX A,@Ri
MOVX A,@DPTR
MOVX @Ri,A
MOVX @DPTR,A
```

可见,外部数据传送是在片外数据存储单元与累加器 A 之间进行的。由于片外扩展的 I/O 端口与片外 RAM 是统一编址的,对片外 I/O 端口的访问也使用这 4 条指令,所以 MCS-51 系统中没有专门设置访问外设的 I/O 指令。

3. 程序存储器数据传送指令

读取片内或片外 64 KB 程序存储器中的特殊数据,应使用下面的两条 MOVC 指令:

```
MOVC A,@A+DPTR
MOVC A,@A+PC
```

MOVC 指令执行时,或选通片内 ROM 区,或使 PSEN 信号有效选通片外 ROM 区。

这两条指令通常用于对存放在程序存储器中的数据表格进行查寻。指令执行后,不改变 PC 或 DPTR 的内容。具体应用见例 4.11。

4. 数据交换指令

数据交换指令有 5 条,可完成累加器 A 和内部 RAM 单元之间的字节交换及半字节交换或累加器 A 自身的半字节交换。

```
XCH  A,Rn              ;A↔Rn
XCH  A,@Ri             ;A↔(Ri)
XCH  A,direct          ;A↔(direct)
XCHD A,@Ri             ;A_{3~0}↔(Ri)_{3~0}
SWAP A                 ;A_{7~4}↔A_{3~0}
```

其中,前 3 条指令的功能是将累加器 A 中的数据与片内 RAM 单元中的数据进行交换;第 4 条指令将 A 中数据的低 4 位与 R1 所指向的片内 RAM 单元中的低 4 位数据进行交换,各自的高 4 位保持不变;第 5 条指令将 A 中数据的高 4 位与低 4 位进行互换。

5. 堆栈操作指令

堆栈操作指令是一类特殊的数据传送指令,有 2 条,分别是压栈(进栈)指令 PUSH 和弹栈(出栈)指令 POP,指令形式上隐含了进行数据传送时其中一个操作数所在位置,根据堆栈指针 SP 的内容找到当前栈顶位置进行相应的操作。

```
PUSH direct            ;SP+1→SP,(direct)→(SP)
POP  direct            ;(SP)→(direct),SP-1→SP
```

第 1 条是压栈指令,执行时 SP 的内容先自动加 1,指向堆栈新的栈顶单元,再把 direct 所指的操作数压入 SP 指向的栈顶单元。

第 2 条是弹栈指令,执行时将当前 SP 所指向的栈顶单元中的操作数弹出,送到 direct 所指的单元中,然后 SP 的内容自动减 1,指向新的栈顶单元。弹栈指令执行后不会改变堆栈存储单元中的内容。

系统上电或复位时,SP 的初始值为 07H,而 07H~1FH 是 CPU 的工作寄存器区。因此,当程序中需要使用堆栈时,应重新设定 SP 的值。一般 SP 的值可设在 1FH 或更大一些。

4.2.2 运算类指令和移位指令

运算和移位指令是 MCS-51 的核心指令,共有 48 条,其中算术运算指令 24 条,逻辑运算指令 20 条,移位指令 4 条。算术运算指令包括加、减、乘、除、十进制加法调整等各种运算,其中大部分指令要影响 PSW 中的标志位;逻辑运算指令包括与、或、非、异或等逻辑运算,其中只有以累加器 A 为目的寄存器的指令会影响 PSW 中的个别标志位。PSW 寄存器中的 4 个标志位:奇偶标志位 P、溢出标志位 OV、进位标志位 CY 和辅助进位标志位 AC,它们的状态是控制转移指令判别的条件,所以在学习这类指令时,应特别注意各条指令对标志位的影响。

1. 算术运算指令

1)加法指令

加法指令共有 13 条,其中不带进位的加法指令 4 条,带进位的加法指令 4 条,加 1 指令 5 条。其格式如下:

```
ADD(ADDC)  A,Rn        ;A+Rn(+CY)→A
ADD(ADDC)  A,direct    ;A+(direct)(+CY)→A
ADD(ADDC)  A,@Ri       ;A+(Ri)(+CY)→A
ADD(ADDC)  A,#data     ;A+data(+CY)→A
INC        A           ;A+1→A
```

```
INC Rn                  ;Rn+1→Rn
INC direct              ;(direct)+1→(direct)
INC @Ri                 ;(Ri)+1→(Ri)
INC DPTR                ;DPTR+1→DPTR
```

ADD 指令是不带进位的加法指令,将累加器 A 与指令中的另一个操作数相加,其和保存到 A 中。ADDC 指令是带进位的加法指令,将两个操作数相加的同时,还要加上进位标志位 CY 的值。应注意的是,这里 CY 的值是 ADDC 指令开始执行前的进位标志值,而不是相加过程中产生的进位标志值。ADDC 指令主要用于多字节的加法运算中。

INC 指令又称增量指令,将操作数内容加 1。这 13 条指令中,除了 INC DPTR 是 MCS-51 唯一的 1 条 16 位算术运算指令外,其余 12 条指令中参加运算的都是 8 位二进制数。

加法指令对标志位的影响可以归纳如下:

(1)加 1 指令不影响 CY、OV、AC 标志位。

(2)只有对累加器 A 操作的指令会影响奇偶标志位 P,即 A 中有奇数个"1",P=1;A 中有偶数个"1",P=0。

(3)ADD、ADDC 指令要影响 CY、OV、AC 和 P 这 4 个标志位。

(4)加 1 指令中除了 INC A 要影响 P 标志位外,其余 4 条均不影响标志。

例 4.13 试分析下列指令执行后,累加器 A 的值和 PSW 中各标志位的变化情况。

```
MOV A,#38H
ADD A,#50H
```

计算机执行加法指令时按带符号数法则运算,即

$$
\begin{array}{r}
38H \quad 0011,1000B \\
+\ 50H \quad 0101,0000B \\
\hline
88H \quad 1000,0000B \\
 C7\,C6\ \ \ \ C3
\end{array}
$$

这两条指令执行后,PSW 中各标志位的状态应是:

(1)结果中的 D7 产生的进位 C7=0,CY=0;

(2)结果中的 D3 产生的进位 C3=0,AC=0;

(3)结果中的 D6 产生的进位 C6=1,OV=C6⊕C7=1⊕0=1;

(4)A 中结果操作数有偶数个 1,P=0。

程序员可以根据需要把参加运算的两个操作数看作无符号数,也可以把它们看作带符号数。当看作带符号数时,运算结果是否正确,通过 OV 标志判断。本例中,OV=1,结果溢出,不正确;当看作无符号数时,结果正确。

2)减法指令

减法指令共有 8 条,其中带借位减法指令 4 条,减 1 指令 4 条。其格式如下:

```
SUBB A,Rn               ;A-Rn-CY→A
SUBB A,direct           ;A-(direct)-CY→A
SUBB A,@Ri              ;A-(Ri)-CY→A
SUBB A,#data            ;A-data-CY→A
DEC A                   ;A-1→A
DEC Rn                  ;Rn-1→Rn
DEC direct              ;(direct)-1→(direct)
DEC @Ri                 ;(Ri)-1→(Ri)
```

SUBB 是带借位的减法指令,它用累加器 A 减去另一个操作数以及指令执行前的 CY 值,结果保存在 A 中。没有专门的不带借位的减法指令,需要时可在 SUBB 指令之前先用 CLR 指令使 CY=0,然后再相减。SUBB 指令要影响 CY、AC、OV 和 P 标志位。同样,程序员可以把减法运算中的操作数看作无符号数,也可以看作带符号数,带符号数相减时只有 OV=0,结果才是正确的。

DEC 是减 1 指令,除了 DEC A 要影响 P 标志位以外,其他减 1 指令不影响 PSW 中各标志位的状态。

3)乘法指令

```
MUL  AB       ;A×B→BA
```

MUL 指令完成两个 8 位无符号整数的乘法运算。它将累加器 A 的内容与寄存器 B 的内容相乘,结果为 16 位无符号数,高 8 位存放于 B 中,低 8 位存放于 A 中。这条指令执行后将影响 PSW 中的 CY、OV 和 P 标志位:CY=0;OV=0 表示积为 8 位,B=0;OV=1 表示积大于 255;P 仍表示 A 中 1 的个数的奇偶性。

4)除法指令

```
DIV  AB       ;A/B 的商→A,A/B 的余数→B
```

DIV 指令完成两个 8 位无符号整数的除法运算。它将累加器 A 除以寄存器 B,商存放于 A 中,余数存放于 B 中。DIV 指令执行后将影响 PSW 中的 CY、OV 和 P 标志位:CY=0;当除数为 0 时,OV=1,除法溢出;P 仍表示 A 中 1 的个数的奇偶性。

5)十进制加法调整指令

```
DA   A        ;将保存于 A 中的二进制形式的和调整成 BCD 码形式
```

计算机中的运算都是按二进制进行的,如果十进制数相加(BCD 码表示)后希望得到十进制的结果,就需要用十进制调整指令。DA A 指令应紧跟在加法指令之后,或者在加法指令和 DA A 指令之间不能有影响标志位的指令,因为 DA A 指令调整时是根据存放于累加器 A 中的和的特征以及标志位状态进行判断。其调整原则如下:

(1)加法过程中,AC=1 或 A 中低 4 位大于 9,则 A 的内容加 06H。

(2)加法过程中,CY=1 或 A 中高 4 位大于 9,则 A 的内容加 60H。

(3)加法过程中,AC=1 且 CY=1,或 AC=1 且高 4 位大于 9,或 CY=1 且低 4 位大于 9,或高 4 位大于 9 且低 4 位大于 9,则 A 的内容加 66H。

这些调整的操作由 CPU 执行 DA A 指令后通过硬件自动完成。

MCS-51 中没有十进制减法调整指令,如果要完成两个 BCD 数的十进制减法运算,就需要将减法运算变为加法运算,再进行十进制调整。具体实现步骤如下:

(1)求减数的补码,因为两位 BCD 数的模是 100,即 9AH,故减数的补码为"9AH-减数"。

(2)变减法为加法运算,求被减数与减数的补码之和。

(3)用十进制加法调整指令对补码之和进行调整。

2. 逻辑运算指令

1)与指令

与指令共有 6 条,其格式如下:

```
ANL A,Rn              ;A∧Rn→A
ANL A,direct          ;A∧(direct)→A
ANL A,@Ri             ;A∧(Ri)→A
ANL A,#data           ;A∧data→A
ANL direct,A          ;(direct)∧A→(direct)
ANL direct,#data      ;(direct)∧data→(direct)
```

例 4.14 设 A = 39H,R2 = 0FH,则执行 ANL A,R2 之后,A = 09H。

与指令可以将 8 位二进制数中的某几位变为 0,其余位保持不变。需要变为 0 的那些位与"0"相与,不变的位与"1"相与。

2)或指令

或指令共有 6 条,其格式如下:

```
ORL A,Rn              ;A∨Rn→A
ORL A,direct          ;A∨(direct)→A
ORL A,@Ri             ;A∨(Ri)→A
ORL A,#data           ;A∨data→A
ORL direct,A          ;(direct)∨A→(direct)
ORL direct,#data      ;(direct)∨data→(direct)
```

或指令可以将 8 位二进制数中的某几位变为 1,其余位保持不变。需要变为 1 的那些位与"1"相或,不变的位与"0"相或。

3)异或指令

异或指令共有 6 条,其格式如下:

```
XRL A,Rn              ;A⊕Rn→A
XRL A,direct          ;A⊕(direct)→A
XRL A,@Ri             ;A⊕(Ri)→A
XRL A,#data           ;A⊕data→A
XRL direct,A          ;(direct)⊕A→(direct)
XRL direct,#data      ;(direct)⊕data→(direct)
```

异或指令可以将 8 位二进制数中的某几位求反,其余位保持不变。需要求反的那些位与"1"相异或,不变的位与"0"相异或。

4)累加器清零指令

```
CLR   A      ;0→1
```

5)累加器取反指令

```
CPL   A      ;Ā→A
```

累加器清零和取反指令都是单字节单周期指令,比用数据传送指令对 A 清 0,用异或指令对 A 取反更为快捷和直观。

3. 移位指令

MCS-51 中有 4 条对累加器 A 中的数据进行移位操作的指令,它们的格式及示意如下:

```
RL A       ;循环左移
```

← A7 ← A0 ←

```
RR A          ;循环右移
```

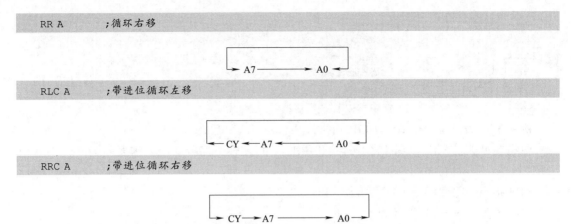

```
RLC A         ;带进位循环左移
```

```
RRC A         ;带进位循环右移
```

这 4 条指令执行 1 次，A 中的内容移动 1 位。

4.2.3 控制转移指令

控制转移指令的功能：根据要求修改程序计数器（PC）的内容，以改变程序的运行流程，实现转移。MCS-51 中有 17 条控制转移类指令（不包括 5 条位控制转移指令），其中无条件转移指令 4 条，条件转移指令 8 条，子程序调用和返回指令 4 条，空操作指令 1 条。这类指令大多数不影响 PSW 中的标志位。

1. 无条件转移指令

4 条无条件转移指令的格式如下：

```
LJMP    addr16        ;addr16→PC
AJMP    addr11        ;addr11→PC
SJMP    rel           ;PC + 2 + rel→PC
JMP     @ A + DPTR    ;A + DPTR→PC
```

这 4 条指令均不影响 PSW 中的标志位。

LJMP 称为长转移指令，转移范围为 64 KB。

AJMP 称为绝对转移（或短转移）指令，转移范围为下一条指令地址开始的 2 KB 范围内。这条指令将 addr11 送入 PC 的低 11 位，PC 的高 5 位保持不变。如果把单片机 64 KB 的程序存储器划分成 32 页（每页 2 KB），则 AJMP 指令转移的目标地址与 AJMP 下一条指令地址位于同一个 2 KB 页面范围之内。

SJMP 称为相对转移指令，rel 是一个带符号数，其范围为 -128 ~ +127，该转移指令的转移范围为下一条指令地址向前转移 128 B，向后转移 127 B。

JMP 称为散转指令，它可代替多条判别跳转指令，具有散转功能。通常 DPTR 中是一个确定的值，常常是一张转移指令表的起始地址，A 的值是表内偏移量，通过 JMP 指令便可实现程序的多分支转移。

在编程时，应把这些指令后的转移地址和偏移量用符号地址表示，计算机汇编时将自动计算出偏移字节数，不易出错，并且便于修改程序。

2. 条件转移指令

条件转移指令的功能是根据指令中规定的条件判断是否转移，若条件满足则转移到目标地址,条件不满足则顺序执行下一条指令。这类指令共 8 条,其中累加器判别转移指令 2 条,比较条件转移指令 4 条,减 1 条件转移指令 2 条,它们都采用相对寻址方式来指示转移的目的地址,因此转移范围在以下一条指令地址为中心的 $-128 \sim +127$ 共 256 B 内。

1)累加器判别转移指令

```
JZ rel          ;A=0,PC+2+rel→PC;A≠0,PC+2→PC
JNZ rel         ;A≠0,PC+2+rel→PC;A=0,PC+2→PC
```

这里 PC 的原值指本条转移指令所在的地址。

2)比较条件转移指令

```
CJNE A,#data,rel    ;A=data,0→CY,PC+3→PC
                    ;A>data,0→CY,PC+3+rel→PC
                    ;A<data,1→CY,PC+3+rel→PC
CJNE A,direct,rel   ;A=(direct),0→CY,PC+3→PC
                    ;A>(direct),0→CY,PC+3+rel→PC
                    ;A<(direct),0→CY,PC+3+rel→PC
CJNE Rn,#data,rel   ;Rn=data,0→CY,PC+3→PC
                    ;Rn>data,0→CY,PC+3+rel→PC
                    ;Rn<data,0→CY,PC+3+rel→PC
CJNE @Ri,#data,rel  ;(Ri)=data,0→CY,PC+3→PC
                    ;(Ri)>data,0→CY,PC+3+rel→PC
                    ;(Ri)<data,0→CY,PC+3+rel→PC
```

这 4 条指令的功能均是比较两个操作数的大小,若二者不相等,则转移到目的地址,相等则按顺序执行程序。这是一组 3 字节指令,也是 MCS-51 指令系统中仅有的具有 3 个操作数(CY 隐含在操作码中)的指令组。它们执行后要影响 CY 的状态,进行比较的两个操作数在指令执行后保持不变。

3)减 1 条件转移指令

```
DJNZ Rn,rel       ;Rn-1→Rn
                  ;Rn≠0,PC+2+rel→PC
                  ;Rn=0,PC+2→PC
DJNZ direct,rel   ;(direct)-1→(direct)
                  ;(direct)≠0,PC+3+rel→PC
                  ;(direct)=0,PC+3→PC
```

这两条指令可用于构成循环程序。在 Rn 或某内部 RAM 单元中设置循环次数,利用 DJNZ 指令对其内容减 1,不为 0 则继续执行循环体,为 0 则结束循环。

3. 子程序调用和返回指令

在程序设计中常将具有一定功能的需多次使用的程序段独立出来,形成子程序,供主程序在需要时调用。主程序通过子程序调用指令转入子程序执行,子程序执行完后通过返回指令回到主程序中调用指令的下一条指令处继续执行。因此,调用指令在主程序中使用,返回指令放在子程序末尾,它们应是成对出现的。

1)调用指令

调用指令的功能是把 PC 中的断点地址(调用指令的下一条指令地址)保护到堆栈中,并把子程序的入口地址送给 PC,其执行不影响任何标志位。

```
LCALL addr16        ;PC+3→PC
                    ;SP+1→SP,PC7~PC0→(SP)
                    ;SP+1→SP,PC15~PC8→(SP)
                    ;addr16→PC
ACALL addr11        ;PC+2→PC
                    ;SP+1→SP,PC7~PC0→(SP)
                    ;SP+1→SP,PC15~PC8→(SP)
                    ;addr11→PC10~PC0
```

LCALL 称为长调用指令,addr16 是一个 16 位的子程序入口地址,故 LCALL 是一种 64 KB 范围内的调用指令,主程序和子程序可以放在 64 KB 范围内的任意位置。

ACALL 称为短调用指令(或绝对调用指令),子程序入口地址的高 5 位与 ACALL 指令的下一条指令地址的高 5 位相同,addr11 是子程序入口地址的低 11 位,故子程序的入口地址应与 ACALL 指令的下一条指令地址处于同一个 2 KB 页面范围内。

2)返回指令

返回指令的功能是把子程序调用时压入堆栈中的断点地址恢复到 PC 中。

```
RET        ;(SP)→PC15~PC8,SP-1→SP
           ;(SP)→PC7~PC0,SP-1→SP
RETI       ;(SP)→PC15~PC8,SP-1→SP
           ;(SP)→PC7~PC0,SP-1→SP
           ;清除对应的中断优先级状态位,恢复中断逻辑
```

RET 称为子程序返回指令,用于子程序末尾。RETI 称为中断返回指令,用于中断服务程序末尾。RETI 比 RET 多一项功能,即要清除对应的中断优先级状态位,以便允许系统响应同级别或低优先级的中断请求,恢复中断逻辑。

4. 空操作指令

```
NOP        ;PC+1→PC
```

这条指令的功能是使 PC 加 1,CPU 不进行任何操作,但要产生一个机器周期的延时。

4.2.4 位操作指令

MCS-51 单片机具有丰富的位处理功能,在硬件方面,进位标志 CY 可作位累加器,内部 RAM 位地址区和特殊功能寄存器中的可寻址位均可作位存储器。在指令系统中,有 17 条专门的位操作指令,包括位变量的传送、逻辑运算、控制转移等指令,这非常有利于开关量控制系统的设计。

在 MCS-51 的内部数据存储器中,20H~2FH 这 16 个字节单元为位操作区域,其中每位都有自己的位地址,位地址空间为 00H~7FH,共 128 位;另外,字节地址能被 8 整除的 SFR 的每 1 位也具有自己的位地址。在位操作指令中,进位标志位 CY 作位累加器使用,记为 C。

1. 位传送指令

```
MOV C,bit          ;bit→C
MOV bit,C          ;C→bit
```

2. 位清零指令

```
CLR C              ;0→C
CLR bit            ;0→bit
```

3. 位置1指令

```
SETB C             ;1→C
SETB bit           ;1→bit
```

4. 位取反指令

```
CPL C              ;C̄→C
CPL bit            ;bit→bit
```

5. 位逻辑指令

1) 与指令

```
ANL C,bit          ;C∧bit→C
ANL C,/bit         ;C∧bit→C
```

2) 或指令

```
ORL C,bit          ;C∨bit→C
ORL C,/bit         ;C∨bit→C
```

6. 位控制转移指令

```
JC rel             ;C=1,PC+2+rel→PC
                   ;C=0,PC+2→PC
JNC rel            ;C=0,PC+2+rel→PC
                   ;C=1,PC+2→PC
JB bit,rel         ;bit=1,PC+3+rel→PC
                   ;bit=0,PC+3→PC
JNB bit,rel        ;bit=0,PC+3+rel→PC
                   ;bit=1,PC+3→PC
JBC bit,rel        ;bit=1,PC+3+rel→PC,且0→bit
                   ;bit=0,PC+→PC
```

JC、JNC 这两条指令常与比较条件转移指令 CJNE 连用，根据 CJNE 指令执行过程中形成的 CY 的值决定程序的进一步走向，最终可形成三分支模式。

4.3 汇编语言程序设计

计算机程序设计语言通常分为机器语言、汇编语言和高级语言3类。汇编语言是用来替代机器语言进行程序设计的，容易识别、记忆和读写，又称符号语言。这种面向机器的语言的特点是：程序结构紧凑、产生的目标程序占用存储空间小，执行快，实时性强，可直接管理和控制存储器及硬件接口,能在空间和时间上充分发挥计算机的硬件功能。因此,汇编语言特别适合于编写程序容量不大,要求实时测控、软硬件关系密切的应用程序。但汇编语言缺乏通用性,不同的计算机有不同的汇编语言,程序的可移植性差。

用汇编语言编写的程序称为汇编语言源程序,它不能由计算机直接执行。将汇编语言源程序转换成机器语言程序(即目标代码)的翻译过程称为程序的汇编,完成这一翻译工作的程序称为汇编程序。

汇编语言程序设计是单片机应用系统设计中的一个关键环节,它关系到整个系统的特性和工作效率,要设计出功能完善的高质量程序,需要掌握汇编语言程序的设计步骤以及设计方法。

4.3.1 汇编语言程序设计步骤、构成及常用伪指令

1. 汇编语言程序的设计步骤

单片机应用程序的设计通常可以分成以下 5 步:

1)程序设计准备阶段

首先,根据设计要求,明确单片机应用系统的设计任务、功能要求和技术指标,确定系统的硬件资源和工作环境,通过深入分析系统要完成的任务,把一个实际问题转化为可由计算机进行处理的问题,即确定适合于单片机应用系统的算法,并进行程序结构设计,将要完成的任务按功能划分模块,并确定各模块之间的相互关系及参数传递。

这是非常关键的一步,解决同一问题可有不同的算法思路,它们的效率可能有很大差别。所以应对各种算法分析比较,并进行合理的优化。

2)程序流程图绘制阶段

对应用程序进行总体构思,按功能可以分为若干部分,应用标准的符号将总体设计思路及程序流向绘制在平面图上,将能完成一定功能的各部分有机地联系起来,并由此抓住程序的基本线索,对全局可以有一个完整的了解。清晰正确的流程图是编制正确无误的应用程序的基础和条件,对于复杂的问题,这一步不可少;对于比较简单直观的问题,这一步可省略。

流程图可以分为总流程图和局部流程图。总流程图侧重反映程序的逻辑结构和各程序模块之间的相互关系,局部流程图反映各程序模块的具体实施细节。

常用的流程图符号有端点符号、处理符号、判断符号、连接符号、程序流向符号等,见表 4-3。

表 4-3 程序流程图常用符号一览表

名 称	图形表示	作 用
程序流向符号	↓ → ←	表示程序执行的顺序和流向
端点符号	⬭	表示程序的开始和结束

续表

名 称	图形表示	作 用
处理符号	▭	表示各种处理功能
判断符号	◇	表示判断功能
连接符号	○	用于实现流程图之间的连接

3）源程序的编辑阶段

根据程序流程图用汇编语言写出源程序，应注意合理分配寄存器和存储器单元，并进行必要的注释，提高程序的可读性，以方便调试和修改。

分配存储器单元和寄存器是汇编语言程序设计的重要特点之一。因为汇编语言能够直接用指令或伪指令为数据或代码分配内存工作单元和寄存器，并直接对它们进行访问。

4）程序的汇编阶段

利用汇编程序在计算机上完成汇编语言源程序到机器码的转换。如果汇编不能通过，说明源程序中有语法错误，编程者应根据汇编程序指出的错误类型修改源程序。

5）程序的调试阶段

对第4）步汇编生成的目标程序进行调试，若运行结果与实际情况不符，原因有多种，可能是程序中存在逻辑错误，需回到第3）步修改源程序；也可能是最初确定的算法或流程图有问题，需重新进行设计。此外，当程序规模较大时，多个模块应分别进行调试，正确通过之后，再将它们逐步挂接在一起，以实现程序的联调。

2. 汇编语言的构成

汇编语言语句是构成汇编语言源程序的基本元素，可分为指令性语句和指示性语句两类。

1）指令性语句

4.2节中的111条指令的助记符语句均是指令性语句。指令性语句是汇编语言语句的主体，是进行汇编语言程序设计的基本语句。每条指令性语句都有对应的机器码，由汇编程序完成它们之间的转换。

2）指示性语句

指示性语句又称伪指令语句，即伪指令。当机器对源程序进行汇编时，源程序须向汇编程序提供一些信息，如程序的起始和结束位置、数据的类型、指令和数据所在位置等。这些用于控制汇编过程的指令就是伪指令。伪指令没有机器码，不能控制单片机进行操作，也不会直接影响存储器中代码和数据的内容，它不是可执行指令。

3. 常用伪指令

1）ORG

ORG是设置起始地址伪指令，其格式如下：

ORG　16位地址或标号

其功能是将 ORG 伪指令后的指令机器码或数据存放在以 ORG 后面的 16 位地址为首地址的存储单元中。因此，ORG 伪指令可以为其后的指令或数据在 64 KB 的程序存储器中定位。

在一个源程序中，可以多次使用 ORG 指令，以规定不同程序段的起始位置，但不同的程序段之间不能有重叠。一个源程序若不用 ORG 指令，则从 0000H 处开始存放机器码。

2）END

END 是结束汇编伪指令，其格式如下：

END

它是汇编语言源程序的结束标志，当汇编程序检测到该语句时，就确认汇编语言源程序已经结束，对 END 后面的指令汇编程序都不予处理。一个源程序只能有一个 END 指令，而且必须放在整个程序的末尾。在同时包含有主程序和子程序的情况下，也只能有一个 END 指令，并放在所有指令的最后，否则就有部分指令不能被汇编。

3）DB

DB 是定义字节伪指令，其格式如下：

[标号:] DB 字节型数表

其中，标号为可选项，字节型数表是一串用逗号分开的字节型数据，这些数据可以采用二进制、十进制、十六进制和 ASCII 码等多种形式表示。DB 的作用是把字节型数表中的数据依次存放到以标号为起始地址的存储单元中，若无标号，则数据依次存放在 DB 上一条语句之后的存储单元中。

4）DW

DW 是定义字伪指令，其格式如下：

[标号:] DW 字型数表

其中，标号为可选项，DW 的功能与 DB 类似，其区别在于 DB 定义的是字节型数据，DW 定义的是字型数据。DW 主要用来定义 16 位地址，高 8 位在前，低 8 位在后。

5）DS

DS 是定义存储空间伪指令，其格式如下：

[标号:] DS 表达式

其中，标号为可选项，DS 的作用是让汇编程序从标号地址开始预留若干字节的存储单元以备源程序执行过程中使用，预留存储单元的个数由表达式的值决定。

6）EQU

EQU 是赋值伪指令，其格式如下：

字符名称 EQU 数据或汇编符号

其功能是将一个数据或特定的汇编符号赋给左边的字符名称。给字符名称赋的值可以是一个 8 位的二进制数或地址，也可以是一个 16 位的二进制数或地址。一旦字符名称被赋值，它就可以在程序中作为一个数据或地址来使用。EQU 中的字符名称必须先赋值后使用，通常该语句放在源程序的前面。

7）DATA

DATA 是数据地址赋值伪指令，其格式如下：

> 字符名称 DATA 表达式

其功能是将表达式的值赋给字符名称。DATA 与 EQU 类似,其区别是:

(1) DATA 中的表达式可以是一个数据或地址,也可以是一个包含所定义字符名称在内的表达式,但不能是汇编符号。

(2) EQU 定义的字符名称必须先定义后使用,而 DATA 定义的字符名称可以先使用后定义,故 DATA 通常可放在源程序的开始或末尾。

8) BIT

BIT 是位地址赋值伪指令,其格式如下:

> 字符名称 BIT 位地址

其功能是将位地址赋给字符名称,则该字符名称是一个符号位地址。

4.3.2 汇编语言程序设计方法

在单片机应用系统的软件设计中,运行速度快、占用内存少是主要考虑的因素。随着程序的日益复杂、庞大,为了节省软件的开发成本,程序的结构化显得越来越重要。写好程序文件,使之简明清晰,易于阅读、测试、交流、移植以及与其他程序连接和共享,是每个程序员都必须重视的。为此,编程时一定要注意以下几点:

(1) 采用模块化程序设计方法,即把一个多功能的复杂程序划分为若干个功能单一的简单程序模块,进行独立设计和分别调试,最后将这些模块程序装配成整体程序进行联调。这种方法有利于程序的设计、调试、优化和分工,提高了程序的可靠性,使程序的结构层次一目了然。

(2) 对源程序加注释(注释行和注释字段),提高程序的可读性。

(3) 尽量采用循环结构和子程序,使程序的长度缩短,占用内存空间减少,提高程序的效率。在多重循环时,要注意各层循环的初值设置和循环结束条件。

(4) 尽量少用无条件转移指令,使程序条理更加清楚,以减少错误。

(5) 对于通用的子程序,考虑到其通用性,除了用于存放子程序入口参数的寄存器外,子程序中用到的其他寄存器的内容应压入堆栈,即保护现场;返回前再弹出,即恢复现场。

(6) 由于中断请求是随机产生的,所以在中断服务程序中,除了要保护该程序中用到的寄存器外,还要保护标志寄存器。因为在中断处理过程中,难免对标志位产生影响,而中断处理结束后返回主程序时,可能会遇到以中断前的状态标志为依据的条件转移指令,如果标志位被破坏,则整个程序就被打乱了。

(7) 累加器是信息传递的枢纽,用累加器传递入口参数或返回参数比较方便,即在调用子程序时,通过累加器传递程序的入口参数,或通过累加器向主程序传递返回参数。所以,在子程序中,一般不必把累加器内容压入堆栈。

例 4.15 已知两个整数字节变量 Z1 和 Z2,试编制完成下列功能的程序:

(1) 若两个数中有一个是奇数,则将奇数送入 Z1 中,偶数送入 Z2 中。

(2) 若两个数均为奇数,则两数分别减 1,并存入原变量中。

(3) 若两个数均为偶数,则两变量都不变。

程序流程图如图 4-9 所示。

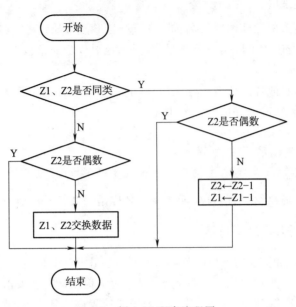

图 4-9 例 4.15 程序流程图

程序清单如下:

```
POJUG:MOV    A,Z1
      MOV    B,Z2
      XRL    A,B
      AND    A,01H        ;测试 Z1 和 Z2 是否同类
      JZ     BACK1        ;是,转 BACK1
      MOV    A,B
      AND    A,01H        ;否,测试 Z2 是否偶数
      JZ     BACK2        ;是,转 BACK2
      MOV    A,Z1
      XCH    A,Z2
      MOV    Z1,A         ;不是,交换两数
      SJMP   BACK2
BACK1:MOV    A,B
      AND    A,01H        ;是同类,测试 Z2 是否为偶数
      JZ     BACK2        ;是,转 BACK2
      DEC    Z1           ;不是,两数同时减 1
      DEC    Z2
BACK2:RET
```

例 4.16 在片内数据存储区以 STRING 开始的区域中有 1 个字符串,其结束标志是"$",请编写程序统计这个字符串的字符个数(包括结束标志)并存入 NUM 单元。

将计算字符串的长度转变为在字符串中找关键字符"$",即把每一个字符与关键字符"$"相比较,同时对比较次数进行计数,这是循环体完成的功能;直到在字符串中找到关键字符,则字符串的长度就计算出来了,这是循环结束的判断条件。

程序清单如下：

```
STRLEN:MOV  R0,#STRING        ;将 R0 指向字符串首地址
       CLR  A                 ;计数器清 0
BACK1: CJNE @R0,#24H,BACK2    ;与"$"比较,不等则转移到 BACK2
       SJMP BACK3             ;找到"$"跳出循环体
BACK2: INC  A                 ;计数器加 1
       INC  R0                ;修改指针,指向下一个字符
       SJMP BACK1
BACK3: INC  A                 ;计数器加 1,结束字符"$"也计数在内
       MOV  NUM,A             ;保存结果
       RET
```

例 4.17 在片外数据存储器的 BUF 单元开始存放着 50 字节的数据块,试编制程序统计该数据块中所有为"0"的二进制位的个数,并将统计结果送入 RESULT 开始的两个字节单元。

这是一个双重循环问题。为了统计 50 字节数据块中所有为"0"的二进制位的个数,可利用左移或右移指令统计 1 字节数据中"0"的个数,每移动 1 位判断进位标志位 CY 是否为 0,若为 0,则计数,只需重复此操作 8 次即可完成对 1 字节数中的"0"的统计；重复上述操作 400 次,可完成对整个 50 字节的数据块中所有为"0"的二进制位的统计。由此可知,统计 1 字节中"0"的个数由内循环完成,统计整个数据块中"0"的个数由外循环完成,因此内循环的循环次数为 8,外循环的循环次数为 50。

程序清单如下：

```
BUF DATA 2800H
BUF DB 32H,75,...,0C9H        ;共 50 个数据
RESULT DS 2
...
CONT0: MOV DPTR,#BUF          ;将 DPTR 指向数据块首单元
       MOV R3,#50             ;外循环次数初始化
       MOV R2,#8              ;内循环次数初始化
       MOV R4,#2              ;结果单元操作次数初始化
       MOV R0,#RESULT         ;将 R0 指向结果高字节单元
       CLR A
BACK1: MOV @R0,A
       INC R0
       DJNZ R4,BACK1          ;将两个结果单元清 0
BACK2: MOVX A,@DPTR           ;取 1 个字节数据
       MOV R1,A
BACK3: MOV A,R1
       RRC A                  ;将 1 位移动到 CY 标志位中
       MOV R1,A
       JC BACK4               ;当前位为 1,不统计
       MOV R0,#RESULT+1       ;将 R0 指向结果低字节单元
       MOV A,@R0
       ADD A,#1
       MOV @R0,A
       DEC R0
       MOV A,@R0
       ADDC A,#0
       MOV @R0,A              ;对结果单元加 1
```

```
BACK4:DJNZ R2,BACK3        ;1 个字节没有处理完转 BACK3
      INC DPTR
      DJNZ R3,BACK2        ;50 个数据没有处理完转 BACK2
      RET
```

创新思维

1. 从机器语言到汇编语言

机器语言或称为二进制代码语言,计算机可以直接识别,不需要进行任何翻译。每台机器的指令,其格式和代码所代表的含义都是硬性规定的。这是第一代的计算机语言。机器语言对不同型号的计算机来说一般是不同的。

使用机器语言编写程序是一种相当烦琐的工作,编写出来的程序全是由 0 和 1 的数字组成,直观性差、难以阅读。不仅难学、难记、难检查,而且缺乏通用性,给计算机的推广使用带来很大的障碍。

直接用机器语言表达算法有许多缺点。大量繁杂琐碎的细节牵制着程序员,使他们不可能有更多的时间和精力去从事创造性的劳动,执行对他们来说更为重要的任务,如确保程序的正确性、高效性。程序员既要驾驭程序设计的全局又要深入每一个局部直到实现的细节,即使智力超群的程序员也常常会顾此失彼,屡出差错,因而所编出的程序可靠性差,且开发周期长。由于用机器语言进行程序设计的思维和表达方式与人们的习惯大相径庭,只有经过较长时间职业训练的程序员才能胜任,使得程序设计曲高和寡。

机器语言缺点太多,要求对机器语言进行改进,可如何改进呢?

2. 创新思想:指令符号化、抽象化

对机器语言进行总结归纳和抽象处理,将完成类似功能的指令合并,将每一条指令符号化:指令码代之以指令符号,地址码代之以地址符号,使得其含义显现在符号上而不再隐藏在编码中,可让人望"文"知义。

3. 创新思想:提取机器无关内容,摆脱硬件束缚

机器语言是针对中央处理器(CPU)而言的。CPU 变了,语言也需要改变,严重影响程序的移植性。因此建立一种机制,摆脱具体计算机的限制,可在不同指令集的计算机上运行,只要该计算机配上相应的程序。

在上述创新思想指导下,逐步形成了汇编语言和高级语言,程序员从繁重的低水平操作中解放出来,可以从事更高层面的工作。

思考练习题 4

一、填空题

1. 访问 SFR,只能使用(　　　)寻址方式。

2. 指令格式是由（　　）和（　　）组成，也可仅由（　　）组成。

3. 在基址加变址寻址方式中，以（　　）作为变址寄存器，以（　　）或（　　）作为基址寄存器。

4. 假定累加器 A 中的内容为 30H，执行指令 MOVC A,@A+PC 后，把程序存储器（　　）单元的内容送入累加器 A 中。

5. 在 AT89S52 中，PC 和 DPTR 都用于提供地址，但 PC 是为访问（　　）存储器提供地址，而 DPTR 是为访问（　　）存储器提供地址。

6. 在寄存器间接寻址方式中，其"间接"体现在指令中寄存器的内容不是操作数，而是操作数的（　　）。

二、判断题

1. 立即数寻址方式是被操作的数据本身就在指令中，而不是它的地址在指令中。（　　）
2. 指令周期是执行一条指令的时间。　　　　　　　　　　　　　　　　　　（　　）
3. 指令中直接给出的操作数称为直接寻址。　　　　　　　　　　　　　　　（　　）
4. 内部寄存器 Rn（n=0~7）可作为间接寻址寄存器。　　　　　　　　　　 （　　）

三、简答题

1. 什么叫寻址方式？MCS-51 单片机有几种寻址方式？它们的寻址范围有什么不同？
2. MCS-51 单片机指令系统按功能可分为几类？
3. 用于程序设计的语言分为哪几种？它们各有什么特点？
4. 什么是汇编？什么是汇编语言？它有什么特点？
5. 说明伪指令的作用。"伪"的含义是什么？
6. 堆栈的功能是什么？它按照什么原则进行操作？栈顶地址如何指示？
7. MOVC A,@DPTR 与 MOVX A,@DPTR 指令有什么不同？
8. 设计子程序时应注意哪些问题？
9. SJMP、AJMP 和 LJMP 指令在功能上有什么不同？
10. 指出下列每条指令的寻址方式和功能。
(1) MOV A,#40H　　(2) MOV A,40H
(3) MOV A,@R1　　(4) MOV A,R3
(5) MOV A,@A+PC　(6) SJMP LOOP
11. 下列程序段经汇编后，从 1000H 开始的各有关存储单元的内容将是什么？
ORG 1000H
TAB1 EQU 1234H
TAB2 EQU 3000H
DB "MAIN"
DW TAB1,TAB2,70H

第5章 C51编程语言基础

本章介绍有关 C51 编程语言的基础知识,首先介绍 C51 语言与 8051 汇编语言以及标准 C 语言的差别,并对 C51 语言的数据类型与存储类型、C51 语言的基本运算、分支与循环结构、数组、指针、函数等进行介绍,为读者编写 8051 单片机的 C51 语言应用程序打下基础。

随着单片机应用系统的日趋复杂,对程序的可读性、升级与维护以及模块化的要求越来越高,对软件编程的要求也越来越高,要求程序员在短时间内编写出执行效率高、运行可靠的程序代码。同时,也要方便多个程序员来进行协同开发。

C51 语言是目前的 8051 单片机应用开发中,普遍使用的程序设计语言。C51 语言能直接对 8051 单片机硬件进行操作,既有高级语言的特点,又有汇编语言的特点,因此在 8051 单片机程序设计中,得到了非常广泛的应用。

5.1 C51 编程语言简介

C51 语言是在标准 C 语言的基础上针对 8051 单片机的硬件特点进行了扩展,并向 8051 单片机上移植,经过多年努力,C51 语言已成为公认的高效、简洁的 8051 单片机的实用高级编程语言。与 8051 汇编语言相比,C51 语言在功能上、结构性、可读性、可维护性上有明显优势,且易学易用。

5.1.1 C51 语言与 8051 汇编语言的比较

C51 语言与 AT89S52 单片机使用的 8051 汇编语言相比,具有如下优点:

(1)可读性好。C51 语言程序比汇编语言程序的可读性好,编程效率高,程序便于修改、维护及升级。

(2)模块化开发与资源共享。用 C51 语言开发的程序模块可以不经修改,直接被其他工程所用,使得开发者能够很好地利用已有的大量标准 C 程序资源与丰富的库函数,减少重复劳动,同时也有利于多个程序员协同开发。

(3)可移植性好。为某种型号单片机开发的 C 语言程序,只需将与硬件相关的头文件和编译连接的参数进行适当修改,就可方便地移植到其他型号的单片机上。例如,为 8051 单片机编写的程序通过改写头文件以及少量的程序行,就可方便地移植到 PIC 单片机上。

(4)生成的代码效率高。当前较好的 C51 语言编译系统编译出来的代码效率只比直接使用汇编语言低 20% 左右,如果使用优化编译选项,最高可达到 90% 左右。

5.1.2 C51 语言与标准 C 语言的比较

C51 语言与标准 C 语言有许多相同之处,但也有其自身的一些特点。不同的嵌入式 C 语言,编译系统之所以与标准 C 语言有不同的地方,主要是由于它们所针对的硬件系统不同。

C51 语言的基本语法与标准 C 语言相同,是在标准 C 语言的基础上进行了适合于 8051 内核单片机硬件的扩展。深入理解 C51 语言对标准 C 语言的扩展部分以及它们的不同之处,是掌握 C51 语言的关键之一。

C51 语言与标准 C 语言有以下差别:

(1)库函数的不同。标准 C 语言中不适合单片机的库函数,被排除在 C51 语言之外,如字符屏幕和图形函数,而有些库函数必须针对 8051 单片机的硬件特点来做出相应的开发。例如,库函数 printf 和 scanf,在标准 C 语言中,这两个函数通常用于屏幕打印和接收字符,而在 C51 语言中,主要用于串行口数据的收发。

(2)数据类型有一定区别。在 C51 语言中增加了几种针对 8051 单片机特有的数据类型,在标准 C 语言的基础上又扩展了 4 种类型。例如,8051 单片机包含位操作空间和丰富的位操作指令,因此,C51 语言与标准 C 语言相比增加了位类型。

(3)变量存储模式不同。C51 语言的变量存储模式与标准 C 语言中的变量存储模式不一样,标准 C 语言最初是为通用计算机设计的,在通用计算机中只有一个程序和数据统一寻址的内存空间,而 C51 语言中变量的存储模式与 8051 单片机的各种存储区紧密相关。

(4)数据存储类型不同。8051 单片机存储区可分为内部数据存储区、外部数据存储区以及程序存储区。内部数据存储区可分为 3 个不同的 C51 存储类型:data、idata 和 bdata。外部数据存储区分为 2 个不同的 C51 存储类型:xdata 和 pdata。对于程序存储区,由于只能读不能写,可能在 8051 单片机片内或在片外,C51 语言提供的 code 存储类型用来访问程序存储区。

(5)标准 C 语言没有处理单片机中断的定义,而 C51 语言中有专门的中断函数。

(6)头文件不同。C51 语言与标准 C 语言头文件的差异是 C51 语言头文件必须把 8051 单片机内部的外设硬件资源(如定时器、中断、I/O 等)相应的特殊功能寄存器写入到头文件内。

(7)程序结构的差异。由于 8051 单片机的硬件资源有限,它的编译系统不允许太多的程序嵌套。标准 C 语言所具备的递归特性不被 C51 语言支持。

但是从数据运算操作、程序控制语句以及函数的使用上来说,C51 语言与标准 C 语言几乎没有什么明显的差别。如果程序员具备了标准 C 语言的编程基础,只要注意 C51 语言与标准 C 语言的不同之处,并熟悉 8051 单片机的硬件结构,就能较快地掌握 C51 语言的编程。

5.2　C51 语言程序设计基础

本节在标准 C 语言的基础上,介绍 C51 语言的数据类型和存储类型、C51 语言的基本运算与流程控制语句、C51 语言构造数据类型、C51 函数以及 C51 程序设计的其他一些问题,为 C51 语言的程序开发打下基础。

Keil C51 是美国 Keil Software 公司出品的 51 系列兼容单片机 C 语言软件开发系统,使用 Keil C51 编写生成的代码效率非常高,相比其他语言更容易理解些。本书主要以 Keil C51 为参照对象介绍 C51 语言,其他版本的 C51 语言大同小异。

5.2.1　C51 语言中的数据类型与存储类型

数据是单片机操作的对象,是具有一定格式的数字或数值,数据的不同格式就称为数据类型。

1. 数据类型

Keil C51 支持的基本数据类型见表 5-1。针对 8051 单片机的硬件特点,C51 语言在标准 C

语言的基础上,扩展了 4 种数据类型(见表 5-1 中的最后 4 行)。注意,扩展的 4 种数据类型,不能使用指针来对它们存取。

表 5-1 Keil C51 支持的基本数据类型

数据类型	位　　数	字节数	值　　域
signed char	8	1	-128 ~ +127,有符号字符变量
unsigned char	8	1	0 ~ 255,无符号字符变量
signed int	16	2	-327 68 ~ +327 67,有符号整型数
unsigned int	16	2	0 ~ 655 35,无符号整型数
signed long	32	4	-2 147 483 648 ~ +2 147 483 647,有符号长整型数
unsigned long	32	4	0 ~ +4 294 967 295,无符号长整型数
float	32	4	±1.175 494E -38 ~ ±3.402 823E +38
double	32	4	±1.175 494E -38 ~ ±3.402 823E +38
*	8 ~ 24	1 ~ 3	对象指针
bit	1		0 或 1
sfr	8	1	0 ~ 255
sfr16	16	2	0 ~ 65 535
sbit	1		可进行位寻址的特殊功能寄存器的某位的绝对地址

2. C51 语言的扩展数据类型

下面对扩展的 4 种数据类型进行说明。

1) 位变量 bit

bit 的值可以是 1(true),也可以是 0(false)。

2) 特殊功能寄存器 sfr

8051 单片机的特殊功能寄存器分布在片内数据存储区的地址单元 80H ~ FFH,sfr 数据类型占用一个内存单元。利用它可以访问 8051 单片机内部的所有特殊功能寄存器。例如"sfr P1 = 0x90"这一语句定义了 P1 端口在片内的寄存器,在程序后续的语句中可以用"P1 = 0xff",使 P1 的所有引脚输出为高电平的语句来操作特殊功能寄存器。

3) 特殊功能寄存器 sfr16

sfr16 数据类型占用两个内存单元。sfr16 和 sfr 一样用于操作特殊功能寄存器。所不同的是,它用于操作占两个字节的特殊功能寄存器。例如,"sfr16 DPTR = 0x82"语句定义了片内 16 位数据指针寄存器 DPTR,其低 8 位字节地址为 82H,高 8 位字节地址为 83H,在程序的后续语句中就可对 DPTR 进行操作。

4) 特殊功能位 sbit

sbit 是指 8051 片内特殊功能寄存器的可寻址位。例如:

```
sfr PSW = 0xd0;            //定义 PSW 寄存器地址为 0xd0
sbit OV = PSW^2;           //定义 OV 位为 PSW.2
```

符号"^"前面是特殊功能寄存器的名字,"^"后面的数字定义特殊功能寄存器可寻址位在寄存器中的位置,取值必须是 0 ~ 7。

注意：不要把 bit 与 sbit 相混淆。bit 是用来定义普通的位变量，它的值只能是二进制的 0 或 1。而 sbit 定义的是特殊功能寄存器的可寻址位，它的值是可位寻址的特殊功能寄存器某位的绝对地址，例如，PSW 寄存器 OV 位的绝对地址是 0xd2。

上面的例子还涉及 C51 注释的写法问题。C51 注释的写法有两种：

（1）//……两个斜杠后面跟着的是注释语句，本写法只能注释一行，当换行时，必须在新行上重新写"//"。

（2）/* …… */一个斜杠与星号结合使用，本写法可注释任一行，即斜杠星号与星号斜杠之间的所有文字都作为注释，即注释有多行时，只需在注释的开始处，加"/*"，在注释的结尾处，加上"*/"即可。

加注释的目的是便于读懂程序，所有注释都不参与程序编译。编译器在编译过程中会自动删去注释。

3. 数据存储类型

在讨论 C51 语言的数据类型时，必须同时提及它的存储类型，以及它与 8051 单片机存储器结构的关系，因为 C51 语言定义的任何数据类型必须以一定的方式，定位在 8051 单片机的某一存储区中，否则没有任何实际意义。

8051 单片机有片内、片外数据存储区，还有程序存储区。片内的数据存储区是可读写的，8051 单片机的衍生系列最多可有 256 字节的内部数据存储区（例如 AT89S52 单片机），其中低 128 字节可直接寻址，高 128 字节（80H～FFH）只能间接寻址，从地址 20H 开始的 16 字节可位寻址。内部数据存储区可分为 3 个不同的数据存储类型：data、idata 和 bdata。

访问片外数据存储区比访问片内数据存储区慢，因为访问片外数据存储区需要通过数据指针加载地址来间接寻址访问。C51 语言提供两种不同的数据存储类型 xdata 和 pdata 来访问片外数据存储区。

程序存储区只能读不能写。程序存储区可能在 8051 单片机内部或外部，或者外部和内部都有，由 8051 单片机的硬件决定。C51 语言提供了 code 存储类型来访问程序存储区。

上述的 C51 语言的数据存储类型与 8051 单片机实际存储空间的对应关系见表 5-2。

表 5-2　C51 语言的数据存储类型与 8051 单片机实际存储空间的对应关系

存储区	存储类型	与存储空间的对应关系
DATA	data	片内 RAM 直接寻址区，位于片内 RAM 的低 128 字节
BDATA	bdata	片内 RAM 位寻址区，位于 20H～2FH 空间
IDATA	idata	片内 RAM 的 256 字节，必须间接寻址的存储区
XDATA	xdata	片外 64 KB 的 RAM 空间，使用@ DPTR 间接寻址
PDATA	pdata	片外 RAM 的 256 字节，使用@ Ri 间接寻址
CODE	code	程序存储区，使用 DPTR 寻址

下面对表 5-2 中的各种存储区进行说明。

1）DATA 区

DATA 区的寻址是最快的，应把经常使用的变量放在 DATA 区，但是 DATA 区的存储空间是有限的,DATA 区除了包含程序变量外,还包含了堆栈和寄存器组。DATA 区声明中的存储类型标识符为 data,通常指片内 RAM 的 128 字节的内部数据存储的变量,可直接寻址。

声明举例如下:

```
unsigned char data system_status = 0;
unsigned int data unit_id[8];
char data inp_string[20];
```

标准变量和用户自声明变量都可存储在 DATA 区中,只要不超出 DATA 区的范围即可。由于 C51 语言使用默认的寄存器组(4 组中的当前寄存器区)来传递参数,这样 DATA 区至少失去了 8 字节的空间。另外,当内部堆栈溢出的时候,程序会莫名其妙地复位。这是因为 8051 单片机没有报错的机制,堆栈的溢出只能以这种方式表示,因此要留有较大的堆栈空间来防止堆栈溢出。

2) BDATA 区

BDATA 区实质上是 DATA 中的位寻址区,在这个区中声明变量就可进行位寻址。BDATA 区声明中的存储类型标识符为 bdata,指的是片内 RAM 可位寻址的 16 字节存储区(字节地址为 20H~2FH)中的 128 个位。

下面是在 BDATA 区中声明的位变量和使用位变量的例子:

```
unsigned char bdata status_byte;
unsigned intbdata status_word;
sbit stat_flag = status_byte^4;
if(status_word^15)
{...}
stat_flag = 1;
```

C51 语言编译器不允许在 BDATA 区中声明 float 和 double 型的变量。

3) IDATA 区

IDATA 区使用寄存器作为指针来进行间接寻址,常用来存放使用比较频繁的变量。与外部存储器寻址相比,它的指令执行周期和代码长度相对较短。IDATA 区声明中的存储类型标识符为 idata,指的是片内 RAM 的 256 字节的存储区,只能间接寻址,速度比直接寻址慢。

声明举例如下:

```
unsigned char idata system_status = 0;
unsigned int idata unit_id[8];
char idata inp_string[16];
float idata out_value;
```

4) PDATA 区和 XDATA 区

PDATA 区和 XDATA 区位于片外存储区,PDATA 区和 XDATA 区声明中的存储类型标识符分别为 pdata 和 xdata。PDATA 区只有 256 字节,仅指定 256 字节的外部数据存储区。但 XDATA 区最多可达 64 KB,对应的 xdata 存储类型标识符可以指定外部数据存储区 64 KB 内的任何地址。

对 PDATA 区寻址要比对 XDATA 区寻址快,因为对 PDATA 区寻址,只需装入 8 位地址,而对 XDATA 区寻址要装入 16 位地址,所以要尽量把外部数据存储在 PDATA 区中。

对 PDATA 区和 XDATA 区的声明举例如下:

```
unsigned char xdata system_status = 0;
unsigned int pdata unit_id[8];
char xdata inp_string[16];
float pdata out_value;
```

由于8051单片机的外部数据存储器与外部I/O口是统一编址的,外部数据存储器地址段中除了包含数据存储器地址外,还包含外部I/O口的地址。对外部数据存储器及外部I/O口的寻址将在绝对地址访问中详细介绍。

5) CODE 区

CODE 区声明的标识符为 code,存储的数据是不可改变的。在 C51 编译器中可以用存储区类型标识符 code 来访问程序存储区。

声明举例如下:

```
unsigned char code a[ ] = [0x00,0x01,0x02,0x03,0x04,0x05,0x06,0x07,0x08];
```

C51 语言数据存储类型及其大小和值域见表 5-3。

表 5-3　C51 语言数据存储类型及其大小和值域

存储类型	长度/bit	长度/byte	值　　域
data	8	1	0~255
idata	8	1	0~255
bdata			0 或 1
pdata	8		0~255
xdata	16	2	0~65 535
code	16	2	0~65 535

单片机读写片内 RAM 比读写片外 RAM 的速度相对快一些,所以应当尽量把频繁使用的变量置于片内 RAM。即采用 data、bdata 或 idata 存储类型,而将容量较大的或使用不太频繁的变量置于片外 RAM,即采用 pdata 或 xdata 存储类型。常量只能采用 code 存储类型。

变量存储类型定义举例:

(1) char data a1;//字符变量 a1 被定义为 data 型,分配在片内 RAM 低 128 字节中。

(2) float idata x,y;//浮点变量 x 和 y 被定义为 idata 型,定位在片内 RAM 中,只能用间接寻址方式寻址。

(3) bit bdata p;//位变量 p 被定义为 bdata 型,定位在片内 RAM 中的位寻址区。

(4) unsigned int pdata var1;//无符号整型变量 var1 被定义为 pdata 型,定位在片外 RAM 中,相当于使用@ Ri 间接寻址。

(5) unsigned char xdata w[2][4];//无符号字符型二维数组变量 w[2][4]被定义为 xdata 存储类型,定位在片外 RAM 中,占据 2×4=8 字节,相当于使用@ DPTR 间接寻址。

4. 数据存储模式

如果在变量定义时略去存储类型标识符,编译器会自动默认存储类型。默认的存储类型进一步由 SMALL、COMPACT 和 LARGE 存储模式指令限制。例如,若声明 char var1,则在使用

SMALL 存储模式下,var1 被定位在 data 存储区;在使用 COMPACT 模式下,var1 被定位在 idata 存储区;在使用 LARGE 模式下,var1 被定位在 xdata 存储区。

下面对上述 3 种存储模式进行说明。

1) SMALL 模式

在该模式下,所有变量都默认位于 8051 单片机内部的数据存储器,这与使用 data 指定存储器类型的方式一样。在此模式下,变量访问的效率高,所有数据对象和堆栈必须使用内部 RAM。

2) COMPACT 模式

在该模式下,所有变量都默认在外部数据存储器的 1 页(256 字节)内,这与使用 pdata 指定存储器类型是一样的。该存储器类型适用于变量不超过 256 字节的情况,此限制是由寻址方式决定的,相当于使用数据指针@Ri 进行间接寻址。与 SMALL 模式相比,该存储模式的效率比较低,对变量访问的速度也慢一些,但比 LARGE 模式快。

3) LARGE 模式

在该模式下,所有变量都默认位于外部数据存储器,相当于使用数据指针@DPTR 进行寻址。通过数据指针访问外部数据存储器的效率较低,特别是当变量为 2 字节或更多字节时,该模式要比 SMALL 和 COMPACT 产生更多的代码。

在固定的存储器地址上进行变量的传递,是 C51 语言的标准特征之一。在 SMALL 模式下,参数传递是在片内数据存储区中完成的。LARGE 和 COMPACT 模式允许参数在外部存储器中传递。C51 语言也支持混合模式。例如,在 LARGE 模式下,生成的程序可以将一些函数放入 SMALL 模式中,从而加快执行速度。

5.2.2 C51 语言的特殊功能寄存器及位变量定义

下面介绍 C51 语言如何对 8051 单片机的特殊功能寄存器以及位变量进行定义并访问。

1. 特殊功能寄存器的 C51 语言定义

C51 语言允许通过使用关键字 sfr、sbit 或直接引用编译器提供的头文件来对特殊功能寄存器(SFR)进行访问。8051 单片机的特殊功能寄存器分布在片内 RAM 的高 128 字节中,对 SFR 的访问只能采用直接寻址方式。

1) 使用关键字定义 sfr

为了能直接访问特殊功能寄存器 SFR,C51 语言提供了一种定义方法,即引入关键字 sfr,语法如下:

```
sfr 特殊功能寄存器名字=特殊功能寄存器地址;
```

例如:

```
sfr 1E = 0XA8;        //中断允许寄存器地址 A8H
sfr TCON = 0x88;      //定时器/计数器控制寄存器地址 88H
sfr SCON = 0x98;      //串行口控制寄存器地址 98H
```

在 8051 单片机中,如要访问 16 位 SFR,可使用关键字 sfr16。16 位 SFR 的低字节地址必须作为"sfr16"的定义地址,例如:

```
sfr16 DPTR = 0x82;   //数据指针 DPTR 的低 8 位地址为 82H,高 8 位地址为 83H
```

2)通过头文件访问 SFR

各种衍生型的 8051 单片机的特殊功能寄存器的数量与类型有时是不相同的,对单片机特殊功能寄存器的访问可通过头文件的访问来进行。

为了用户处理方便,C51 语言把 8051 单片机(或 8052 单片机)常用的特殊功能寄存器和其中的可寻址位进行了定义,放在一个 reg51.h(或 reg52.h)的头文件中。当用户要使用时,只需在使用之前用一条预处理命令#include < reg51.h > 把头文件"reg51.h"包含到程序中,就可以使用特殊功能寄存器名和其中的可寻址位的名称了。用户可在 Keil 环境下打开该头文件查看其内容,也可通过文本编辑器对头文件进行增减。

注意:在程序中加入头文件有两种书写方法,分别为#include < reg51.h > 和#include "reg51.h",包含头文件时不需要在后面加分号。

当使用 < > 包含头文件时,编译器先进入软件安装文件夹处开始搜索该头文件,也就是 Keil/C51/INC 这个文件夹下,如果这个文件夹下没有引用的头文件,编译器将会报错。

当使用""包含头文件时,编译器先进入当前工程所在文件夹处开始搜索该头文件,如果当前工程所在文件夹下没有该头文件,编译器将继续回到软件安装文件夹处搜索该头文件,若找不到该头文件,编译器将会报错。reg51.h 在软件安装文件夹处存在,所以一般写成#include < reg51.h >。

头文件引用举例如下:

```
#include < reg51.h >        //包含8051单片机的头文件
void main(void)
{
    TI0 = 0xf0;             //给定时器 T0 低字节 TL0 设置时间常数,已在 reg51.h 中定义
    TH0 = 0x3f;             //给定时器 T0 高字节 TH0 设置时间常数,已在 reg51.h 中定义
    TR0 = 1;                //启动定时器 T0
    ...
}
```

3)特殊功能寄存器中的位定义

对 SFR 中的可寻址位的访问,要使用关键字来定义可寻址位,共有 3 种方法。

(1)sbit 位名 = 特殊功能寄存器^位置。

例如:

```
sfr PSW = 0xd0;             //定义 PSW 寄存器的字节地址 0xd0
sbit CY = PSW^7;            //定义 CY 位为 PSW.7,位地址为 0xd7
```

(2)sbit 位名 = 字节地址^位置。

例如:

```
sbit CY = 0xd0^7;           //CY 位地址为 0xd7
sbit OV = 0xd2;             //OV 位地址为 0xd2
```

(3)sbit 位名 = 位地址。

这种方法将位的绝对地址赋给变量,位地址必须在 0x80 ~ 0xff。

例如:

```
sbit CY = 0xd7;             //CY 位地址为 0xd7
sbit OV = 0xd2;             //OV 位地址为 0xd2
```

例 5.1 AT89S51 单片机片内 P1 口的各寻址位的定义如下：

```
sfr P1 = 0x90;
sbit P1_7 = P1^7;
sbit P1_6 = P1^6;
sbit P1_5 = P1^5;
sbit P1_4 = P1^4;
sbit P1_3 = P1^3;
sbit P1_2 = P1^2;
sbit P1_1 = P1^1;
sbit P1_0 = P1^0;
```

2. 位变量的 C51 语言定义

（1）C51 语言的位变量定义。由于 8051 单片机能够进行位操作，C51 语言扩展的"bit"数据类型用来定义位变量，这是 C51 语言与标准 C 语言的一个不同之处。

C51 语言采用关键字"bit"来定义位变量，一般格式如下：

```
bit bit_name;
```

例如：

```
bit ov_flag;              //将 ov_flag 定义为位变量
bit lock_pointer;         //将 lock_pointer 定义为位变量
```

（2）C51 语言的函数可包含类型为"bit"的参数，也可将其作为返回值。例如：

```
bit func(bit b0,bit b1)   //位变量 b0 与 b1 作为函数 func 的参数
{
    ...
    return(b1);           //位变量 b1 作为 return 函数的返回值
}
```

（3）位变量定义的限制。位变量不能用来定义指针和数组。例如：

```
bit * ptr;                //错误,不能用位变量来定义指针
bit array[];              //错误,不能用位变量来定义数组 array[]
```

在定义位变量时，允许定义存储类型，位变量都被放入一个位段，此段总是位于 8051 单片机的片内 RAM 中，因此其存储类型限制为 DATA 或 IDATA，如果将位变量定义成其他类型都会导致编译时出错。

5.2.3 C51 语言的绝对地址访问

如何对 8051 单片机的片内 RAM、片外 RAM 及 I/O 空间进行访问？C51 语言提供了两种常用的访问绝对地址的方法。

1. 绝对宏

C51 语言编译器提供了一组宏定义来对 code,data,pdata 和 xdata 空间进行绝对寻址。在程序中，用"#include <absacc.h>"来对 absacc.h 中声明的宏来访问绝对地址，包括 CBYTE、CWORD、DBYTE、DWORD、XBYTE、XWORD、PBYTE、PWORD，具体使用方法参考 absacc.h 头文件。其中：

CBYTE 以字节形式对 code 区寻址。

CWORD 以字形式对 code 区寻址。

DBYTE 以字节形式对 data 区寻址。
DWORD 以字形式对 data 区寻址。
XBYTE 以字节形式对 xdata 区寻址。
XWORD 以字形式对 xdata 区寻址。
PBYTE 以字节形式对 pdata 区寻址。
PWORD 以字形式对 pdata 区寻址。

例 5.2　片内 RAM、片外 RAM 及 I/O 的定义的。

程序如下：

```
#include <absacc.h>
#define PORTA XBYTE[0xffe0]       //将 PORTA 定义为外部 I/O 口,地址为 0xffe0
#define NRAM DBYTE[0x50]          //将 NRAM 定义为片内 RAM,地址为 0x50
Main()
{
  PORTA = 0x3d;                   //将数据 3dH 写入地址为 0xffe0 的外部 I/O 端口 PORTA
  NRAM = 0x01;                    //将数据 01H 写入片内 RAM 的 0x50 单元
}
```

2. 关键字_at_

使用关键字_at_可对指定的存储器空间的绝对地址进行访问,格式如下：

[存储器类型]　数据类型说明符　变量名_at_地址常数

其中,存储器类型为 C51 语言能识别的数据类型；数据类型说明符为 C51 语言支持的数据类型；地址常数用于指定变量的绝对地址,必须位于有效的存储器空间之内；使用_at_定义的变量必须为全局变量。

例 5.3　使用关键字_at_实现绝对地址的访问。

程序如下：

```
void main(void)
{
    data unsigned char y1 _at_ 0x50;      //在 data 区定义 char 变量 y1,它的地址为 50H
    xdata unsigned int y2 _at_ 0x4000;    //在 xdata 区定义 int 变量 y2,地址为 4000H
    y1 = 0xff;
    y2 = 0x1234;
    ...
    while(1);
}
```

例 5.4　将片外 RAM 2000H 开始的连续 20 字节单元清 0。

程序如下：

```
xdata unsigned char buffer[20] _at_ 0x2000;
void main(void)
    {
      unsigned char i;
      for(i = 0;i < 20;i ++)
        {
          buffer[i] = 0;
        }
    }
```

如果把片内 RAM 40H 单元开始的 8 个单元内容清 0,则程序如下:

```
xdata unsigned char buffer[8] _at_ 0x40;
void main(void)
{
    unsigned char j;
    for(j=0;j<8;j++)
    {
        buffer[j]=0;
    }
}
```

5.2.4　C51 语言的基本运算

C51 语言的基本运算与标准 C 语言类似,主要包括算术运算、逻辑运算、关系运算、位运算等。

1. 算术运算

算术运算符及其说明见表 5-4。

表 5-4　算术运算符及其说明

符号	说　明	举例(设 x=10,y=3)
+	加法运算	z=x+y;　　//z=13
-	减法运算	z=x-y;　　//z=7
*	乘法运算	z=x*y;　　//z=30
/	除法运算	z=x/y;　　//z=3
%	取余数运算	z=x%y;　　//z=1
++	自增 1	x++;　　//x=11
--	自减 1	x--;　　//x=9

C51 语言中表示加 1 和减 1 时可采用自增运算符和自减运算符,自增和自减运算符是使变量自动加 1 或减 1,自增和自减运算符放在变量前和变量后的含义是不同的,见表 5-5。

表 5-5　自增运算符与自减运算符

运算符	说　明	举例(设 x 初值为 4)
x++	先用 x 的值,再让 x 加 1	y=x++;　　//y 为 4,x 为 5
++x	先让 x 加 1,再用 x 的值	y=++x;　　//y 为 5,x 为 5
x--	先用 x 的值,再让 x 减 1	y=x--;　　//y 为 4,x 为 3
--x	先让 x 减 1,再用 x 的值	y=--x;　　//y 为 3,x 为 3

2. 逻辑运算

逻辑运算的结果只有"真"和"假"两种,1 表示真,0 表示假。表 5-6 列出了逻辑运算符及其说明。

例如,条件"10>20"为假,"2<6"为真,则逻辑与运算(10>20)&&(2<6)=0&&1=0。

表 5-6　逻辑运算符及其说明

运算符	说　　明	举例(设 a = 2, b = 3)
&&	逻辑与	a&&b;　　//返回值为 1
||	逻辑或	a||b;　　//返回值为 1
!	逻辑非(求反)	!a;　　//返回值为 0

3. 关系运算

关系运算就是判断两个数之间的关系。关系运算符及其说明见表 5-7。

表 5-7　关系运算符及其说明

符号	说　　明	举例(设 a = 2, b = 3)
>	大于	a > b;　　//返回值为 0
<	小于	a < b;　　//返回值为 1
>=	大于或等于	a >= b;　　//返回值为 0
<=	小于或等于	a <= b;　　//返回值为 1
==	等于	a == b;　　//返回值为 0
!=	不等于	a != b;　　//返回值为 1

4. 位运算

位运算符及其说明见表 5-8。

表 5-8　位运算符及其说明

符号	说　　明	举　　例
&	按位逻辑与	0x19&0x4d = 0x09
|	按位逻辑或	0x19|0x4d = 0x5d
^	按位异或	0x19^0x4d = 0x54
~	按位取反	x = 0x0f, 则 ~x = 0xf0
<<	按位左移(高位丢弃,低位补 0)	y = 0x3a, 若 y<<2, 则 y = 0xe8
>>	按位右移(高位补 0,低位丢弃)	w = 0x0f, 若 w>>2, 则 w = 0x03

在实际的控制应用中,人们常常想要改变 I/O 口中的某一位的值,而不影响其他位,如果 I/O 口是可位寻址的,这个问题就很简单。但有时外扩的 I/O 口只能进行字节操作,因此要想在这种场合下实现单独的位控,就要采用位运算操作。

例 5.5　编写程序将扩展的某 I/O 口 PORTA(只能字节操作)的 PORTA.5 清 0,PORTA.1 置 1。

程序如下:

```
#define <absacc.h>            //定义片外 I/O 口变量 PORTA 要用到的头文件 absacc.h
#define PORTA XBYTE[0xffc0]   //定义了一个片外 I/O 口变量 PORTA
void main(  )
{
    ...
    PORTA = (PORTA&0xdf)|0x02;  //对 I/O 口变量 PORTA 进行按位运算
    ...
}
```

上面程序段中,第 2 行定义了一个片外 I/O 口变量 PORTA,其地址为片外数据存储区的 0xffc0。在 main()函数中,"PORTA =(PORTA & 0xdf)|0x02"的作用是先用运算符"&"将 PORTA. 5 清 0,然后再用运算符"|"将 PORTA. 1 置 1。

5. 指针和取地址运算

指针是 C51 语言中一个十分重要的概念。C51 语言的指针变量用于存储某个变量的地址,C51 语言用"*"和"&"运算符来提取变量的内容和地址,见表 5-9。

表 5-9 指针和取地址运算及其说明

运算符	说　　明
*	提取变量的内容
&	提取变量的地址

提取变量的内容和变量的地址的一般形式如下:

```
目标变量 = * 指针变量        //将指针变量所指的存储单元内容赋值给目标变量
指针变量 = & 目标变量        //将目标变量的地址赋值给指针变量
```

例如:

```
a = &b;          //取 b 变量的地址送至变量 a
c = * b;         //把以指针变量 b 为地址的单元内容送至变量 c
```

指针变量中只能存放地址(即指针型数据),不能将非指针型的数据赋值给指针变量。

例如:

```
ini i;           //定义整型变量 i
int* b;          //定义指向整数的指针变量 b
b = &i;          //将变量 i 的地址赋给指针变量 b
b = i;           //错误,指针变量 b 只能存放变量指针(变量的地址),不能存放变量 i 的值
```

5.2.5　C51 语言的分支与循环程序结构

C51 语言的程序按结构可分为 3 类,即顺序、分支和循环结构。顺序结构是程序自上而下,从 main()函数开始一直到程序运行结束,程序只有一条路可走,无其他路径可选择。顺序结构比较简单且便于理解,这里仅介绍分支结构和循环结构。

1. 分支控制语句

实现分支控制的语句有:if 语句和 switch 语句。

1) if 语句

if 语句是用来判定所给定的条件是否满足,根据判定结果决定执行两种操作之一。

if 语句的基本结构如下:

```
if(表达式){语句}
```

括号中的表达式成立时,程序执行大括号内的语句。括号中的表达式不成立时,程序将跳过大括号中的语句部分,而直接执行下面的其他语句。

```
if (表达式 1){语句 1;}
else if (表达式 2){语句 2;}
else if (表达式 3){语句 3;}
…
else{语句}
```

在 if 语句中又含有一个或多个 if 语句,这称为 if 语句的嵌套。应当注意 if 与 else 的对应关系,else 总是与它前面最近的一个 if 语句相对应。

2) switch 语句

if 语句只有两个分支可供选择,而 switch 语句是多分支选择语句。

switch 语句的一般形式如下:

```
switch (表达式)
{
    case 常量表达式 1:{语句 1;}break;
    case 常量表达式 2:{语句 2;}break;
    …
    case 常量表达式 n:{语句 2;}break;
    default:{语句 n+1;}
}
```

上述 switch 语句的说明如下:

(1) 每一个 case 的常量表达式必须是互不相同的,否则将出现混乱。

(2) 各个 case 和 default 出现的次序,不影响程序执行的结果。

(3) switch 括号内表达式的值与某 case 后面的常量表达式的值相同时,就执行它后面的语句,遇到 break 语句则退出 switch 语句。若所有的 case 中的常量表达式的值都没有与 switch 语句表达式的值相匹配时,就执行 default 后的语句。

(4) 如果在 case 语句中遗忘了 break 语句,则程序执行了本行之后,不会按规定退出 switch 语句,而是将执行后续的 case 语句。在执行 1 个 case 分支后,使流程跳出 switch 结构,即中止 switch 语句的执行,可以用 1 条 break 语句完成。switch 语句的最后一个分支可不加 break 语句,结束后直接退出 switch 结构。

例 5.6 在单片机程序设计中,常用 switch 语句作为键盘中按键按下的判别,并根据按下键的键号跳向各自的分支处理程序。

```
input: keynum = keyscan()
switch(keynum)
{
    case 1: key1();break;        //如果按下键的键值为 1,则执行函数 key1()
    case 2: key2();break;        //如果按下键的键值为 2,则执行函数 key2()
    case 3: key3();break;        //如果按下键的键值为 3,则执行函数 key3()
    case 4: key4();break;        //如果按下键的键值为 4,则执行函数 key4()
    …
    default: goto input
}
```

例子中的 keyscan() 为键盘扫描函数,如果有键按下,该函数就会得到按下按键的键值,将键值赋予变量 keynum。如果键值为 2,则执行键值处理函数 key2() 后返回;如果键值为 4,则执行 key4()函数后返回。执行完 1 个键值处理函数后,则跳出 switch 语句,从而达到根据按下的不同按键,来进行不同键值处理的目的。

2. 循环控制语句

扩展阅读

许多实用程序都包含循环结构,熟练掌握和运用循环结构的程序设计是 C51 语言程序设计的基本要求。

实现循环结构的语句有以下 3 种:while 语句、do while 语句和 for 语句。

1) while 语句

while 语句的语法形式如下:

```
while(表达式)
{
    循环体语句;
}
```

表达式是 while 循环能否继续的条件,如果表达式为真,就重复执行循环体语句;反之,则终止循环体语句。

while 循环结构的特点在于,循环条件的测试在循环体的开头,要想执行重复操作,首先必须对循环条件测试,如果条件不成立,则不执行循环体内的操作。

例如:

```
while((P1&0x80)==0)
{ }
```

while 中的条件语句对 8051 单片机 P1 口的 P1.7 进行测试,如果 P1.7 为低电平(0),则由于循环体无实际操作语句,故继续测试下去(等待),一旦 P1.7 的电平变高(1),则循环终止。

2) do while 语句

do while 语句的语法形式如下:

```
do
{
    循环体语句;
}
while(表达式);
```

do while 语句的特点是先执行内嵌的循环体语句,再计算表达式,如果表达式的值非 0,则继续执行循环体语句,直到表达式的值为 0 时结束循环。

C51语言实现功能示例

由 do while 构成的循环与 while 循环十分相似,它们之间的重要区别是:while 循环的控制出现在循环体之前,只有当 while 后面表达式的值非 0 时,才可能执行循环体语句,在 do while 构成的循环中,总是先执行一次循环体语句,然后再求表达式的值,因此无论表达式的值是 0 还是非 0,循环体语句至少要被执行一次。

与 while 循环一样,在 do while 循环体中,要有能使 while 后表达式的值变为 0 的操作,否则,循环会无限制地进行下去。

计算 10 个数值的平均值的示例程序见二维码资料。

3) for 语句

在 3 种循环中,经常使用的是 for 语句构成的循环。它不仅可用于循环次数已知的情况,也可用于循环次数不确定而只给出循环条件的情况,完全可以替代 while 语句。

for 语句的一般格式如下:

```
for(表达式1;表达式2;表达式3)
{
    循环体语句;
}
```

for 是 C51 语言的关键字,其后的括号中通常含有 3 个表达式,各表达式之间用";"隔开。这 3 个表达式可以是任意形式的表达式,通常主要用于 for 循环的控制。紧跟在 for( )之后的循环体语句,在语法上要求是 1 条语句;若在循环体内需要多条语句,应该用大括号括起来组成复合语句。

for 语句的执行过程如下:

(1) 计算"表达式 1",表达式 1 通常称为"初值设定表达式"。

(2) 计算"表达式 2",表达式 2 通常称为"终值条件表达式",若满足条件,转下一步;若不满足条件,则转步骤(5)。

(3) 执行 1 次 for 循环体语句。

(4) 计算"表达式 3"("表达式 3"通常称为"更新表达式"),转向步骤(2)。

(5) 结束循环,执行 for 循环之后的语句。

for 语句在执行中会有一些特殊情况,详见二维码资料。

for语句的特例

在程序设计中,常用到软件延时,可用循环结构来实现,即循环执行指令,消磨一段时间。8051 单片机指令的执行时间是靠一定数量的时钟周期来计时的,如果使用 12 MHz 晶振,则 12 个时钟周期花费的时间为 1 μs。

例 5.7 编写一个延时 1 ms 程序。

程序如下:

```
void delayms(unsigned char int j)
{
    unsigned char i;
    while(j --)
    {
        for(i = 0;i < 125;i ++ )
        {;}
    }
}
```

如果把上述程序编译成汇编语言代码进行分析,用 for 进行的内部循环大约延时 8 μs,但不精确。不同的编译器会产生不同的延时,因此 i 的上限值 125 应根据实际情况进行补偿调整。

利用 for 语句实现 1 + 2 + 3 + ⋯ + 100 累加和功能的示例见二维码资料。

例 5.8 无限循环结构的实现。

编写无限循环程序段,可使用以下 3 种结构。

(1) 使用 while(1)的结构:

```
while (1)
{
    代码段;
}
```

(2) 使用 for(;;)的结构：

```
for(;;)
{
    代码段;
}
```

(3) 使用 do while( )的结构：

```
do
{
    代码段;
} while(1);
```

3. break 语句、continue 语句

在循环体语句执行过程中，如果在满足循环判定条件的情况下跳出代码段，可使用 break 语句或 continue 语句。

1) break 语句

前面已经介绍过，用 break 语句可以跳出 switch 循环体。在循环结构中，可使用 break 语句跳出本层循环体，从而立即结束本层循环。

例 5.9 执行如下程序段。

```
void main( void )                       // 主函数 main()
{
    int i, sum;
    sum = 0;
    for(i = 1; i <= 10; i ++ )
    {
        sum = sum + i;
        if(sum > 5 ) break;
        printf(" sum = % d \n", sum) ;   //通过串口向计算机屏幕输出显示 sum 值
    }
}
```

本例中，如果没有 break 语句，程序将进行 10 次循环；当 i = 3 时，sum 的值为 6，此时，if 语句的表达式"sum > 5"的值为 1，于是执行 break 语句，跳出 for 循环，从而提前终止循环。因此，在一个循环程序中，既可通过循环语句中的表达式来控制循环是否结束，还可直接通过 break 语句强行退出循环结构。

2) continue 语句

continue 语句的作用及用法与 break 语句类似，区别在于：当前循环遇到 break，是直接结束循环，遇到 continue，则停止当前这一层循环，然后直接尝试下一层循环。可见，continue 语句并不结束整个循环，而仅仅是中断当前这一层循环，然后跳到循环条件处，继续下一层的循环。当然，如果跳到循环条件处，发现条件已不成立，那么循环也会结束。

5.2.6 C51 语言的数组

在 C51 语言程序设计中，数组的使用较为广泛。

1. 数组简介

数组是同类数据的一个有序结合，用数组名来标识。整型变量的有序结合称为整型数组，字符型变量的有序结合称为字符型数组。数组中的数据，称为数组元素。

数组中各元素的顺序用下标表示，下标为 n 的元素可表示为数组名[n]。改变[ ]中的下标就可以访问数组中的所有元素。

数组有一维、二维、三维和多维之分。C51 语言中常用的有一维数组、二维数组和字符数组。

1) 一维数组

具有一个下标的数组元素组成的数组称为一维数组，一维数组的形式如下：

```
类型说明符  数组名[元素个数];
```

其中，数组名是一个标识符，元素个数是一个常量表达式，不能是含有变量的表达式。例如：

```
int array1[8];
```

定义了一个名为 array1 的数组，数组包含 8 个整型元素，在定义数组时，可对数组进行整体初始化。若定义后对数组赋值，则只能对每个元素分别赋值。例如：

```
ini a[3]=[2,4,6];            //给全部元素赋值,a[0]=2,a[1]=4,a[2]=6
ini b[4]=[5,4,3,2]:          //给全部元素赋值,b[0]=5,b[1]=4,b[2]=3,b[3]=2
```

2) 二维数组或多维数组

具有两个或两个以上下标的数组称为二维数组或多维数组。定义二维数组的一般形式如下：

```
类型说明符  数组名[行数][列数];
```

其中，数组名是一个标识符，行数和列数都是常量表达式。例如：

```
float array2 [4][3]  //array2 数组,有 4 行 3 列共 12 个浮点型元素
```

二维数组可以在定义时进行整体初始化，也可以在定义后单个进行赋值。例如：

```
int a[3][4]={1,2,3,4},{5,6,7,8},{9,10,11,12};   //a 数组全部初始化
int b[3][4]={1,3,5,7},{2,4,6,8},{};             //b 数组部分初始化,未初始化的元素为 0
```

3) 字符数组

若一个数组的元素是字符型的，则该数组就是一个字符数组。例如：

```
char a[10]={'B','E','I','','J','N','G','\0'};           //字符串数组
```

定义了一个字符型数组 a[ ]，有 10 个数组元素，并且将 9 个字符(其中包括 1 个字符串结束标志'\0')分别赋给了 a[0]~a[8]，剩余的 a[9]被系统自动赋予空格字符。

C51 语言还允许用字符串直接给字符数组赋初值，例如：

```
char a[10]={"BEI JING"};
```

用双引号括起来的一串字符称为字符串常量。C51 语言编译器会自动地在字符串末尾加上结束符'\0'。

用单引号括起来的字符为字符的 ASCII 码值，而不是字符串。例如，'a'表示 a 的 ASCII 码值 61H，而"a"表示一个字符串，由两个字符 a 和\0 组成。

一个字符串可用一维数组来装入,但数组的元素数目一定要比字符多一个,以便 C51 语言编译器自动在其后面加入结束符'\0'。

2. 数组的应用

在 C51 语言编程中,数组的查表功能非常有用,如数学运算,程序员更愿意采用查表计算而不是公式计算。例如,对于传感器的非线性转换需要进行补偿,使用查表法就要有效得多。再如,LED 显示程序中根据要显示的数值,找到对应的显示段码送到 LED 显示器显示。表可以事先计算好后装入程序存储器中。

3. 数组与存储空间

当程序中设定了一个数组时,C51 语言编译器就会在系统的存储空间中开辟一个区域,用于存放数组的内容。数组就包含在这个由连续存储单元组成的模块的存储体内。对字符数组而言,占据了内存中一连串的字节位置。对整型(int)数组而言,将在存储区中占据一连串连续的字节对的位置。对长整型(long)数组或浮点型(float)数组,一个成员将占据 4 字节的存储空间。

当一维数组被创建时,C51 语言编译器就会根据数组的类型在内存中开辟一块大小等于数组长度乘以数据类型长度(即类型占有的字节数)的区域。

对于二维数组 a[m][n]而言,其存储顺序是按行存储,先存第 0 行元素的第 0 列、第 1 列、第 2 列,直至第 $n-1$ 列,然后返回到存第 1 行元素的第 0 列、第 1 列、第 2 列,直至第 $n-1$ 列……如此顺序存储,直到第 $m-1$ 行的第 $n-1$ 列。

5.2.7 C51 语言的指针

C51 语言支持两种不同类型的指针:通用指针和存储器指针。

1. 通用指针

C51 语言提供一个 3 字节的通用指针,通用指针声明和使用与标准 C 语言完全一样。通用指针的形式如下:

数据类型* 指针变量;

例如:

uchar * pz

例中 pz 就是通用指针,用 3 字节来存储指针,第一字节表示存储器类型,第二、三字节分别是指针所指向数据地址的高字节和低字节,这种定义很方便但速度较慢,在所指向的目标存储器空间不明确时普遍使用。

2. 存储器指针

存储器指针在定义时指明了存储器类型,并且指针总是指向特定的存储器空间(片内数据 RAM、片外数据 RAM 或程序 ROM)。例如:

```
char idata * str;        // str 指向 idata 区中的 char 型数据
int xdata * pd;          // pd 指向外部 RAM 区中的 int 型整数
```

由于定义中已经指明了存储器类型,因此,相对于通用指针而言,指针第一个字节省略,对于 data、bdata、idata 与 pdata 存储器类型,指针仅需要 1B,因为它们的寻址空间都在 256 B 以内,而 code 和 xdata 存储器类型则需要 2B 指针,因为它们的寻址空间最大为 64 KB。

使用存储器指针的好处是节省了存储空间,编译器不用为存储器选择和决定正确的存储器操作指令来产生代码,使代码更加简短,但必须保证指针不指向所声明的存储区以外的地方,否则会产生错误。通用指针产生的代码执行速度比指定存储区的指针要慢,因为存储区在运行前是未知的,编译器不能优化存储区访问,必须产生可以访问任何存储区的通用代码。

由上所述,使用存储器指针比使用通用指针效率高,存储器指针所占空间小,速度更快,在存储器空间明确时,建议使用存储器指针,如果存储器空间不明确则使用通用指针。

5.3 C51 语言的函数

函数是一个完成一定相关功能的执行代码段。在高级语言中,函数与"子程序"和"过程"用来描述同样的事情。在 C51 语言中使用的术语是"函数"。

在 C51 语言程序中函数数目是不受限制的,但是一个 C51 语言程序必须至少有 1 个函数,即主函数,名称为 main( )。主函数是唯一的,整个程序必须从主函数开始执行。

C51 语言还可以建立和使用库函数,可由用户根据需求调用。

5.3.1 函数的分类

从结构上分,C51 语言中函数可分为主函数 main( )和普通函数两种。而普通函数从编程者的角度又可以划分为两种:标准库函数和用户自定义函数。

1. 标准库函数

标准库函数由 C51 语言编译器提供。程序员在进行程序设计时,应该善于充分利用这些功能强大、资源丰富的标准库函数资源,以提高编程效率。

用户可以直接调用 C51 语言的库函数而不需要为这个函数写任何代码,只需要包含具有该函数说明的头文件即可。例如,调用输出函数 printf( )时,要求程序在调用输出库函数前包含以下的 include 命令:

```
#include <stdio.h>
```

2. 用户自定义函数

用户自定义函数是用户根据自己的需要所编写的函数。从函数定义的形式上来分,可分为:无参函数、有参函数。

(1)无参函数。此种函数在被调用时,既无参数输入,也不返回结果给调用函数,只是为完成某种操作而编写的函数。无参函数的定义形式为:

```
返回值类型标识符 函数名()
{
    函数体;
}
```

无参函数一般不带返回值,因此函数的返回值类型的标识符可以省略。

例如,函数 main( ),该函数为无参函数,返回值类型的标识符可以省略,默认值是 int 类型。

(2)有参函数。调用此种函数时,必须提供实际的输入函数。有参函数的定义形式为:

```
返回值类型标识符 函数名(形式参数列表)
形式参数说明
{
    函数体;
}
```

(3)空函数。函数体是空的,调用此函数时,什么工作也不做,没有任何实际作用。

C51 语言函数的参数、返回值和调用方式与标准 C 语言一致,这里不再赘述,相关内容可参考二维码资料。

函数参数、返回值与调用

5.3.2 中断服务函数

由于标准 C 语言没有处理单片机中断的定义,为了能对 8051 单片机的中断进行处理,C51 语言编译器对函数的定义进行了扩展,增加了一个扩展关键字 interrupt。使用 interrupt 可以将一个函数定义成中断服务函数。由于 C51 语言编译器在编译时对声明为中断服务函数自动添加了相应的现场保护、阻断其他中断、返回时自动恢复现场等处理的程序段,因而在编写中断服务函数时可不必考虑这些问题,为用户编写中断服务程序提供了极大方便。

中断服务函数的一般形式为:

```
函数类型 函数名(形式参数表) interrupt n using n
```

关键字 interrupt 后的 n 是中断号,对于 8051 单片机,n 的取值为 0~4。

关键字 using 后面的 n 是所选择的寄存器组,using 是一个可选项,可省略。如果没有使用 using 关键字指明寄存器组,中断服务函数中所有工作寄存器的内容将被保存到堆栈中。

有关中断服务函数的具体使用,将在中断系统一章中介绍。

5.3.3 变量及其存储方式

1. 变量

1)局部变量

局部变量是某一个函数中存在的变量,只在该函数内部有效。

2)全局变量

在整个源文件中都存在的变量称为全局变量。全局变量的有效区间是从定义点开始到源文件结束,其中的所有函数都可直接访问该变量。如果定义前的函数需要访问该变量,则需要使用 extern 关键词对该变量进行说明;如果全局变量声明文件之外的源文件需要访问该变量,也需要使用 extern 关键词对该变量进行说明。

由于全局变量一直存在,占用了大量的内存单元,且加大了程序的耦合性,不利于程序的移植或复用。

全局变量可使用 static 关键词进行定义,该变量只能在变量定义的源文件内使用,不能被其他源文件引用,这种全局变量称为静态全局变量。如果一个其他文件的非静态全局变量需要被某文件引用,则需要在该文件调用前使用 extern 关键词对该变量声明。

2. 变量的存储方式

单片机的存储区间可以分为程序存储区、静态存储区和动态存储区 3 部分。数据存放在静态存储区或动态存储区。其中,全局变量存放在静态存储区,在程序开始运行时,给全局变量分配存储空间;局部变量存放在动态存储区,在进入拥有该变量的函数时,给这些变量分配存储空间。

5.3.4 宏定义与文件包含

在 C51 语言程序设计中要经常用到宏定义与文件包含。

1. 宏定义

宏定义语句属于 C51 语言的预处理指令,使用宏可使变量书写简化,增加程序的可读性、可维护性和可移植性。宏定义分为简单的宏定义和带参数的宏定义。在 C51 语言的程序编写中,经常使用简单的宏定义。简单的宏定义格式如下:

```
#define uchar unsigned char
```

在编译时可由 C51 语言编译器把"unsigned char"用"uchar"来替代。

例如,在某程序的开头处,进行了 3 个宏定义:

```
#define uchar unsigned char      //宏定义无符号字符型变量方便书写
#define uint unsigned int        //宏定义无符号整型变量方便书写
#define gain 4                   //宏定义增益
...
```

由上述的 3 个宏定义可见,宏定义不仅可以方便无符号字符型变量和无符号整型变量的书写(前两个宏定义),而且当增益需要变化时,只需要修改增益 gain 的宏替换数字 4 即可(第三个宏定义),而不必在程序的每处进行修改,大大增加了程序的可读性和可维护性。

2. 文件包含

文件包含是指一个程序文件将另一个指定文件的内容包含进去。文件包含的一般格式如下:

```
#include <文件名>    或#include "文件名"
```

上述两种格式的差别是:采用<文件名>格式时,在头文件目录中查找指定文件。采用"文件名"格式时,应在当前的目录中查找指定文件。例如:

```
#include <reg51.h>    //将 8051 单片机的特殊功能寄存器包含文件包含到程序中来
#include <stdio.h>    //将标准的输入/输出头文件 stdio.h(在函数库中)包含到程序中来
#include "stdio.h"    //同上,在当前的目录中查找指定文件 stdio.h
```

当程序中需要调用 C51 语言编译器提供的各种库函数时,必须在文件的开头使用#include 命令将相应函数的说明文件包含进来。

5.3.5 库函数

C51语言提供了丰富的可直接调用的库函数,可使程序代码简单、结构清晰、易于调试和维护。

下面介绍几类重要的库函数文件。

(1)特殊功能寄存器包含文件 reg51.h 或 reg52.h。reg51.h 中包含了所有的8051单片机的 sfr 及其位定义,reg52.h 中包含了所有的8052单片机的 sfr 及其位定义,一般系统都包含 reg51.h 或 reg52.h。

(2)绝对地址包含文件 absacc.h。该文件定义了几个宏,以确定各类存储空间的绝对地址。

(3)输入/输出流函数位于 stdio.h 文件中。流函数默认8051单片机的串口来作为数据的输入/输出。如果要修改为用户定义的I/O口读/写数据,如改为LCD显示,则可以修改lib目录中的 getkey.c 及 putchar.c 源文件,然后在库中替换它们即可。

(4)动态内存分配函数,位于 stdlib.h 中。

(5)能够方便地对缓冲区进行处理的缓冲区处理函数位于 string.h 中。其中,包括复制、移动、比较等函数。

创 新 思 维

规范与创新

规范就是根据长期积累得出的一些流程固化规定,是科学工作过程中经过总结归纳得出的行之有效的标准方法。

创新是指提出有别于常规或常人思路的见解,利用现有的知识和物质,改进或创造新的方法、元素、路径、环境,并能获得一定有益效果的行为。

在程序设计领域,一方面这是一项具有创新特质的脑力劳动,另一方面是根据以往经验总结了一套程序设计工作规范。规范,指定了某些层面的工作必须或应该遵守的做法、规则;创新,又希望打破现有的条条框框,实现新发展。两者是否矛盾?

不矛盾。看一个具体实例。如编程实现交换两个数 a,b,实现方法一:

{temp=a;a=b;b=temp;}

实现思路平平无奇,但简单易懂,任何人都一眼看穿。实现方法二:

{a=a+b;b=a-b;a=a-b;}

简单验算一下,也实现了 a 与 b 交换,除去隐藏的危险不说(如因加减运算超出数据范围),有些晦涩难懂,不利于团队整体进行软件开发。若没有其他因素考虑,这种编程方法就是卖弄"小聪明",不能算为创新;若明确要求不能使用第三个变量实现交换数据,这种方法则成为优秀之作。

因此,可以认为没有规范,创新难以进行;没有创新,规范不能长久。创新是在规范指导下的创新,创新必须以提高工作效率、工作质量或减轻工作成本为原则。条件不同,同样的做法可能是创新,也可能是不规范甚至是错误。

思考练习题 5

一、填空题

1. 与汇编语言相比,C51 语言具有（　　）、（　　）、（　　）等优点。
2. C51 语言头文件包括的内容有 8051 单片机（　　），以及（　　）的说明。
3. C51 语言提供了两种不同的数据存储类型,即（　　）和（　　）来访问片外数据存储区。
4. C51 语言提供了 code 存储类型来访问（　　）。
5. 对于 SMALL 存储模式,所有变量都默认位于 8051 单片机（　　）。
6. C51 语言用"＊"和"&"运算符来提取指针变量的（　　）和指针变量的（　　）。

二、判断题

1. C51 语言处理单片机的中断是由专门的中断服务函数来处理的。（　　）
2. 在 C51 语言中,函数是一个完成一定相关功能的执行代码段,它与"子程序"和"过程"用来描述同样的事情。（　　）
3. 在 C51 语言编程中,编写中断服务函数时需要考虑如何进行现场保护、阻断其他中断、返回时自动恢复现场等处理的程序段的编写。（　　）
4. 全局变量是在某一函数中存在的变量,它只在该函数内部有效。（　　）
5. 全局变量可使用 static 关键词进行定义,由于全局变量一直存在,占用了大量的内存单元,且加大了程序的耦合性,不利于程序的移植或复用。（　　）
6. 绝对地址包含头文件 absacc.h 中定义的几个宏,用来确定各类存储空间的绝对地址。（　　）

三、简答题

1. C51 语言在标准 C 语言的基础上,扩展了哪几种数据类型？
2. C51 语言有哪几种数据存储类型？其中数据类型"idata,code,xdata,pdata"各对应 8051 单片机的哪些存储空间？
3. bit 与 sbit 定义的位变量有什么区别？
4. 说明 3 种数据存储模式：SMALL 模式、COMPACT 模式、LARGE 模式之间的差别。
5. do while 构成的循环与 while 循环的区别是什么？

第6章 开发工具Keil和仿真工具Proteus

本章介绍 C51 语言软件开发平台 Keil C51 与虚拟仿真平台 Proteus 的基本特性与使用。读者通过本章学习,应初步了解如何运用 Keil 工具进行软件编程与调试,掌握使用 Proteus 平台来进行硬件的设计,以及使用 Keil 工具和 Proteus 平台进行单片机应用系统的设计与虚拟仿真的基本方法与步骤。

6.1 Keil C51 的使用

6.1.1 Keil C51 简介

Keil C51 是用于 8051 单片机的 C51 语言编程的集成开发环境,由德国 Keil software 公司(已被 ARM 公司收购)开发,是使用 C51 语言开发编程所必须掌握的软件开发工具。

Keil C51 集编辑、编译、仿真等功能于一体,具有强大的软件调试功能,生成的程序代码运行速度快,所需的存储器空间小,完全可与汇编语言相媲美,是目前 8051 单片机中最优秀的软件开发工具之一。Keil C51 集成了文件编辑处理、编译、连接、项目(Project)管理窗口、工具引用、仿真软件模拟器以及 Monitor51 硬件目标调试器等多种功能,可在 Keil C51 开发环境中极为简便地进行操作。

Keil C51 使用开发环境 Keil μVision。Keil μVision 的版本很多,本节以 Keil μVision5.14 为例进行介绍。若读者使用其他版本的开发环境,部分操作可能需要调整。

6.1.2 基本操作

1. 软件安装与启动

Keil C51 软件安装完毕后,在桌面上出现 Keil C51 软件的快捷图标。双击该快捷图标,则启动该软件,出现如图 6-1 所示的 Keil C51 软件开发环境界面。

2. 创建项目

编写一个新的应用程序前,首先要建立项目(Project)。Keil C51 用项目管理的方法把一个程序设计中所需要用到的、互相关联的程序连接在同一项目中。这样,打开一个项目时,所需要的关联程序也都跟着进入了调试窗口,方便用户对项目中各个程序的编写、调试和存储。项目管理便于区分不同项目中所用到的程序文件和库文件,非常容易管理。因此,编写程序前,需要首先创建一个新的项目,操作如下:

第 6 章　开发工具 Keil 和仿真工具 Proteus

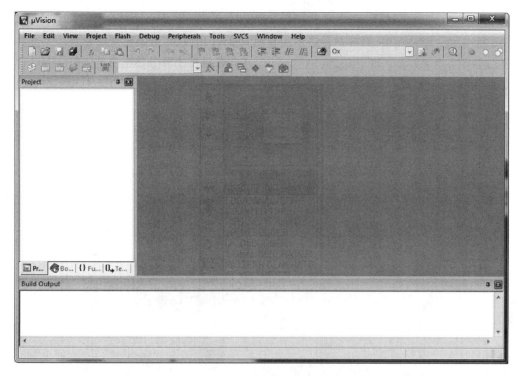

图 6-1　Keil C51 软件开发环境界面

(1) 在图 6-1 所示的编辑界面下,选择 Project→New μVision Project 命令,如图 6-2 所示。

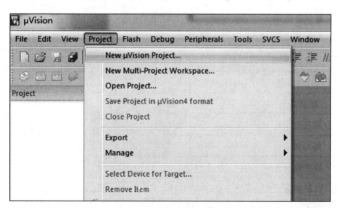

图 6-2　新建项目菜单

(2) 弹出 Create New Project 窗口,如图 6-3 所示。在"文件名"文本框中输入一个项目的名称,保存后的文件扩展名为 .uvproj,以后可直接单击此文件就可打开先前建立的项目。

在"文件名"文本框中输入新建项目文件的名称后,更改文件目录,单击"保存"按钮即可。

(3) 弹出如图 6-4 所示的 Select Device for Target 'Target 1' 窗口,按照提示选择相应的单片机。选择 Atmel 目录下的 AT89C52(对于 AT89S52,也是选择 AT89C52)。

103

图 6-3　Create New Project 窗口

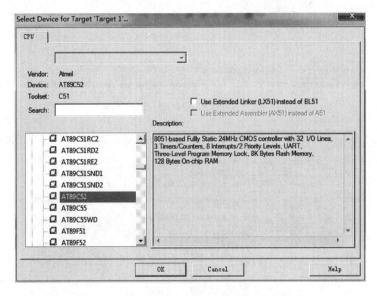

图 6-4　Select Device for Target'Target'窗口

（4）单击 OK 按钮后，会弹出如图 6-5 所示的对话框。如果需要复制启动代码到新建的项目，选择单击"是"按钮，会弹出图 6-6 所示窗口。如选择单击"否"按钮，启动代码项"STARTUP. A51"不会出现，这时新的项目已经创建完毕。

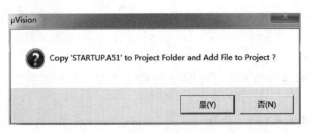

图 6-5　是否复制启动代码到项目对话框

第 6 章　开发工具 Keil 和仿真工具 Proteus

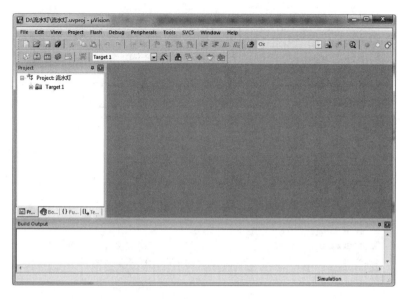

图 6-6　完成项目的创建

6.1.3　添加用户源程序文件

新的项目创建完成后,就需要将用户源程序文件添加到这个项目中。添加用户源程序文件通常有两种方式:一种是新建文件,另一种是添加已创建的文件。

1. 新建文件

(1)单击图 6-1 中快捷按钮 ,这时会弹出图 6-7 所示窗口。在这个窗口中会出现一个空白的文件编辑画面,用户可在这里输入程序源代码。

(2)单击图 6-1 中快捷按钮 ,保存用户程序文件,这时会弹出图 6-8 所示对话框。

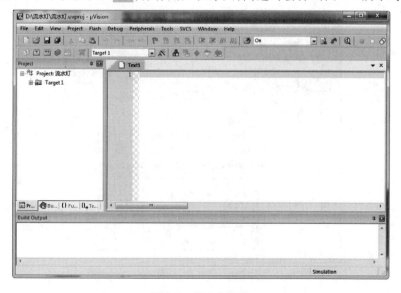

图 6-7　建立新文件

图 6-8 Save As 对话框

（3）在图 6-8 所示的 Save As 对话框中，操作更改文件目录，选择新文件的保存目录，这样就可将这个新文件与刚才建立的项目保存在同一个文件夹下，然后在"文件名"文本框按钮中输入新建文件的名字（如 main.c 或流水灯.asm），如果使用 C51 语言编程，则文件名的扩展名应为".c"；如果用汇编语言编程，则文件名的扩展名应为".asm"。完成上述操作后单击"保存"按钮，此时新文件已创建完成。

这个新文件还需添加到刚才创建的项目中，操作步骤与下面的"添加已创建的文件"步骤相同。

2. 添加已创建的文件

（1）在项目窗口中，右击 Source Group 1，在弹出的快捷键菜单中选择 Add Existing Files to Group1 'Source Group 1' 命令，如图 6-9 所示。

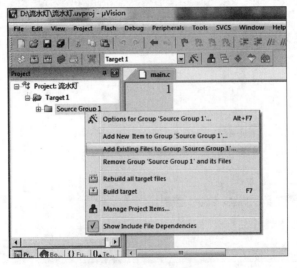

图 6-9 添加文件

（2）完成上述操作后会出现图 6-10 所示的 Add Files to Group 'Source Group 1' 对话框。在该对话框中选择要添加的文件，这里只有刚刚建立的文件 main.c，单击这个文件后，单击 Add 按钮，再单击 Close 按钮，文件添加已经完成了，这时的项目窗口如图 6-11 所示，用户程序文件 main.c 已经出现在 Source Group 1 目录下了。

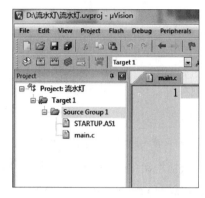

图 6-10　Add Files to Group 'Source Group 1' 对话框

图 6-11　文件已添加到项目中

6.1.4　程序的编译与调试

上面在文件编辑窗口建立了文件"main.c"（或"流水灯.asm"），并且将文件添加到项目中，还需将文件进行编译和调试，最终生成可执行的 .hex 文件。

1. 程序编译

单击快捷按钮中的 （或按【F7】键），对当前文件进行编译，这里是以 main.c 文件为例。在图 6-12 中的输出窗口会出现编译结果的提示信息。

图 6-12　文件编译结果的提示信息

从输出窗口中的提示信息可以看到,程序中有 3 个错误,认真检查程序找到错误并改正,改正后再次单击 ![](按钮进行编译,直至提示信息显示没有错误为止,如图 6-13 所示。

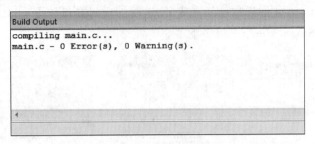

图 6-13　编译成功的界面

Translate 是编译当前改动的源文件,在这个过程中检查语法错误,但并不生成可执行文件。

快捷按钮中的 Build 按钮 ,是只编译工程中上次修改的文件及其他依赖于这些修改过的文件的模块,同时重新连接生成目标文件(.hex 文件),供单片机下载。如果工程之前没编译连接过,它会直接调用 Rebuild All。Build 实际上是指 increase build,即增量编译。

快捷按钮中的 Rebuild 按钮 ![],用于重新编译当前项目中的所有文件,并生成相应的目标程序(.hex 文件),供单片机直接下载。主要用在当项目文件有改动时,来全部重建整个项目。因为一个项目不止一个文件,当有多个文件时,可用本快捷按钮进行编译。

2. 程序调试

程序编译成功,即没有语法错误,但可能还存在逻辑错误。为排除逻辑错误,需要进行程序调试。

单击开始/停止调试的快捷按钮 ,进入程序调试状态,如图 6-14 所示。

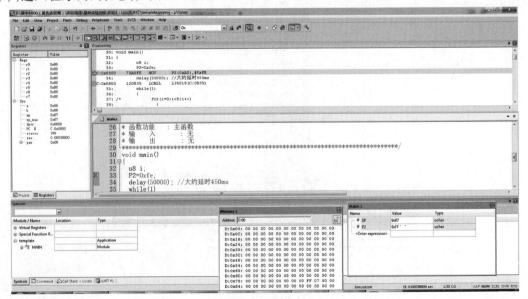

图 6-14　程序调试界面

图 6-14 左面的项目窗口给出了常用的寄存器 R0~R7 以及 A、B、SP、DPTR、PC、PSW 等特殊功能寄存器的值,这些值会随着程序的执行发生相应的变化。

在图 6-14 所示 Memory(存储器)窗口的地址栏处输入 0000H 后按【Enter】键,则可以查看单片机片内程序存储器的内容,单元地址前有"C:",表示程序存储器。如要查看单片机片内数据存储器的内容,在 Memory 窗口的地址栏处输入 D:00H 后按【Enter】键,可以看到数据存储器的内容。单元地址前有"D:",表示数据存储器。

在图 6-14 中出现了一行新增加的用于调试的快捷按钮图标,还有几个原来就有的用于调试的快捷按钮图标如图 6-15 所示。

图 6-15 调试用的快捷按钮图标

扩展阅读

在程序调试状态下,可运用快捷按钮进行单步、跟踪、断点、全速运行等方式调试,也可观察单片机资源的状态。例如,程序存储器、数据存储器、特殊功能寄存器、变量寄存器及 I/O 端口的状态。这些图标大多数是与菜单栏命令 Debug 下拉菜单中的各子命令是一一对应的,只是快捷按钮要比下拉菜单使用起来更加方便快捷。

图 6-15 中常用的快捷按钮图标的功能介绍如下:

1) 各调试窗口显示的开关按钮

下面的快捷按钮控制图 6-14 中各个窗口的开与关。

▦:控制项目窗口的开与关。

▦:控制特殊功能寄存器显示窗口的开与关。

▦:控制输出窗口的开与关。

▦:控制存储器窗口的开与关。

▦:控制变量寄存器窗口的开与关。

2) 各调试功能的快捷按钮

▦:调试状态的进入/退出。

▦:复位 CPU。在程序不改变的情况下,若想使程序重新开始运行,单击本快捷按钮即可。执行此命令后,程序指针返回到 0000H 地址单元,另外,一些内部特殊功能寄存器在复位期间也将重新赋值。例如,A 将变为 00H,SP 将变为 07H,DPTR 将变为 0000H,P0~P3 口将变为 FFH。

▦:全速运行。单击本快捷按钮,即可实现全速运行程序。当然若程序中已经设置断点,程序将执行到断点处,并等待调试指令。

▦:单步执行,进入函数内部。每执行一次此命令,程序将运行一条指令。当前的指令用黄色箭头标出,每执行一步箭头都会移动,已执行过的语句呈绿色。

▦:单步执行,不进入函数内部。此命令实现单步运行,将把函数和函数调用当作一个整体来看待,因此单步运行是以语句(该语句不管是单一命令行,还是函数调用)为基本执行单元。

▦:从函数中执行返回。在用单步跟踪命令跟踪到子函数或子程序内部时,使用此命令,

109

即可将程序的 PC 指针返回到调用此子程序或函数的下一条语句。

⚑:运行到光标行。

⊗:停止程序运行。

在程序调试中,上述几种运行方式都要用到,灵活地运用这些手段,可大大提高查找差错的效率。

3) 断点操作的快捷按钮

在程序调试中常常要设置断点,一旦执行到该程序行即停止,可在断点处观察有关变量值,以确定问题所在。有关断点操作的快捷按钮的功能如下:

●:插入/清除断点。

⊘:清除所有的断点设置。

◎:使能/禁止断点,是开启或暂停光标所在行的断点功能。

🚫:禁止所有断点,是暂停所有断点。

插入或清除断点最简单的方法,即将鼠标移至需要插入或清除断点的行首双击上述 4 个快捷按钮,也可从 Debug 菜单命令的下拉子菜单中找到。

6.1.5 项目的设置

项目创建完毕后,还需对项目进行进一步的设置,以满足要求。右击项目窗口的"Target 1",在弹出的快捷菜单中选择 Options for Target 'Target 1' 命令,出现项目设置对话框,如图 6-16 所示。该对话框中有多个选项卡,通常需要设置的有两个,一个是 Target 选项卡,另一个是 Output 选项卡,其余设置取默认值即可。

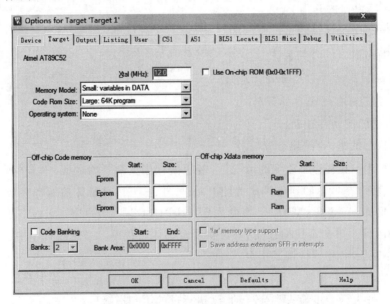

图 6-16 Options for Target 'Target 1' 对话窗

1. Target 选项卡

(1) Xtal(MHz) 设置晶振频率,默认值是所选目标 CPU 的最高可用频率值,可根据需要重新设置。该设置与最终产生的目标代码无关,仅用于软件模拟调试时显示程序执行时间。正确 设置该数值,可使得显示时间与实际所用时间一致,一般将其设置成与目标样机所用的频率相同,如果没必要了解程序执行的时间,也可不设置。

(2) Memory Model 设置 RAM 的存储器模式,有 3 个选项。

①Small:所有变量都在单片机的内部 RAM 中。

②Compact:可以使用 1 页外部 RAM。

③Large:可以使用全部外部的扩展 RAM。

(3) Code Rom Size 设置程序空间的使用模式,有 3 个选项。

①Small:只使用低于 2 KB 的程序空间。

②Compact:单个函数的代码量不超过 2 KB,整个程序可以使用 64 KB 程序空间。

③Large:可以使用全部 64 KB 程序空间。

(4) Use On-chip ROM(0x0 ~ 0x1FFF)是否仅使用片内 ROM 选项。注意,选中该复选框并不会影响最终生成的目标代码量。

(5) Operating system。Keil C51 提供了两种操作系统:Rtx tiny 和 Rtx full。通常不选操作系统,所以选用默认项 None。

(6) Off-chip Code memory 用于确定系统扩展的程序存储器的地址范围。

(7) Off-chip Xdata memory 用于确定系统扩展的数据存储器的地址范围。

上述选项必须根据所用硬件来决定,如果是最小应用系统,不进行任何扩展,则按默认值设置。

2. Output 选项卡

单击 Options for Target 'Target1',对话框中的 Output 选项,就会切换到 Output 选项卡,如图 6-17 所示。

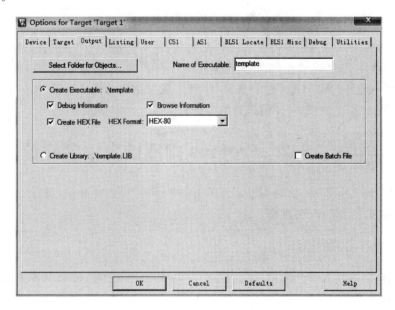

图 6-17　Output 选项卡

（1）Create HEX File 生成可执行代码文件。选中此复选框后，即可生成单片机可运行的二进制文件（.hex 格式文件），扩展名为.hex。

（2）Select Folder for Objects 选择最终的目标文件所在的文件夹，默认与项目文件在同一文件夹中，通常选择默认。

（3）Name of Executable 用于指定最终生成的目标文件的名称，默认与项目文件名称相同，通常选择默认。

（4）Debug Information 将会产生调试信息，这些信息用于调试，如果需要对程序进行调试，应选中该选项框。

其他选项选择默认即可。

完成上述设置后，就可以在程序编译时，单击快捷按钮 ，此时会产生如图6-18所示的提示信息。该信息中说明程序占用片内RAM共9字节，片外RAM共0字节，占用程序存储器共83字节。最后生成的.hex文件名为template.hex，至此，整个程序编译过程就结束了，生成的.hex文件就可在单片机开发板、实验箱或Proteus环境下虚拟仿真时，装入单片机运行。

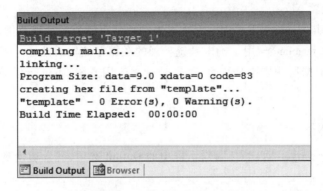

图6-18　hex文件生成的提示信息

上述介绍的对C51语言源程序操作方法与过程，也同样适用于汇编语言源程序。

注意：如果使用Proteus虚拟仿真，无论使用C51语言编写，还是汇编语言编写的源程序都不能直接采用，一定要对该源程序进行编译，最终生成可执行的目标代码.hex文件，并加载到Proteus环境下的虚拟单片机中，才能进行虚拟仿真。

6.2　Proteus虚拟仿真平台简介

Proteus是英国Lab Center Electronics公司于1989年推出的完全使用软件手段来对单片机应用系统进行虚拟仿真的软件开发平台。

6.2.1　Proteus功能简介

Proteus是目前世界上唯一支持嵌入式处理器的虚拟仿真平台，除可仿真模拟电路、数字电路外，还可仿真8051、PIC12/16/18系列、AVR系列、MSP430等各主流系列单片机，以及各种外围可编程接口芯片。此外，还支持ARM7、ARM9等型号的嵌入式微处理器的仿真。

由于 Proteus 的虚拟仿真,不需要用户硬件样机,就可直接在 PC 上对单片机系统进行虚拟仿真,将系统的功能及运行过程形象化,可以像焊接好的电路板一样看到单片机系统的执行效果。

Proteus 元件库中具有几万种元件模型,可直接对单片机的各种外围元件及电路进行仿真,如 RAM、ROM、总线驱动器、各种可编程外围接口芯片、LED 数码管显示器、LCD 显示模块、矩阵式键盘以及多种 D/A 和 A/D 转换器等。此外,还可对 RS-232 总线、RS-485 总线、SPI 总线进行动态仿真。

Proteus 提供了各种信号源、虚拟仿真仪器,并能对电路原理图的关键点进行虚拟测试。

Proteus 提供了丰富的调试功能。在虚拟仿真中具有全速、单步、设置断点等调试功能,同时可观察各变量、寄存器的当前状态。

目前,Proteus 已在包括剑桥大学、斯坦福大学、牛津大学、加州大学在内的全球数千所高校以及世界各大研发公司得到广泛应用。

尽管 Proteus 具有开发效率高,不需要附加的硬件开发装置成本等优点,但是不能进行用户样机硬件的诊断。所以,在单片机系统的设计开发中,一般是先在 Proteus 环境下绘出系统的硬件原理电路图,在 Keil C51 环境下书写并编译程序,然后在 Proteus 环境下仿真调试通过。依照仿真结果,来完成实际的硬件设计,并把仿真通过的程序代码通过编程器或在线烧录到单片机的程序存储器中,然后运行程序观察用户样机的运行结果,如果有问题,再连接硬件仿真器或直接在线修改程序去分析、调试。

6.2.2 Proteus ISIS 的虚拟仿真

Proteus ISIS 软件是用来绘制单片机系统的电路原理图,还可直接实现单片机系统的虚拟仿真,可产生声、光及各种动作等逼真的效果。当电路连接无误后,单击单片机芯片载入经 Keil C51 调试编译后生成的 .hex 文件,单击仿真运行按钮,即可检验电路硬件及软件的设计正确与否。

Proteus 软件在 PC 上安装完成后,单击桌面的 ISIS 运行界面图标,就会出现如图 6-19 所示的 Proteus ISIS 原理电路图绘制界面。

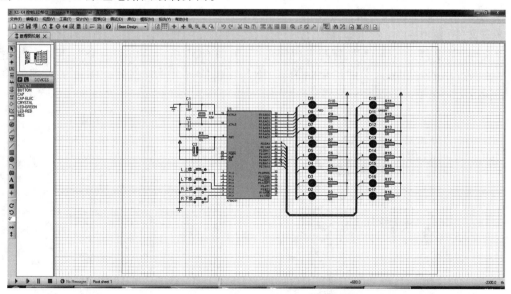

图 6-19　Proteus ISIS 原理电路图绘制界面

整个 Proteus ISIS 界面分为若干个区域,由原理图编辑窗口、预览窗口、工具箱、主菜单栏、主工具栏等组成。

1. Proteus ISIS 界面的窗口简介

Proteus ISIS 界面有三个窗口:原理图编辑窗口、预览窗口和对象选择窗口。

1) 原理图编辑窗口

用来绘制电路原理图、电路设计、设计各种符号模型的区域。图 6-19 所示的方框内为可编辑区,元件放置、电路设置都在此框中完成。

2) 预览窗口

可对选中的元件对象进行预览,同时可对原理图编辑窗口预览。它可显示两项内容。

(1)如果单击某个元件列表中的元件时,预览窗口会显示该元件的符号。

(2)当鼠标焦点落在原理图编辑窗口时(即放置元件到原理图编辑窗口后或在原理图编辑窗口中单击鼠标后),它会显示整张原理图的缩略图,并会显示一个绿色的方框,方框里面的内容就是当前原理图编辑窗口中显示的内容。单击绿色方框中的某一点,就可拖动鼠标来改变绿色方框的位置,从而改变原理图的可视范围,最后在绿色方框内单击鼠标,绿色方框就不再移动使得原理图的可视范围也固定了。

3) 对象选择窗口

用来选择元件、终端等对象。在该窗口中的元件列表区域用来表明当前所处模式以及其中的对象列表,如图 6-20 所示。窗口中两个按钮:P 为元件选择按钮,L 为库管理按钮。在图 6-20 中,可以看到元件列表,即已经选择的 AT89C51 单片机、电容、电阻、晶振、发光二极管等。

2. 主菜单栏

图 6-19 界面中最上面一行为主菜单栏,包含的命令有:文件、编辑、视图、工具、设计、图表、调试、库、模板、系统和帮助。单击任意命令后,都将弹出其下拉的子菜单命令列表。下面简要介绍主菜单栏中的几个常用命令。

1)"文件"菜单

"文件"菜单包括新建工程、打开工程等命令,如图 6-21 所示。Proteus ISIS 下的文件主要是设计文件(Design Files),文件扩展名为 .DSN。它包括一个单片机硬件系统的原理电路图及其所有信息,用于虚拟仿真。

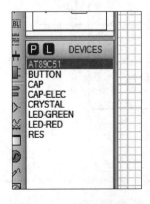

图 6-20　对象选择窗口

图 6-21　"文件"菜单

下面介绍"文件"菜单下的"新建工程"命令。

选择"文件"→"新建工程"命令,出现一个空的 A4 纸。新设计的默认名为 UNTITLED. DSN。本命令会把该设计以这个名字存入磁盘文件中,文件的其他选项也会使用它作为默认名。

如果想进行新的设计,就需要给这个设计命名,可选择"文件"→"保存工程"命令,输入新的文件名保存即可。

2)"工具"菜单

"工具"菜单如图 6-22 所示。本菜单中的"自动连线"命令文字前的快捷图标,在绘制电路原理图时出现,按下该图标即进入电路原理图的自动连线状态。

3)"调试"菜单

"调试"菜单如图 6-23 所示,主要有单步运行、断点设置等功能。

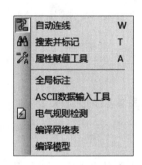

图 6-22 "工具"菜单

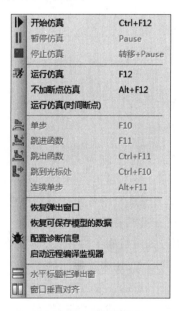

图 6-23 "调试"菜单

3. 主工具栏

主工具栏位于主菜单栏下面,以图标形式给出,栏中共有 38 个快捷按钮,每一个快捷按钮都对应一个具体的菜单命令,主要目的是快捷、方便地使用这些命令。

38 个快捷按钮分为 4 组,下面简要介绍一些各快捷按钮的功能。

快捷按钮的功能如下:

: 新建一个设计文件。

: 打开一个已存在的设计文件。

: 保存当前的电路图设计。

: 刷新显示。

: 原理图是否显示网格的控制开关。

: 放置连线点。

✥:以鼠标所在点为中心居中。

🔍:放大。

🔍:缩小。

🔍:查看整张图。

↺:撤销上一步的操作。

↻:恢复上一步的操作。

:复制选中的块对象。

:移动选中的块对象。

:旋转选中的块对象。

:删除选中的块对象。

:从库中选取器件。

:创建器件。

:封装工具。

:自动连线。

:查找并连接。

4. 工具箱

图 6-21 中的左侧为工具箱,选择相应的工具箱快捷按钮,系统将提供不同的操作工具。

下面介绍工具箱中各快捷按钮对应的功能。

1)模型工具栏各快捷按钮的功能

:用于即时编辑元件参数,即先单击该图标再单击要修改的元件。

:元件模式,用来拾取元件。

:用于节点的连线放置。

:标注线标签或网络标号,使连线简单化。例如,从单片机的 P1.7 引脚和二极管的阳极各画出一条短线,并标注网络标号为 1,那么就说明 P1.7 引脚和二极管的阳极已经在电路上连接在一起了,而不用真的画一条线把它们连起来。

:绘制总线。总线在电路图上表现出来的是一条粗线,它代表的是一组总线。当某根线连接到总线上时,要注意标好网络标号。

:绘制子电路块。

:选择终端。单击此按钮,在对象选择器中列出可供选择的各种常用端子如下:

(1)DEFAULT:默认的无定义端子。

(2)INPUT:输入端子。

(3)OUTPUT:输出端子。

(4)BIDIR:双向端子。

(5)POWER:电源端子。

(6)GROUND:接地端子。

(7)BUS:总线端子。

2）图形模式各快捷按钮功能

／：画线，单击此按钮，右侧的窗口中提供了各种专用的画线工具。

■：画一个方框。

●：画一个圆。

⌒：画一段弧线。

❀：图形弧线模式。

A：图形文本模式。

S：图形符号模式。

3）旋转或翻转的快捷按钮

对元件预览窗口内的元件，可进行旋转或翻转。

↻：元件顺时针方向旋转，角度只能是 90°的整数倍。

↺：元件逆时针方向旋转，角度只能是 90°的整数倍。

↔：元件水平镜像旋转。

↕：元件垂直镜像旋转。

5. 元件列表

如图 6-24 所示，元件列表用于挑选元件、终端接口、信号发生器、仿真图表等。挑选元件时，按 P 按钮，这时会打开挑选元件的对话框，在对话框中的"关键字"文本框中输入要检索的元件的关键词，例如，要选择 AT89C51，可以直接输入。输入后能够在中间的"结果"栏里面看到搜索的元件的结果。在对话框的右侧，还能够看到选择的元件的仿真模型以及 PCB 参数，选择了元件 AT89C51 后，并双击 AT89C51，该元件就会在左侧的元件列表中显示，以后用到该元件时，只需在元件列表中选择即可。

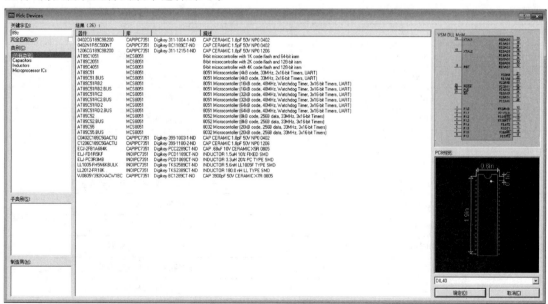

图 6-24　元件列表

6. Proteus 的各种虚拟仿真调试工具

Proteus 提供了多种虚拟仿真调试工具,以检查设计的正确性,为单片机系统的电路设计、分析以及软硬件联调测试带来了极大的方便。

1)虚拟信号源

Proteus ISIS 为用户提供了各种类型的虚拟激励信号源,并允许用户对其参数进行设置。单击工具箱中的快捷按钮,就会出现如图 6-25 所示的各种激励信号源的名称列表及对应的符号。图 6-25 中选择的是正弦波信号源,在预览窗口中显示的是正弦波信号源符号。各种符号对应的激励信号源见表 6-1。

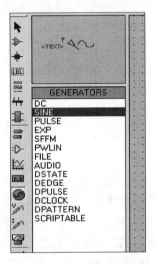

图 6-25　各种激励信号源

表 6-1　各种符号对应的激励信号源

符　　号	激励信号源
DC	直流信号源
SINE	正弦波信号源
PLUSE	脉冲发生器
EXP	指数脉冲发生器
SFFM	单频率调频波信号发生器
PWLIN	任意分段线性脉冲信号发生器
FILE	File 信号发生器,数据来源于 ASCII
AUDIO	音频信号发生器
DSTATE	单稳态逻辑电平发生器
DEDGE	单边沿信号发生器
DPULSE	单周期数字脉冲发生器
DCLOCK	数字时钟信号发生器
DPATTERN	模式信号发生器
SCRIPTABLE	可编程信号发生器

2）虚拟仪器

单击工具箱中的快捷按钮,可列出 Proteus 所有的虚拟仪器名称,如图 6-26 所示。图 6-26 中的名称列表中所对应的虚拟仪器名称见表 6-2。

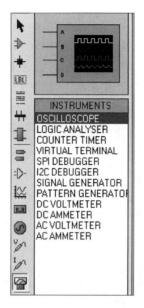

图 6-26　各种虚拟仪器

表 6-2　各种符号对应的虚拟仪器

符　　号	激励信号源
OSCILLOSCOPE	示波器
LOGIC ANALYSER	逻辑分析仪
COUNTER TIMER	计数器/定时器
VIRTUAL TERMINAL	虚拟终端
SPI DEBUGGER	SPI 调试器
I2C DEBUGGER	I2C 调试器
SIGNAL GENERATOR	信号发生器
DC VOLTMETER	直流电压源
DC AMMETER	直流电流源
AC VOLTMETER	交流电压源
AC AMMETER	交流电流源

6.2.3　虚拟设计仿真举例

Proteus 环境下的一个单片机系统的原理电路虚拟设计与仿真需要 3 个步骤。

（1）Proteus ISIS 环境下的电路原理图设计。

（2）在 Keil C51 平台上进行源程序的输入、编译与调试,并最终生成目标代码文件（ * . hex 文件）。

(3)调试与仿真。在 Proteus 环境下将目标代码文件(∗.hex 文件)加载到单片机中,并对系统进行虚拟仿真。

下面以"流水灯"的设计为例,介绍如何使用 Proteus。

1. 新建或打开一个设计文件

1)建立新设计文件

选择"文件"→"新建工程"命令来新建一个工程。这时会弹出"新建工程向导"窗口,窗口中有多种模板,单击要选的模板图标,再单击"确定"按钮,即建立一个该模板的空白文件。如果直接单击"确定"按钮,即选用系统默认的 DEFAULT 模板。如果用工具栏的快捷按钮 🔍 来新建文件,就不会出现相关窗口,而直接选择系统默认的模板。

2)保存文件

在建立了一个新的 Proteus 工程文件,第一次保存该文件时,选择"文件"→"保存工程"命令,即弹出"保存"窗口,在该窗口中选择文件的保存路径和文件名"流水灯"后,单击"保存"按钮,则完成了工程文件的保存。这样就建立了一个文件名为"流水灯"的新的工程文件。

如果不是第一次保存,选择"文件"→"保存工程"命令即可。

3)打开已保存的工程文件

选择"文件"→"打开工程"命令,或直接单击快捷按钮 📂,将弹出"加载 ISIS 设计文件"窗口。单击需要打开的文件名,再单击"打开"按钮即可。

2. 选择需要的元件到元件列表

电路设计前,要把设计"流水灯"电路原理图中需要的元件列出,见表6-3。然后根据表6-3选择元件到元件列表中。观察图6-19,左侧的元件列表中没有一个元件,单击左侧工具栏中的快捷按钮 ➤,再单击元件选择快捷按钮就会弹出 Pick Devices 窗口,在窗口的"关键字"文本框中,输入 AT89C51,此时在"结果"栏中出现"元件搜索结果列表",并在右侧出现"元件预览"和"元件 PCB 预览"。在"元件搜索结果列表"中双击所需要的元件 AT89C51,这时在主窗口的元件列表中就会添加该元件。用同样的方法将表6-3中所需要选择的其他元件也添加到元件列表中即可。

表6-3 "流水灯"所需元件列表

元件名称	型号	数量	Proteus 关键字
单片机	AT89S52	1	AT89C51
晶振	12M	1	CRYSTAL
二极管	蓝色	8	LED-BLUE
电容	22 pF	4	CAP
电解电容	10 μF	1	CAP-ELEC
电阻	220 Ω	10	RES
电阻	10 kΩ	1	RES
按钮	—	1	BUTTON

所有元件选取完毕后,单击"确定"按钮,即可关闭 Pick Devices 窗口,回到主界面进行原理图绘制。

3. 放置元件并连接电路

1)元件的放置、位置调整与参数设置

(1)元件的放置。单击元件列表中所需要放置的元件,然后将鼠标移至原理图编辑窗口中单击一下,此时就在鼠标处有一个粉红色的元件,移动鼠标选择合适的位置,单击,该元件就被放置在原理图编辑窗口中。

若要删除已放置的元件,用鼠标左键单击该元件,然后按【Delete】键删除元件。如果进行了误删除操作,可以单击快捷按钮,恢复。

一个单片机系统电路原理图设计,除了元件还需要各种终端,如电源、地等,单击工具栏中的快捷按钮,就会出现各种终端列表,单击元件终端中的某一项,上方的窗口中就会出现该终端的符号,如图 6-27 所示。此时可选择合适的终端放置到电路原理图编辑窗口中去,放置的方法与元件放置相同。当再次单击快捷按钮,即可切换回用户自己选择的元件列表。根据上述介绍,可将所有的元件及终端放置到原理图编辑窗口中。

(2)元件位置的调整:

①改变元件在原理图中的位置。用鼠标左键单击需调整位置的元件,元件变为红色,移动鼠标到合适的位置,再释放鼠标即可。

②调整元件的角度。用鼠标右键单击需调整的元件,弹出图 6-28 所示的快捷菜单,选择其中的命令即可。

图 6-27 终端列表

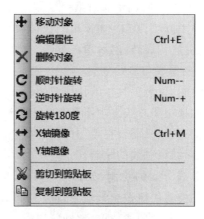

图 6-28 "调整元件的角度"快捷菜单

(3)元件参数的设置。双击需要设置参数的元件,就会出现"编辑元件"窗口。下面以单片机 AT89C51 为例进行说明。双击 AT89C51,出现"编辑元件"窗口,如图 6-29 所示。

设计者可根据设计的需要,双击需要设置参数的元件,进入"编辑元件"窗口自行完成原理图中各元件的参数设置。

2)电路元件的连接

(1)两元件间绘制导线。在元件模式快捷按钮 与自动布线器快捷按钮 按下时,两个元件导线的连接方法是:先单击第一个元件的连接点,移动鼠标,此时会在连接点引出一根导线。如果想要自动绘出直线路径，只需单击另一个连接点。如果设计者想自己决定走线路径，只需在希望的拐点处单击。需要注意的是，拐点处导线的走线只能是直角。在自动布线器快捷按钮松开时，导线可按任意角度走线，只需要在希望的拐点处单击，把鼠标指针拉向目标点，拐点处导线的走向只取决于鼠标指针的拖动。

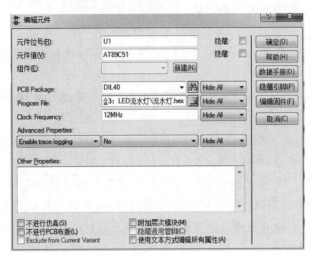

图 6-29 "编辑元件"窗口

（2）连接导线连接的圆点。单击连接点按钮，会在两根导线连接处或两根导线交叉处添加一个圆点，表示它们是连接的。

（3）导线位置的调整。对某一绘制的导线，要想进行位置的调整，可单击导线，导线两端各有一个小黑方块，右击，在弹出的快捷菜单中，选择"拖拽对象"命令，即可拖动导线到指定的位置，也可进行旋转，然后单击导线，这就完成了导线位置的调整。

（4）绘制总线与总线分支：

总线绘制：单击工具栏的快捷按钮，移动鼠标到绘制总线的起始位置，单击，便可绘制出一条总线。如果想要总线出现不是 90°角的转折，此时自动布线器快捷按钮应当松开，总线即可按任意角度走线，只需要在希望的拐点处单击，把鼠标指针拉向目标点，在总线的终点处双击鼠标左键，即结束总线的绘制。

对于总线分支的绘制，先在 AT89C51 单片机的 P0 口右侧画一条总线，然后再画总线分支。在元件模式快捷按钮按下且自动布线器快捷按钮松开时，导线可按任意角度走线。先单击第一个元件的连接点，移动鼠标，在希望的拐点处单击，然后向上移动鼠标，在与总线成 45°角相交时单击确认，这样就完成了一条总线分支的绘制。而其他总线分支的绘制只需在其他总线的起始点双击鼠标左键，不断复制即可。例如，绘制 P0.1 引脚至总线的分支，只要把鼠标指针放置在 P0.1 引脚，出现一个红色小方框，双击鼠标左键，自动完成像 P0.0 引脚到总线的那样连线，这样可依次完成所有总线分支的绘制。在绘制多条平行线时也可采用这种画法。

（5）放置线标签。单击工具栏的快捷按钮，再将鼠标移至需要放置线标的导线上单击，即可出现如图 6-30 所示的"编辑连线标号"对话框，将线标填入"字符串"栏，单击"确定"按钮即可。与总线相连的导线必须要放置线标，这样相同线标的导线才能够导通。"编辑连线标号"对话框除了填入线标外，还有几个选项，设计者根据需要选择即可。

第 6 章 开发工具 Keil 和仿真工具 Proteus

图 6-30 "编辑连线标号"对话框

经过上述步骤的操作,最终画出的"流水灯"电路原理图如图 6-31 所示。

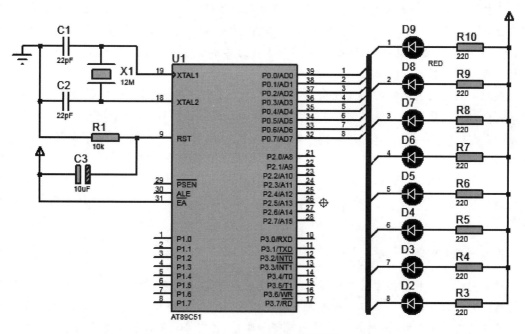

图 6-31 "流水灯"电路原理图

4. 加载目标代码文件、设置时钟频率及仿真运行

1)加载目标代码文件、设置时钟频率

电路原理图绘制完成后,在 Proteus ISIS 中双击电路原理图中的单片机,出现如图 6-30 所示的"编辑元件"窗口,把在 Keil C51 下生成 .hex 文件加载到电路原理图中的单片机内即可进行

仿真。加载步骤如下:

在 Program File 对话框中,输入 .hex 目标代码文件,再在 Clock Frequency 栏中设置 12 MHz,则该虚拟系统以 12 MHz 的时钟频率运行。此时,即可回到电路原理图界面进行仿真了。

在加载目标代码时需要特别注意的是,运行时钟频率以单片机属性设置中的时钟频率(Clock Frequency)为准。在 Proteus 中绘制电路原理图时,单片机最小系统所需的时钟振荡电路、复位电路,$\overline{EA}$ 引脚与 +5 V 电源的连接均可省略,Proteus 已经默认,不影响仿真结果。

2)仿真运行

单击 Proteus ISIS 界面中的快捷按钮即可运行程序。图 6-19 左下角的各种仿真运行按钮功能如下:

▶:运行程序。

▷:单步运行程序。

❚❚:暂停程序。

■:停止运行程序。

创 新 思 维

虚拟仿真软件 Proteus 是用软件的形式模拟实现了硬件的功能,有很强的积极意义,如节省了硬件成本和搭建时间、便于复制和交流等,虽然也存在某些功能性能无法完全模拟的问题,但有助于提升整体设计开发效率,其模拟仿真的思路在电子产业、IT 技术领域乃至其他所有行业都有积极影响。

模拟仿真是创新思维的一个重要思路和方法。也有不少学者认为,模拟技术,特别是模仿,算不上创新,登不上大雅之堂。但任何事物都结合发展的阶段、目的、状态、情形、场景来评判,不能一概而论。若以作品、知识产权的角度来看,模仿或复制,是低级的、被抵制的,甚至侵权的、违法的;但从新兴技术和工业产品看,所有的虚拟仿真软件硬件都是模仿真实产品、场景和事物而设计、开发和制造,可穿戴设备、VR(虚拟现实),甚至无人驾驶车辆,都是模拟实现真实世界已经存在的物态,在实现初期都是高科技产品,因此,可以认为模拟思维是创新思维的重要方面。

模拟思维的概念

模拟思维是一种触类旁通的思维方式,它能够通过模拟已有事物开启创造未知事物的发明思路。它把已有的事和物与一些表面看来与之毫不相干的事和物联系起来,寻找创新的目标和解决的方法。例如,通过对蜘蛛网的模拟和联想,我们可以知道巴黎市街图大概就是用这个样子来规划的,它的优点就是任两点的距离都近似最短,还可保留市区完整方形的规划。

思考练习题 6

一、判断题

1. Keil C51 工具是 8051 单片机软件开发的唯一工具。( )

2. 利用 Keil C51 工具进行单片机软件开发,每次必须选择对应的单片机硬件设备。
( )
3. Proteus 提供了多种虚拟仿真工具,为单片机系统的电路设计分析以及测试带来了方便。
( )
4. Proteus 中使用连接点按钮,会在两根导线连接处添加一个圆点,表示它们是连接的。
( )
5. 使用 Proteus 进行单片机仿真,无法设定单片机的时钟频率。( )

二、单项选择题

1. 一个完整的单片机项目(Project),不包含的文件是(   )。
   A. c 文件　　　　　　B. uvproj 文件　　　　C. exe 文件　　　　D. hex 文件
2. 利用 Keil C51 工具进行单片机程序开发,编译成功后得到的文件是(   )。
   A. c 文件　　　　　　B. uvproj 文件　　　　C. hex 文件　　　　D. exe 文件
3. Proteus ISIS 界面有 3 个窗口,不包括(   )。
   A. 原理图编辑窗口　　B. 预览窗口　　　　C. 对象选择窗口　　D. 结果显示窗口

三、填空题

1. Keil C51 工具用 Debug 功能进行程序调试,是为了排除(   )错误。
2. 使用 Proteus 软件实现两个节点之间连线,可使用(   )功能。
3. Keil C51 工具 Memory Model 设置 RAM 的存储器模式,其中(   )模式表示所有变量都在单片机的内部 RAM 中。

四、简答题

1. 使用 Proteus 软件完成单片机控制 8 个 LED 的流水灯的显示电路,要求流水灯接在单片机的 P1 口。在 Keil C51 下完成 C51 程序的编写,并进行编译调试,然后在 Proteus 平台下调试通过,使得单片机仿真运行后能够进行流水显示。
2. 在上题的基础上,在单片机的 P3.1 引脚上增加一个按键,通过该按键来控制流水灯的流水方向。

第7章 单片机基本I/O接口设计

开关检测、键盘输入与显示是单片机应用系统的基本功能,也是单片机应用系统设计的基础。本章介绍 AT89S52 单片机与常见的显示器件(发光二极管、LED 数码管)和常见的输入器件(开关、键盘)的接口设计与软件编程。

在介绍具体器件控制原理与操作时,主要利用 Proteus 仿真软件的示例,说明接口设计和控制原理。另外,为增强实际效果,也借助单片机开发板实验箱实物进行了类似的操作演示,但因读者手头的单片机开发板硬件电路和板载资源可能差异较大,开发板所使用的具体程序也有很大不同,故呈现的效果各不相同。因此,涉及开发板实物的资料都不在本书中介绍。

单片机开发资料

本书中使用的单片机开发板为某国内厂家的常见实验箱,单片机为 STC89C52RC,与本书介绍的 AT89S52 基本通用,该实验箱的基本资料参见二维码。

7.1 单片机控制发光二极管显示

发光二极管可用来指示系统的工作状态,制作节日彩灯、广告牌匾等。由于发光材料的改进,目前大部分发光二极管的工作电流在 1~5 mA 之间,其内阻为 20~100 Ω。发光二极管工作电流越大,显示亮度越高。为保证发光二极管的正常工作,同时减少功耗,限流电阻的选择十分重要。若供电电压为 +5 V,则限流电阻一般可选 1~3 kΩ。

7.1.1 单片机与发光二极管的连接

前面章节已介绍,如果 P0 口作为通用 I/O 口使用,由于漏极开路,需要外接上拉电阻,而 P1~P3 口内部已有 30 kΩ 左右的上拉电阻。下面讨论 P1~P3 口与发光二极管的驱动连接问题。

使用单片机的并行端口 P1~P3 口直接驱动发光二极管,电路如图 7-1 所示。P0 口与 P1 口、P2 口、P3 口相比,P0 口每位可驱动 8 个 LSTTL 输入,而 P1~P3 口每一位的驱动能力,只有 P0 口的一半。当 P0 口的某位为高电平时,可提供 400 μA 的拉电流;当 P0 某位为低电平 (0.45 V) 时,可提供 3.2 mA 的灌电流,而 P1~P3 口内部有 30 kΩ 左右的上拉电阻,如果高电平输出,则从 P1~P3 口输出的拉电流 I_d 仅为几百微安,驱动能力较弱,亮度较差,如图 7-1(a) 所示。如果端口引脚为低电平,能使灌电流 I_d 从单片机的外部流入内部,则将大大增加流过的灌电流值,如图 7-1(b) 所示。所以,AT89S52 单片机任何一个端口要想获得较大的驱动能力,要采用低电平输出。

如果一定要高电平驱动,可在单片机与发光二极管之间加驱动电路,如 74LS04、74LS244 芯片等。

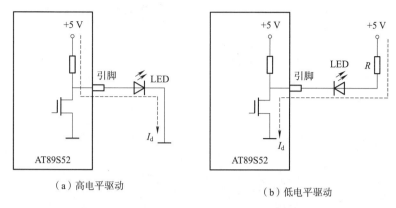

(a) 高电平驱动　　　　　(b) 低电平驱动

图 7-1　发光二极管与单片机并口的连接

7.1.2　I/O 口的编程控制

单片机的 I/O 口 P0～P3 是单片机与外设进行信息交换的桥梁,可通过读取 I/O 口的状态来了解外设的状态,也可向 I/O 口送出命令或数据来控制外设。对单片机 I/O 口进行编程控制时,需要对 I/O 口的特殊功能寄存器进行声明。在 C51 编译器中,这项声明包含在头文件 reg51.h 中。编程时,可通过预处理命令#include < reg51.h >,把这个头文件包含进去。下面通过一个例子介绍如何对 I/O 口编程实现对发光二极管亮灭的控制。

例 7.1　制作一个流水灯,电路原理图如图 7-2 所示,8 个发光二极管 LED0～LED7 经限流电阻分别接至 P1 口的 P1.0～P1.7 引脚上,阳极共同接高电平。编写程序来控制发光二极管由上至下的反复循环流水点亮,每次点亮一个发光二极管。使用开发板实现该功能,具体参见二维码。

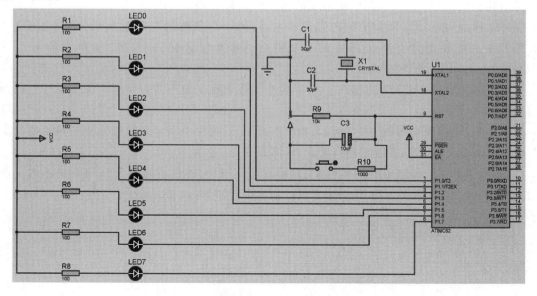

图 7-2　单片机控制流水灯电路原理图

参考程序如下：

```c
#include <reg52.h>
#include <intrins.h>          //包含移位函数_crol_()的头文件intrins.h
#define uchar unsigned char
#define uint unsigned int
void delay(uint i)            //延时函数
{
    uchar t;
    while(i--)
    {
        for(t=0;t<120;t++);
    }
}
void main()                   //主程序
{
    P1=0xfe;                  //向P1口送出点亮P1.0的数据
    while(1)
    {
        delay(500);           //500为延时参数,可根据实际需要调整
        P1=_crol_(P1,1);      //函数_crol_(P1,1)把P1中的数据循环左移1位
    }
}
```

程序说明：

(1) 关于 while(1) 的两种用法：

"while(1);"：while(1)后面如果有个分号,是使程序停留在这条指令上。

"while(1){…;}"：是反复循环执行大括号内的程序段,这是本例的用法,即控制流水灯反复循环显示。

(2) 关于 C51 函数库中的循环移位函数。循环移位函数包括循环左移函数"_crol_"和循环右移函数"_cror_"。本例中使用了循环左移函数"_crol_(P1,1)",括号中第 1 个参数为循环左移的对象,即对 P1 中的内容循环左移；第 2 个参数为左移的位数,即左移 1 位。在编程中一定要把含有移位函数的头文件 intrins.h 包含在内,例如,程序中的第 2 行 "#include <intrins.h>"。

下面的例子是在例 7.1 的基础上,控制发光二极管由上至下再由下至上反复循环点亮的流水灯。

例 7.2 电路原理图如图 7-2 所示,制作由上至下,再由下至上反复循环点亮显示的流水灯。下面给出 3 种方法,来实现题目要求,具体如下：

(1) 数组的字节操作实现。本方法是建立 1 个字符型数组,将控制 8 个 LED 显示的 8 位数据作为数组元素,依次送到 P1 口来实现。参考程序如下：

```c
#include <reg51.h>
#define uchar unsigned char
uchar ta[]={0xfe,0xfd,0fb,0xf7,0xef,0xdf,0xbf,0x7f,0x7f,0xbf,0xdf,0xef,0xf7,
0xfb,0xfd,0xfe};       //前8个数据为由上至下的点亮数据,后8个数据为由下至上的点亮数据
```

```c
void delay(uint i)                //延时函数
{
    uchar t;
    while(i--)
    {
        for(t=0;t<120;t++);
    }
}
void main()                       //主函数
{
    uchar i;
    while(1)
    {
        for(i=0;i<16;i++)
        {
            P1=ta[i];             //向 P1 口送出点亮数据的数组元素
            delay(500);           //500 为延时参数,可根据实际需要调整
        }
    }
}
```

(2) 移位运算符实现。本方法是使用移位运算符把送到 P1 口的显示控制数据进行移位,从而实现发光二极管的依次点亮。参考程序如下:

```c
#include <reg51.h>
#define uchar unsigned char
void delay(uint i)                //延时函数
{
    uchar t;
    while(i--)
    {
        for(t=0;t<120;t++);
    }
}
void main()                       //主函数
{
    uchar i,temp;
    while(1)
    {
        temp=0x01;                //左移初值赋给 temp
        for(i=0;i<8;i++)
        {
            P1=~temp;             //temp 中的数据取反后送 P1 口
            delay(500);           //延时
            temp=temp<<1;         //temp 中数据左移 1 位
        }
        temp=0x80;                //赋右移初值给 temp
        for(i=0;i<8;i++)
```

```
        {
            P1 = ~ temp;                    //temp 中的数据取反后送 P1 口
            delay(500);                     //延时
            temp = temp >> 1;               //temp 中数据右移 1 位
        }
    }
}
```

程序说明：

注意：使用移位运算符"<<""<">"与使用循环左移函数"_crol_"和循环右移函数"_cror_"的区别。左移移位运算是将高位丢弃，低位补 0；右移移位运算是将低位丢弃，高位补 0。而循环左移函数"_crol_"是将移出的高位再补到低位，即"循环"移位；同理，循环右移函数"_cror_"是将移出的低位再补到高位。

（3）用循环左、右移位函数实现。本方法是使用 C51 中提供的库函数，即循环左移 n 位函数和循环右移 n 位函数，控制发光二极管的点亮。参考程序如下：

```
#include <reg51.h>
#include <intrins.h>
#define uchar unsigned char
void delay()
{
    uchar i, j;
    for(i = 0; i < 255; i ++)
    for(j = 0; j < 255; j ++);
}
void main()                                 //主函数
{
    uchar i, temp;
    while (1)
    {
        temp = 0xfe;                        //初值为 11111110B
        for(i = 0; i < 7; i ++)
        {
            P1 = temp;                      //temp 中的点亮数据送 P1 口，控制点亮显示
            delay();                        //延时
            temp = _crol_(temp, 1);         //循环右移，temp 中的数据循环左移 1 位
        }
        for(i = 0; i < 7; i ++)
        {
            P1 = temp;                      //temp 中的点亮数据送 P1 口，控制点亮显示
            delay();                        //延时
            temp = _cror_(temp, 1);         //循环右移，temp 中的数据循环右移 1 位
        }
    }
}
```

7.2 开关状态检测

下面介绍如何检测一个开关处于闭合状态还是打开状态。只需将被检测的开关一端接到 I/O 口的引脚上,另一端接地,通过读入 I/O 口的电平来判断开关是处于闭合状态还是处于打开状态。如果为低电平,则开关为闭合状态。

7.2.1 开关检测案例 1

如图 7-3 所示,将开关的一端接到 I/O 口的引脚上,并通过上拉电阻接到 +5 V 上,开关的另一端接地,当开关打开时,I/O 引脚为高电平;当开关闭合时,I/O 引脚为低电平。

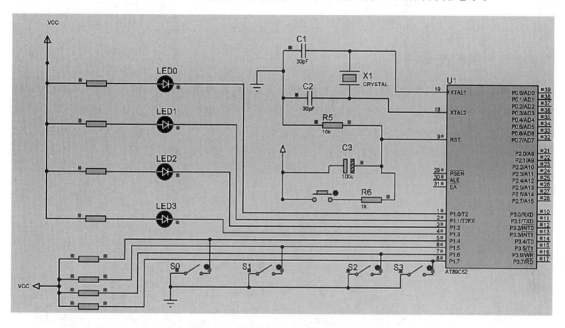

图 7-3 单片机与开关的连接电路 1

例 7.3 如图 7-3 所示,单片机的 P1.4 ~ P1.7 接 4 个开关 S0 ~ S3,P1.0 ~ P1.3 接 4 个发光二极管 LED0 ~ LED3。编写程序,将 P1.4 ~ P1.7 的 4 个开关的状态反映在 P1.0 ~ P1.3 引脚控制的 4 个发光二极管上,即开关闭合,对应的发光二极管点亮。例如,P1.4 引脚上开关 S0 的状态,由 P1.0 引脚上的 LED0 显示,P1.7 引脚上开关 S3 的状态,由 P1.3 引脚上的 LED3 显示。参考程序如下:

```
#include <reg51.h>
#define uchar unsigned char
void delay(uchar i)              //延时函数
{
uchar t;
while(i--)
{
    for(t=0;t<120;t++);
```

```
    }
}
void main()                    //主函数
{
    while(1)
    {
        uchar temp;            //定义临时变量temp
        P1 = 0xff;             //P1口高4位置1,作为输入;低4位置1,发光二极管熄灭
        temp = P1&0xf0;        //读P1口并屏蔽其低4位,送入temp中
        temp = temp>>4;        //temp的内容右移4位,P1口高4位状态移至低4位
        P1 = temp;             //temp中的数据送P1口输出
        delay(500);
    }
}
```

7.2.2 开关检测案例2

例7.4 如图7-4所示,单片机P1.0和P1.1引脚接有两只开关S0和S1,两只引脚上的高低电平共有4种组合,这4种组合分别控制P2.0~P2.3引脚上的4只LED(LED0~LED3)点亮或熄灭。当S0、S1均闭合,LED0亮,其余灭;S0打开、S1闭合,LED1亮,其余灭;S0闭合、S1打开,LED2亮,其余灭;S0、S1均打开,LED3亮,其余灭。编程实现此功能。

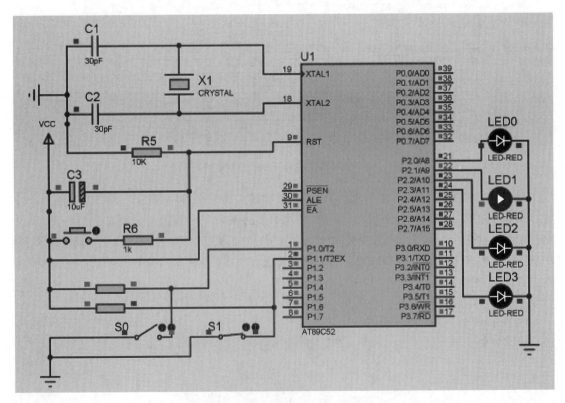

图7-4 单片机与开关的连接电路2

参考程序如下:

```c
#include <reg52.h>
void main()                        //主函数 main()
{
   char state;
   do
   {
      P1 = 0xff;                   //P1 口为输入
      state = P1;                  //读入 P1 口的状态,送入 state
      state = state & 0x03;        //屏蔽 P1 口的高 6 位
      switch (state)               //判断 P1 口的低 2 位的状态
      {
         case 0:P2 = 0x01;break;   //点亮 P2.0 引脚上的 LED0
         case 1:P2 = 0x02;break;   //点亮 P2.1 引脚上的 LED1
         case 2:P2 = 0x04;break;   //点亮 P2.2 引脚上的 LED2
         case 3:P2 = 0x08;break;   //点亮 P2.3 引脚上的 LED3
      }
   }while(1);
}
```

程序段中用到了循环结构控制语句 do while 以及 switch case 语句。

7.3 单片机控制 LED 数码管的显示

7.3.1 LED 数码管的显示原理

LED 数码管是常见的显示器件。LED 数码管为"8"字形的,共计 8 段(包括小数点段在内)或 7 段(不包括小数点段),每一段对应一个发光二极管,有共阳极和共阴极两种,如图 7-5 所示。共阳极 LED 数码管的阳极连接在一起,公共阳极接到 +5 V 上;共阴极 LED 数码管的阴极连接在一起,通常此公共阴极接地。

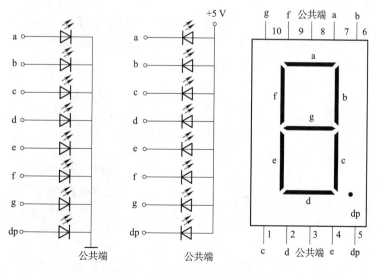

图 7-5 8 段 LED 数码管结构及外形

对于共阴极 LED 数码管来说,当某个发光二极管的阳极为高电平时,发光二极管点亮,相应的段被显示。同样,共阳极 LED 数码管的阳极连接在一起,公共阳极接 +5 V,当某个发光二极管的阴极接低电平时,该发光二极管被点亮,相应的段被显示。

为了使 LED 数码管显示不同的字符,要把某些段点亮,就要为 LED 数码管的各段提供一个字节的二进制代码,即段码。习惯上以"a"段对应字形码字节的最低位。各种字符的段码见表 7-1。

表 7-1 LED 数码管的段码

显示字符	共阴极字形码	共阳极字形码	显示字符	共阴极字形码	共阳极字形码
0	3FH	C0H	C	39H	C6H
1	06H	F9H	d	5EH	A1H
2	5BH	A4H	E	79H	86H
3	4FH	B0H	F	71H	8EH
4	66H	99H	P	73H	8CH
5	6DH	92H	U	3EH	C1H
6	7DH	82H	T	31H	CEH
7	07H	F8H	Y	6EH	91H
8	7FH	80H	H	76H	89H
9	6FH	90H	L	38H	C7H
A	77H	88H	"灭"	00H	FFH
b	7CH	83H			

如要在 LED 数码管上显示某一字符,只需将该字符的段码加到各段上即可。

例如,某存储单元中的数为"02H",想在共阳极 LED 数码管上显示"2",需要把"2"的段码"A4H"加到数码管各段上。通常采用的方法是将欲显示的字符的段码作成一个表(数组),根据显示的字符从表中查找到相应的段码,然后单片机把该段码输出到 LED 数码管的各个段上,同时 LED 数码管的公共端接 +5 V,此时在 LED 数码管上显示出字符"2"。

下面通过一个例子介绍单片机如何控制 LED 数码管显示字符。

例 7.5 用单片机控制一个 8 段 LED 数码管,反复循环显示 0~9。

本例的电路原理及仿真结果,如图 7-6 所示。

参考程序如下:

```
#include <reg52.h>
#include <intrins.h>
#define uchar unsigned char
#define uint unsigned int
#define out P0
uchar code seg[] = {0xC0,0xF9,0xA4,0xB0,0x99,0x92,0x82,0xF8,0x80,0x90,0x01};
//共阳极段码表
void delayms(uint j);
void main(void)
{
    uchar i;
```

```
    i = 0;
    while(1)
    {
        out = seg[i];
            delayms(300);
        i ++;
        if(seg[i] == 0x01) i = 0;          //如果段码为0x01,表明一个循环的显示已结束
    }
}
void delayms(uint j)                        //延时函数
{
    uchar i;
    for(;j > 0;j --)
    {
        i = 250;
        while( -- i);
        i = 250;
        while( -- i);
    }
}
```

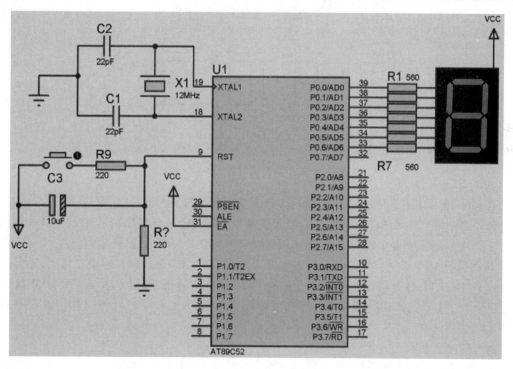

图 7-6　控制一个 8 段 LED 数码管循环显示单个数字的电路原理及仿真效果

程序说明:程序中语句"if(seg[i] == 0x01)i = 0;"的含义是:如果欲送出的数组元素为 0x01(数字"9"段码 0x90 的下一个元素,即结束码),表明一个循环的显示已结束,则重新开始循环显示,因此应使"i = 0",从段码数组表的第一个元素 seg[0],即数字"0"的段码 0xc0 重新开始显示。

7.3.2 LED 数码管的静态显示与动态显示

单片机控制 LED 数码管有两种显示方式:静态显示和动态显示。

1. 静态显示方式

静态显示就是指无论多少位 LED 数码管,都同时处于显示状态。

多位 LED 数码管工作于静态显示方式时,各位的共阴极(或共阳极)连接在一起并接地(或接 +5 V);每位 LED 数码管的段码线(a~dp)分别与一个单片机控制的 8 位 I/O 口锁存器输出相连。如果送往各个 LED 数码管所显示字符的段码一经确定,则相应 I/O 口锁存器锁存的段码输出将维持不变,直到送入下一个显示字符的段码。因此,静态显示方式的显示无闪烁,亮度较高,软件控制比较容易。

图 7-7 所示为 4 位 LED 数码管静态显示示意图,各个 LED 数码管可独立显示,只要向控制各位 I/O 口锁存器写入相应的显示段码,该位就能保持相应的显示字符。这样在同一时间,每一位显示的字符可以各不相同。但是,静态显示方式占用 I/O 口线较多。对于图 7-7 所示电路,要占用 4 个 8 位 I/O 口(或锁存器)。如果 LED 数码管数目增多,则需要增加 I/O 口的数目。

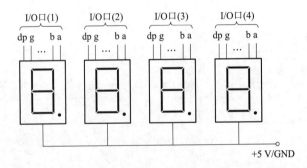

图 7-7　4 位 LED 数码管静态显示示意图

例 7.6　单片机控制 2 只 LED 数码管,静态显示两个数字"27"。

本例的电路原理如图 7-8 所示。单片机利用 P0 口与 P1 口分别控制加到 2 只 LED 数码管 DS0 与 DS1 的段码,而共阳极 LED 数码管 DS0 与 DS1 的公共端(公共阳极端)直接接至 +5 V,因此 LED 数码管 DS0 与 DS1 始终处于导通状态。利用 P0 口与 P1 口具有的锁存功能,只需向单片机的 P0 口与 P1 口分别写入相应的显示字符"2"和"7"的段码即可。由于 1 只 LED 数码管就占用了 1 个 I/O 口(如果 LED 数码管数目增多,则需要增加 I/O 口),所以软件编程要简单得多。

参考程序如下:

```c
#include <reg51.h>
void main(void)
{
    P0 = 0xa4;          //将数字"2"的段码(共阳极)送 P0 口
    P1 = 0xf8;          //将数字"7"的段码(共阳极)送 P1 口
    while(1);           //无限循环
}
```

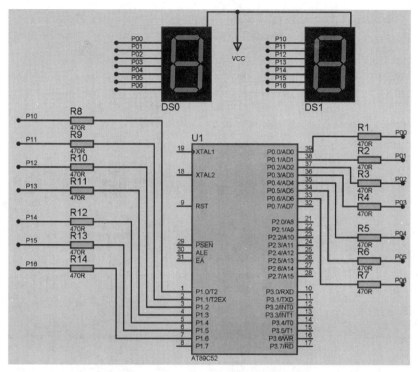

图 7-8　2 位 LED 数码管静态显示的电路

2. 动态显示方式

显示位数较多时,静态显示所占用的 I/O 口多,为节省 I/O 口的数目,常采用动态显示方式。将所有 LED 数码管显示器的段码线的相应段并联在一起,由 1 个 8 位 I/O 口控制,而各显示位的公共端分别由另一单独的 I/O 口线控制。

图 7-9 所示为 4 位 8 段 LED 数码管动态显示示意图。其中,单片机向 I/O 口(1)发出欲显示字符的段码,而显示器的位点亮控制使用 I/O 口(2)中的 4 位口线,即位选线。所谓动态显示就是每一时刻,只有 1 位的位选线有效,即选中某一位显示,其他各位的位选线都无效,不显示。每隔一定时间逐位地轮流点亮各 LED 数码管(扫描),由于 LED 数码管的余辉和人眼的"视觉暂留"作用,只要控制好每位 LED 数码管点亮显示的时间和间隔,则可造成"多位同时亮"的假象,达到 4 位同时显示的效果。

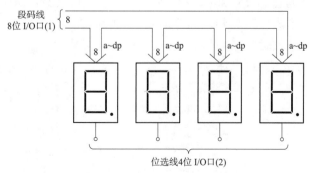

图 7-9　4 位 8 段 LED 数码管动态显示示意图

各位 LED 数码管轮流点亮的时间间隔(扫描间隔)应根据实际情况而定。发光二极管从导通到发光有一定的延时,如果点亮时间太短,发光太弱,人眼无法看清;时间太长,产生闪烁现象。

例 7.7 单片机控制 8 只 LED 数码管,分别滚动显示单个数字 1~8。程序运行后,单片机控制左边第 1 只 LED 数码管显示 1,其他不显示,延时之后,控制左边第 2 只 LED 数码管显示 2,其他不显示,直至第 8 只 LED 数码管显示 8,其他不显示,反复循环上述过程。本例电路原理与仿真如图 7-10 所示。

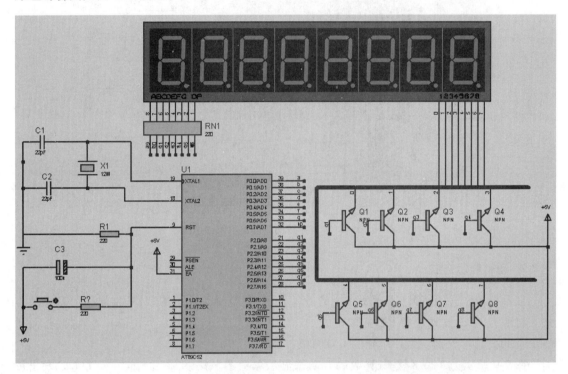

图 7-10　8 只 LED 数码管分别滚动显示单个数字 1~8 电路原理与仿真

图 7-10 所示的动态显示电路,P0 口输出段码,P2 口输出位控码,通过由 8 个 NPN 晶体管组成的位驱动电路来对 8 个 LED 数码管进行位驱动与位控扫描。由于是虚拟仿真,即使扫描速度加快,LED 数码管的余辉也不能像实际电路那样体现出来。如果对实际的硬件显示电路进行快速扫描,由于数码管的余辉和人眼的"视觉暂留"作用,只要控制好每位 LED 数码管显示的时间和间隔,则可造成"多位同时点亮"的假象,达到同时显示的效果。但虚拟仿真做不到这一点,所以在虚拟仿真运行下,只能是一位一位地点亮显示,不能看到同时显示的效果。本例可使我们详细了解动态扫描显示的实际过程。如果采用实际的硬件电路,用软件控制快速扫描的频率,即可看到"多位同时点亮"的效果。通过开发板实物可看到多位同时点亮的效果,参见二维码资料。

参考程序如下:

```
#include <reg52.h>
#include <intrins.h>
#define uchar unsigned char
```

```
#define uint unsigned int
uchar code seg[] = {0xC0,0xF9,0xA4,0xB0,0x99,0x92,0x82,0xF8,0x80,0x90,0x01};
                                //共阳极段码表
void delayms(uint j);
void main()                     //主函数
{
    uchar i,j = 0x80;
    while(1)
    {
        for(i = 0;i < 8;i ++)
        {
            j = _crol_(j,1);    //循环移位函数_crol_(j,1)将j循环左移1位
            P0 = seg[i];        //P0口输出段码
            P2 = j;             //P2口输出位控码
            delayms(180);       //延时
        }
    }
}
void delayms(uint j)            //延时函数
{
    uchar i;
    for(;j > 0;j --)
    {
        i = 250;
        while(-- i);
    }
}
```

7.4 键盘接口的设计

键盘具有向单片机输入数据、命令等功能,是人与单片机对话的主要手段。

键盘是由若干按键按照一定的规则组成。每一个按键实质就是一个按钮开关,按构造可分为有触点开关按键和无触点开关按键。有触点开关按键常见的有:触摸式键盘、薄膜键盘、导电橡胶和按键式键盘等,最常用的是按键式键盘。无触点开关按键有电容式按键、光电式按键和磁感应按键等。下面介绍常见的按键式键盘的工作原理、工作方式以及键盘的接口设计与软件编程。

7.4.1 键盘接口设计原理

一般来讲,键盘工作需要按以下3个步骤处理:
(1)判别是否有键按下? 若有键按下,进入下一步。
(2)识别哪一个键被按下,并求出相应的键号。
(3)根据键号,找到相应键号的处理程序入口。

键盘是具体如何识别被按下的呢? 下面通过图7-11说明。如图7-11(a)所示,键盘中的一个按键开关的两端分别连接在行线和列线上,列线接地,行线通过电阻接到+5V上。当按

键开关的机械触点的断开、闭合,其行线电压输出波形如图7-11(b)所示。

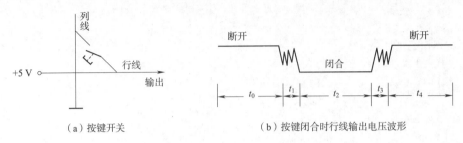

(a)按键开关　　　　　　　(b)按键闭合时行线输出电压波形

图7-11　键盘开关及其行线电压波形

图7-11(b)所示的t_1和t_3分别为按键的闭合和断开过程中的抖动期(呈现一串负脉冲),抖动时间长短与按键开关的机械特性有关,一般为5~10 ms,t_2为稳定的闭合期,其时间由按键动作确定,一般为十分之几秒到几秒,t_0、t_4为断开期。

按键的闭合与否,反映在行线输出电压上就是呈现高电平或低电平。单片机通过对行线电平的高低状态的检测,便可确认按键是否按下与松开。为了确保单片机对一次按键动作只确认一次按键有效(所谓按键有效,是指按下按键后,一定要再松开),必须消除抖动期的影响。

常用的按键去抖动方法有两种。一种是用软件延时来消除按键抖动,基本思想是:在检测到有键按下时,该键所对应的行线为低电平,执行一段延时10 ms的子程序后,确认该行线电平是否仍为低电平,如果仍为低电平,则确认该行确实有键按下。当按键松开时,行线的低电平变为高电平,执行一段延时10 ms的子程序后,检测该行线为高电平,说明按键确实已经松开。采取以上措施,可消除两个抖动期的影响。另一种方法是采用专用的键盘/显示器接口芯片,这类芯片中都有自动去抖动的硬件电路。

键盘按照获取键号的方式主要分为两类:非编码键盘和编码键盘。非编码键盘是指按下按键的键号信息不能直接得到,要通过软件来获取;而编码键盘是指当按键按下后,能直接得到按键的键号,例如,专用的键盘接口芯片。

非编码键盘是按键直接与单片机相连接,该类键盘通常用在系统功能比较简单,需要处理的任务较少,按键数量较少的场合。具有成本低、电路简单等优点。

非编码键盘常见的有独立式键盘和矩阵式键盘两种结构。下面首先介绍独立式键盘接口的设计。

7.4.2　独立式键盘接口设计案例

独立式键盘的特点是各键相互独立,每个按键各接一条I/O接口线,通过检测I/O输入线的电平状态,可以很容易地判断哪个按键被按下。

图7-12所示为一独立式键盘的接口电路,8个按键S0~S7分别接到单片机的P1.0~P1.7引脚上,图中的上拉电阻用于保证按键未按下时,对应的I/O口线为稳定的高电平。当某一按键按下时,对应的I/O口线就变成了低电平,与其他按键相连的I/O口线仍为高电平。因此,只需读入I/O口线的状态,判别是否为低电平,就很容易识别出哪个按键被按下。

由于独立式键盘各按键相互独立,互不影响,因此识别按键号的软件编写简单,非常适用于按键数目较少的场合。如果按键数目较多,则要占用较多的I/O口线。

第 7 章 单片机基本 I/O 接口设计

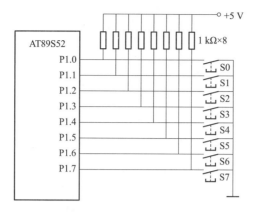

图 7-12 独立按键的接口电路

独立式键盘的工作原理,又可分为查询工作方式和中断扫描方式。中断扫描方式的详细说明参见二维码,这里通过例子介绍查询工作方式。

独立式键盘的中断扫描方式

例 7.8 对于图 7-12 所示的独立式键盘,采用查询工作方式实现对键盘的扫描。根据按下的不同按键,来对其进行处理。键盘扫描程序如下:

```
#include <reg52.h>
void key_scan(void)
{
    unsigned char keyval;
    do
    {
        P1 = 0xff;
        keyval = P1;            //P1 口为输入
        keyval = ~ keyval;      //键盘状态求反
        switch(keyval)
        {
            case 1:...;              //处理按下的 S0 键
                break;               //跳出 switch 语句
            case 2:...;              //处理按下的 S1 键
                break;               //跳出 switch 语句
            case 4:...;              //处理按下的 S2 键
                break;               //跳出 switch 语句
            case 8:...;              //处理按下的 S3 键
                break;               //跳出 switch 语句
            case 16:;                //处理按下的 S4 键
                break;               //跳出 switch 语句
            case 32:...;             //处理按下的 S5 键
                break;               //跳出 switch 语句
            case 64:;                //处理按下的 S6 键
                break;               //跳出 switch 语句
            case 128:...;            //处理按下的 S7 键
                break;               //跳出 switch 语句
            default:
                break;               //无按键处理
```

```
                }
            }
        while(1);
    }
```

下面来看一个采用 Proteus 虚拟仿真的独立式键盘的案例。

例 7.9 单片机与 4 个独立按键 S1～S4 以及 8 只 LED 指示灯构成一个独立式键盘系统。4 个按键接在 P1.0～P1.3 引脚，P3 口接 8 只 LED 指示灯，控制 LED 指示灯的亮与灭，原理电路见图 7-13 所示。当按下 S1 按键时，P3 口的 8 只 LED 正向（由上至下）流水点亮；按下 S2 按键时，P3 口的 8 只 LED 反向（由下而上）流水点亮；S3 按键按下时，高、低 4 只 LED 交替点亮；按下 S4 按键时，P3 口的 8 只 LED 闪烁点亮。

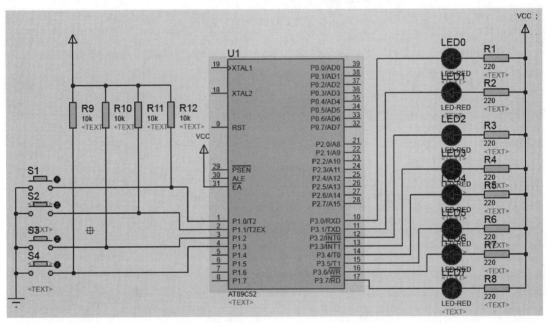

图 7-13 虚拟仿真的独立式键盘的接口原理电路

由于本例中的 4 个按键分别对应 4 种不同的点亮功能，且具有不同的按键号"keyval"。具体如下：

(1) 按下 S1 按键时，keyval = 1；
(2) 按下 S2 按键时，keyval = 2；
(3) 按下 S3 按键时，keyval = 3；
(4) 按下 S4 按键时，keyval = 4。

本例的独立式键盘的工作原理如下：

(1) 首先判断是否有按键按下。将接有 4 个按键的 P1 口低 4 位（P1.0～P1.3）写入 1，使 P1 口低 4 位为输入状态。然后读入低 4 位的电平，只要不全为 1，则说明有键按下。读取方法如下：

```
P1 = 0xff;
if((P1&0x0f)!=0x0f);
```

读入的 P1 口低 4 位各按键的状态,按位与运算后的结果不是 0x0f,表明低 4 位必有 1 位是 0,说明有键按下。

(2) 按键去抖动。当判别有键按下时,调用软件延时子程序,延时约 10 ms 后再进行判别,若按键确实按下,则执行相应的按键功能,否则重新开始进行扫描。

(3) 获得键号。确认有键按下时,可采用扫描方法来判断哪个键按下,并获取键值。

首先通过 Keil μVision5.14 建立工程,再建立源程序"*.c"文件。

参考程序如下:

```c
#include <reg52.h>              //包含 AT89S52 单片机寄存器定义的头文件
sbit S1 = P1^0;                 //将 S1 位定义为 P1.0 引脚
sbit S2 = P1^1;                 //将 S2 位定义为 P1.1 引脚
sbit S3 = P1^2;                 //将 S3 位定义为 P1.2 引脚
sbit S4 = P1^3;                 //将 S4 位定义为 P1.3 引脚
unsigned char keyval;           //定义键号变量存储单元
void led_delay(void)            //流水灯显示延时函数
{
    unsigned char i, j;
    for(i=0;i<220;i++)
        for(j=0;j<220;j++)
            ;
}
void delay10ms(void)            //软件消抖延时函数
{
    unsigned char i, j;
    for(i=0;i<100;i++)
        for(j=0;j<100;j++)
            ;
}
void key_scan(void)             //键盘扫描函数
{
    P1 = 0xff;
    if((P1&0x0f)!=0x0f)         //检测到有键按下
    {
        delay10ms();            //延时 10 ms 再去检测
        if(S1==0)               //按键 S1 被按下
            keyval=1;
        if(S2==0)               //按键 S2 被按下
            keyval=2;
        if(S3==0)               //按键 S3 被按下
            keyval=3;
        if(S4==0)               //按键 S4 被按下
            keyval=4;
    }
}
```

```c
void forward(void)                      //正向流水点亮LED函数
{
    P3 = 0xfe;                          //LED0 亮
    led_delay();
    P3 = 0xfd;                          //LED1 亮
    led_delay();
    P3 = 0xfb;                          //LED2 亮
    led_delay();
    P3 = 0xf7;                          //LED3 亮
    led_delay();
    P3 = 0xef;                          //LED4 亮
    led_delay();
    P3 = 0xdf;                          //LED5 亮
    led_delay();
    P3 = 0xbf;                          //LED6 亮
    led_delay();
    P3 = 0x7f;                          //LED7 亮
    led_delay();
}
void backward(void)                     //反向流水点亮LED函数
{
    P3 = 0x7f;                          //LED7 亮
    led_delay();
    P3 = 0xbf;                          //LED6 亮
    led_delay();
    P3 = 0xdf;                          //LED5 亮
    led_delay();
    P3 = 0xef;                          //LED4 亮
    led_delay();
    P3 = 0xf7;                          //LED3 亮
    led_delay();
    P3 = 0xfb;                          //LED2 亮
    led_delay();
    P3 = 0xfd;                          //LED1 亮
    led_delay();
    P3 = 0xfe;                          //LED0 亮
    led_delay();
}
void alter(void)                        //交替点亮高4位与低4位LED函数
{
    P3 = 0x0f;
    led_delay();
    P3 = 0xf0;
    led_delay();
}
void blink(void)                        //闪烁点亮LED函数
{
    P3 = 0xff;
    led_delay();
    P3 = 0x00;
```

```c
        led_delay();
    }

void main(void)                    //主函数
{
    keyval=0;                      //键号初始化为0
    while(1)
    {
        key_scan();                //调用键盘扫描函数
        switch(keyval)
        {
            case 1:forward();      //键号为1,调用正向流水点亮LED函数
                break;
            case 2:backward();     //键号为2,调用反向流水点亮LED函数
                break;
            case 3:alter();        //键号为3,调用交替点亮高4位与低4位LED函数
                break;
            case 4:blink();        //键号为4,调用闪烁点亮LED函数
                break;
        }
    }
}
```

程序说明:本例的按键有效是指按键按下后没有松开。如果要求按键按下后再松开才为有效按键,则需要对上述程序稍做修改,请读者考虑一下如何修改程序。

7.4.3 矩阵式键盘的接口设计案例

矩阵式键盘(又称行列式键盘)用于按键数目较多的场合,它由行线与列线组成,按键位于行、列的交叉点上。如图 7-14 所示,一个 4×4 的矩阵式键盘结构可构成一个 16 个按键的键盘,只需要一个 8 位的并行 I/O 口即可。如果采用 8×8 的矩阵式键盘结构,可以构成一个 64 键的键盘,需要两个 8 位的并行 I/O 口即可。显然,在按键数目较多的场合,矩阵式键盘要比独立式键盘节省较多的 I/O 口线。

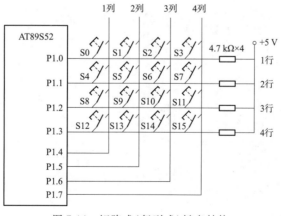

图 7-14 矩阵式(行列式)键盘结构

在图 7-14 中,行线通过上拉电阻接 +5 V,当无键按下时,行线为高电平;有键按下时,则对应的行线和列线短接,行线电平状态将由与此行线相连的列线电平决定。

矩阵式键盘中无按键按下时,行线处于高电平状态;当有按键按下时,行线电平状态将由与此行线相连的列线的电平决定。列线的电平如果为低,则行线电平为低;列线的电平如果为高,则行线的电平也为高,这一点是识别矩阵式键盘是否有按键按下的关键所在。由于矩阵式键盘中行、列线为多键共用,各按键均影响该键所在行和列的电平,因此各按键彼此将相互发生影响,所以必须将行、列线信号配合,才能确定闭合键的位置。下面讨论矩阵式键盘按键的扫描法的工作原理。

识别矩阵式键盘有无键被按下,可分两步进行:第1步,首先识别键盘有无键按下;第2步,如有键被按下,识别出具体的键号。

下面以图7-14所示的S3键被按下为例,说明扫描法识别此键的过程。

第1步,识别键盘有无键按下。首先把所有列线均置为低电平,然后检查各行线电平是否都为高电平,如果不全为高电平,说明有键按下,否则说明无键按下。例如,当S3键按下时,第1行线电平为低电平,但还不能确定是S3键被按下,因为如果同一行的S2、S1或S0键之一被按下,行线也为低电平。所以,只能得出第1行有键被按下的结论。

矩阵式键盘的中断扫描方式

第2步,识别出具体的键号。采用逐行扫描法,在某一时刻只让1条列线处于低电平,其余所有列线处于高电平。当第1列为低电平,其余各列为高电平时,因为是S3键被按下,所以第1行的行线仍处于高电平状态;而当第2列为低电平,其余各列为高电平时,同样也会发现第1行的行线仍处于高电平状态;直到让第4列为低电平,其余各列为高电平时,此时第1行的行线电平变为低电平,据此,可判断第1行第4列交叉点处的按键,即S3键被按下。

与独立式键盘类似,常见的矩阵式键盘扫描的工作方式也分为查询工作方式和中断扫描方式。中断扫描方式的介绍见二维码,下面介绍矩阵式键盘的查询工作方式的设计。

例7.10 单片机的P1.7~P1.4接4×4矩阵式键盘的行线,P1.3~P1.0接矩阵式键盘的列线,键盘各按键的编号如图7-15所示,使用数码管来显示4×4矩阵式键盘中按下键的键号。数码管的显示由P2口控制,当矩阵式键盘的某一键按下时,在数码管上显示对应的键号。例如,2键按下时,数码管显示"2","E"键按下时,数码管显示"E"等。

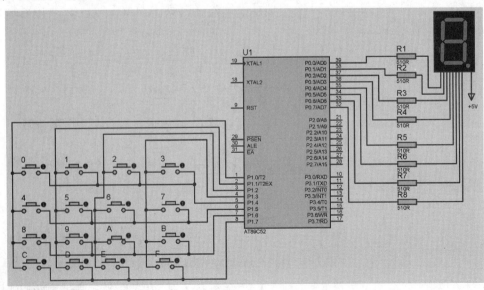

图7-15 数码管显示4×4矩阵键盘键号的原理电路

参考程序如下：

```c
#include <reg52.h>
#define uchar unsigned char
sbit L1 = P1^0;                    //定义键盘的4条列线
sbit L2 = P1^1;
sbit L3 = P1^2;
sbit L4 = P1^3;
uchar dis[16]={0xc0,0xf9,0xa4,0xb0,0x99,0x92,0x82,0xf8,0x800,0x90,0x88,
0x83,0xc6,0xa1,0x86,0x8e};        //共阳极数码管字符0~F对应的段码
unsigned int time;
void delay(time)
{
unsigned int j;
for(j=0;j<time;j++);
}
main()                             //主函数
{
uchar temp,i;
while(1)
{
    P1 = 0xef;
    for( i=0;i<=3;i++ )
    {
        if(L1==0) P0=dis[i*4+0];
        if(L2==0) P0=dis[i*4+1];
        if(L3==0) P0=dis[i*4+2];
        if(L4==0) P0=dis[i*4+3];
        delay(500);
        temp = P1;
        temp = temp |0x0f ;
        temp = temp <<1;
        temp = temp |0x0f;
        P1 = temp;
    }
}
}
```

程序说明：本例的关键是如何获取键号。具体采用了逐行扫描，先驱动行 P1.4 = 0，然后依次读入各列的状态，P1.4 引脚对应的行变量 i = 0，P1.5 引脚对应的行变量 i = 1，P1.6 引脚对应的行变量 i = 2，P1.7 引脚对应的行变量 i = 3。假设 4 号键按下，此时 4 号键所在的 P1.5 引脚对应的行变量 i = 1，又 L2 = 0(P1.5 = 0)，执行语句"if(L2==0) P2 = dis[i*4 + 1]"后，i*4 + 1 = 5，从而查找到字形码数组 dis[ ] 中显示"4"的段码"0x99"，把段码"0x99"送 P2 口，从而驱动数码管显示"4"。

7.4.4 键盘扫描工作方式的选择

单片机系统运行在忙于其他各项工作任务时，如何来兼顾键盘的输入，这取决于键盘扫描的工作方式。键盘扫描工作方式选取的原则是，既要保证及时响应按键操作，又不要过多占用

单片机执行其他任务的工作时间。通常,键盘的扫描工作方式有 3 种:查询扫描、定时扫描和中断扫描。

1. 查询扫描

查询扫描方式是利用单片机空闲时,调用键盘扫描子程序,反复扫描键盘,来响应键盘的输入请求,但是如果单片机的查询频率过高,虽能及时响应键盘的输入,但也会影响其他任务的进行。如果查询的频率过低,有可能出现键盘输入的漏判现象,所以要根据单片机系统的繁忙程度和键盘的操作频率,来调整键盘扫描的频率。

2. 定时扫描

单片机对键盘的扫描也可每隔一定的时间对键盘扫描一次,即定时扫描。这种方式中,通常利用单片机内的定时器产生的定时中断,进入中断子程序后对键盘进行扫描,在有键按下时识别出按下的键,并执行相应键的处理程序。由于每次按键的时间一般不会小于 100 ms,所以为了不漏判有效的按键,定时中断的周期一般应小于 100 ms。

3. 中断扫描

为进一步提高单片机扫描键盘的工作效率,可采用中断扫描,即键盘只有在有按键按下时,才会向单片机发出中断请求信号。单片机响应中断,执行键盘扫描中断服务子程序,识别出按下的按键,并跳向该按键的处理程序。如果无键按下,单片机将不理睬键盘。该方式的优点是,只有按键按下时,才进行处理,所以其实时性强,工作效率高。

单片机控制LED点阵显示

单片机控制LCD1602液晶显示模块

单片机常见的控制模块还有 LED 点阵、液晶屏显示模块等,因篇幅所限,这里不再一一介绍,相关资料可参考二维码内容。

创新思维

1. 你的眼睛欺骗了你

通过本章数码管控制的内容可以了解到,要想让 8 只数码管同时显示数字,仅仅通过硬件电路和程序设计是做不到的,但是,我们确实真实地看到了多位数码管同时显示。当然,是利用了人眼"视觉暂留"的特点,可以说人的眼睛有一定的欺骗性。

人体的感觉器官不是机器,在很多情况下不能完全准确获取客观世界的信息。前面流水灯的实验中,我们必须在程序中加入足够的时延也是有力的佐证。凡事都有两面性,既然人体感官局限性是客观存在的,我们就可以利用这种特性实现某些不容易达到的功能。

2. 创新思维:充分利用客体的优势和劣势

上面的例子,利用人眼的视觉暂留效应,不需要同时执行的程序语句,就可以达到同时显示的效果,大大降低了编程的难度。电影电视的制作也充分利用了这一特点。

在音频数据压缩中,因人体能获取的声音频率范围集中在 30 ~ 30 kHz,可以通过将时域数据转换到频域,通过删减人体感受不到的音频数据达到压缩的效果。

客观世界有一些固有的特性,从不同角度看,有时表现为优势,有时表现为劣势,但无论优劣,合理加以利用,就可能达到意想不到的效果。

思考练习题 7

一、填空题

1. AT89S52 单片机任何一个端口要想获得较大的驱动能力,就要采用(　　)电平输出。
2. 检测开关处于闭合状态还是打开状态,只需把开关一端接到 I/O 口的引脚上,另一端接地,然后通过检测(　　)来实现。
3. "8"字形的 LED 数码管如果不包括小数点段共计(　　)段,每一段对应一只发光二极管,有(　　)和(　　)两种。
4. 对于共阴极带有小数点段的 LED 数码管,显示字符"6"(a 段对应段码的最低位)的段码为(　　),对于共阳极带有小数点段的 LED 数码管,显示字符"3"的段码为(　　)。
5. 已知 8 段共阳极 LED 数码管显示器要显示某字符的段码为 A1H(a 段为最低位),此时显示器显示的字符为(　　)。
6. LED 数码管静态显示方式的优点是:显示(　　)闪烁,亮度(　　),(　　)比较容易,但是占用的(　　)线较多。
7. 当显示的 LED 数码管位数较多时,一般采用(　　)显示方式,这样可以降低(　　),减少(　　)的数目。
8. 当按键数目少于 8 个时,应采用(　　)式键盘。当按键数目为 64 个时,应采用(　　)式键盘。
9. 使用并行接口方式连接键盘,对独立式键盘而言,8 根 I/O 口线可以接(　　)个按键;而对矩阵式键盘而言,8 根 I/O 口线最多可以接(　　)个按键。

二、判断题

1. P0 口作为总线端口使用时,它是一个双向口。(　　)
2. P0 口作为通用 I/O 口使用时,外部引脚必须接上拉电阻,因此它是一个准双向口。(　　)
3. P1～P3 口作为输入端口用时,必须先向端口寄存器写入 1。(　　)
4. P0～P3 口的驱动能力是相同的。(　　)
5. 当显示的 LED 数码管位数较多时,动态显示所占用的 I/O 口多。为节省 I/O 口与驱动电路的数目,常采用静态扫描显示方式。(　　)
6. LED 数码管动态扫描显示电路只要控制好每位 LED 数码管点亮显示的时间,就可造成"多位同时亮"的假象,达到多位 LED 数码管同时显示的效果。(　　)
7. 使用专用的键盘/显示器芯片,可由芯片内部硬件扫描电路自动完成显示数据的扫描刷新和键盘扫描。(　　)
8. 控制 LED 点阵显示器的显示,实质上就是控制加到行线和列线上的电平编码来控制点亮某些发光二极管(点),从而显示出由不同发光的点组成的各种字符。(　　)
9. 16×16 点阵显示屏是由 4 个 4×4 的 LED 点阵显示器组成的。(　　)

10. LCD1602 液晶显示模块,可显示 2 行,每行 16 个字符。 （   ）
11. LED 数码管的字形码是固定不变的。 （   ）
12. 为给扫描法工作的 8×8 的非编码键盘提供接口电路,在接口电路中需要提供 2 个 8 位并行的输入口和 1 个 8 位并行的输出口。 （   ）
13. LED 数码管工作于动态显示方式时,同一时间只有 1 只 LED 数码管被点亮。（   ）
14. 动态显示的 LED 数码管,任一时刻只有 1 只 LED 数码管处于点亮状态,是 LED 数码管的余辉与人眼的"视觉暂留"造成 LED 数码管同时显示的"假象"。 （   ）

三、简答题

1. 分别写出表 7-1 中共阴极和共阳极 LED 数码管仅显示小数点"."的段码。
2. LED 数码管的静态显示方式与动态显示方式有何区别？各有什么优缺点？
3. 独立式键盘和矩阵式键盘,分别用在什么场合？

第8章 中断系统的工作原理及应用

本章介绍 AT89S52 单片机片内功能部件中断系统的硬件结构和工作原理。AT89S52 单片机的中断系统能够实时地响应片内功能部件和外围设备发出的中断请求并进入中断服务子程序进行处理。通过本章学习,读者应重点掌握与中断系统有关的特殊功能寄存器及中断系统的应用特性,应能熟练地进行中断系统的初始化编程以及中断函数的设计。

在计算机(单片机)系统中,都具有对外界随机发生的事件做出及时响应并实时处理的功能,这是靠中断技术来实现的。

8.1 单片机中断技术概述

中断技术主要用于实时监测,也就是要求单片机能及时地响应中断请求源提出的服务请求,做出快速响应并及时处理。图 8-1 显示了单片机对外围设备中断服务请求的整个中断响应和处理过程。

当某个中断请求源发出中断请求时,并且中断请求被允许,单片机暂时中止当前正在执行的主程序,转到中断处理程序处理中断服务请求。中断服务请求处理完后,再回到原来被中止的程序之处(断点),继续执行被中断的主程序。

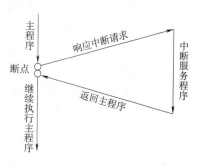

图 8-1 中断响应和处理过程

如果单片机没有中断系统,单片机的大量时间可能会浪费在是否有服务请求发生的查询操作上,即不论是否有服务请求发生,都必须去查询。因此,采用中断技术大大地提高了单片机的工作效率和实时性。

8.2 AT89S52 单片机的中断系统结构

AT89S52 单片机的中断系统结构如图 8-2 所示。中断系统共有 6 个中断请求源(简称中断源),2 个中断优先级,可实现两级中断服务程序嵌套。每一个中断源都可用软件独立地控制为允许中断或关中断状态;每一个中断源的中断优先级均可用软件来设置。

8.2.1 中断请求源

由图 8-2 可知,AT89S52 单片机中断系统共有 6 个中断请求源,它们是:

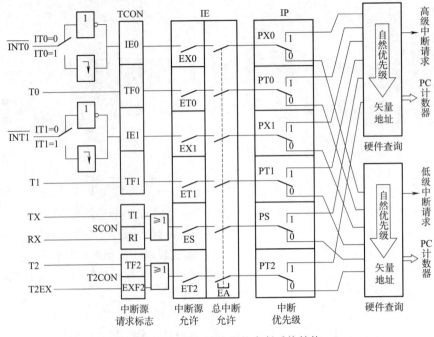

图 8-2 AT89S52 单片机的中断系统结构

(1) $\overline{INT0}$：外部中断请求 0，中断请求信号由 $\overline{INT0}$ 引脚输入，中断请求标志为 IE0。
(2) $\overline{INT1}$：外部中断请求 1，中断请求信号由 $\overline{INT1}$ 引脚输入，中断请求标志为 IE1。
(3) 定时器/计数器 T0 计数溢出发出的中断请求，中断请求标志为 TF0。
(4) 定时器/计数器 T1 计数溢出发出的中断请求，中断请求标志为 TF1。
(5) 串行口中断请求，中断请求标志为寄存器 SCON 中的发送中断 TI 或接收中断 RI。
(6) 定时器/计数器 T2 的中断请求，含有计数溢出（TF2）和捕捉（EXF2）两种中断请求标志，经或门共用一个中断向量。两种中断触发是由 T2 的两种不同工作方式决定的。

8.2.2 中断请求标志寄存器

中断源是否有中断请求是由中断请求标志来表示的。6 个中断请求源的中断请求标志分别由特殊功能寄存器 TCON、SCON 和 T2CON 的相应位锁存。

1. TCON 寄存器

特殊功能寄存器 TCON 为定时器/计数器的控制寄存器，字节地址为 88H，可位寻址。该寄存器中既包括定时器/计数器 T0 和 T1 的溢出中断请求标志位 TF0 和 TF1，也包括两个外部中断请求的标志位 IE1 与 IE0，此外还包括了两个外部中断请求源的中断触发方式选择位。AT89S52 单片机的特殊功能寄存器 TCON 的格式如图 8-3 所示。

	D7	D6	D5	D4	D3	D2	D1	D0	
TCON	TF1	TR1	TF0	TR0	IE1	IT1	IE0	IT0	88H
位地址	8FH	—	8DH	—	8BH	8AH	89H	88H	

图 8-3 特殊功能寄存器 TCON 的格式

TCON 寄存器中与中断系统有关的各标志位的功能如下：

(1) TF1：片内定时器/计数器 T1 的溢出中断请求标志位。当启动 T1 计数后,定时器/计数器 T1 从初值开始加 1 计数,当计数计满产生溢出时,由硬件使 TF1 置 1,向 CPU 申请中断。CPU 响应 TF1 中断时,TF1 标志由硬件自动清 0,TF1 也可由软件清 0。

(2) TF0：片内定时器/计数器 T0 的溢出中断请求标志位,功能与 TF1 类似。

(3) IE1：外部中断请求 1 的中断请求标志位。

(4) IE0：外部中断请求 0 的中断请求标志位,其功能与 IE1 类似。

(5) IT1：选择外部中断请求 1 为跳沿触发方式还是电平触发方式。

IT1 = 0,为电平触发方式,加到引脚 $\overline{INT1}$ 上的外部中断请求输入信号为低电平有效,并把 IE1 置 1。转向中断服务程序时,则由硬件自动把 IE1 清 0。

IT1 = 1,为跳沿触发方式,加到引脚 $\overline{INT1}$ 上的外部中断请求输入信号电平从高到低的负跳变有效,并把 IE1 置 1。转向中断服务程序时,则由硬件自动把 IE1 清 0。

(6) IT0：选择外部中断请求 0 为跳沿触发方式还是电平触发方式,其功能与 IT1 类似。

当 AT89S52 单片机复位后,TCON 被清 0,6 个中断源的中断请求标志均为 0。

TR1(D6 位)、TR0(D4 位)这 2 位与中断系统无关,仅与定时器/计数器 T1 和 T0 有关,将在第 9 章中介绍。

2. SCON 寄存器

特殊功能寄存器 SCON 为串行口控制寄存器,字节地址为 98H,可位寻址。SCON 的低 2 位锁存串行口的发送中断和接收中断的中断请求标志 TI 和 RI,格式如图 8-4 所示。

	D7	D6	D5	D4	D3	D2	D1	D0	
SCON	—	—	—	—	—	—	TI	RI	98H
位地址	—	—	—	—	—	—	99H	98H	

图 8-4 SCON 中的中断请求标志位

发送中断和接收中断的请求标志位 TI 和 RI 的功能如下：

(1) TI：串行口发送中断请求标志位。CPU 将一个字节的数据写入串行口的发送缓冲器 SBUF 时,就启动一帧串行数据的发送,每发送完一帧串行数据后,硬件使 TI 自动置 1。CPU 响应串行口发送中断时,并不清除 TI 中断请求标志,TI 标志必须在中断服务程序中用指令对其清 0。

(2) RI：串行口接收中断请求标志位。在串行口接收完一个串行数据帧,硬件自动使 RI 中断请求标志置 1。CPU 在响应串行口接收中断时,RI 标志并不清 0,必须在中断服务程序中用指令对 RI 清 0。

3. T2CON 寄存器

特殊功能寄存器 T2CON 的字节地址为 C8H,可位寻址,位地址为 C8H ~ CFH。格式如图 8-5 所示。

(1) TF2(D7)：当 T2 的计数器(TL2、TH2)计数计满溢出回 0 时,由内部硬件置位 TF2(寄存器 T2CON.7），向 CPU 发出中断请求。但是当 RCLK 位或 TCLK 位为 1 时将不予置位。本标志位必须由软件清 0。

	D7	D6	D5	D4	D3	D2	D1	D0	
T2CON	TF2	EXF2	RCLK	TCLK	EXEN2	TR2	C/$\overline{T2}$	CP/$\overline{RL2}$	C8H

图 8-5　T2CON 格式

（2）EXF2（D6）：当由引脚 T2EX（P1.1 引脚）上的负跳变引起"捕捉"或"重新装载"且 EXEN2 位为 1 时，则置位 EXF2 标志位（寄存器 T2CON.6），向 CPU 发出中断请求。

上述两种中断请求，在满足中断响应条件时，CPU 都将响应其中断请求，转向同一个中断向量地址进行中断处理。因此，必须在 T2 的中断服务程序中对 TF2 和 EXF2 两个中断请求标志位进行查询，然后正确转入对应的中断处理程序。中断结束后，中断请求标志位 TF2 或 EXF2 必须由软件清 0。

8.3　中断允许与中断优先级的控制

实现中断允许控制和中断优先级控制分别由特殊功能寄存器区中的中断允许寄存器 IE 和中断优先级寄存器 IP 来实现。下面介绍这两个特殊功能寄存器。

8.3.1　中断允许寄存器 IE

AT89S52 单片机的 CPU 对各中断源的开放或屏蔽，是由片内的中断允许寄存器 IE 控制的。IE 的字节地址为 A8H，可位寻址，其格式如图 8-6 所示。

	D7	D6	D5	D4	D3	D2	D1	D0	
IE	EA	—	ET2	ES	ET1	EX1	ET0	EX0	A8H
位地址	AFH	—	ADH	ACH	ABH	AAH	A9H	A8H	

图 8-6　中断允许寄存器 IE 的格式

中断允许寄存器 IE 对中断的开放和关闭实现两级控制。所谓两级控制，就是有一个总的开关中断控制位 EA（IE.7 位），当 EA＝0 时，所有的中断请求被屏蔽，CPU 对任何中断请求都不接受，因此，称 EA 为系统中断允许总开关控制位；当 EA＝1 时，CPU 开放中断，但 6 个中断源的中断请求是否允许，还要由图 8-6 中 IE 的低 6 位所对应的 6 个中断请求允许控制位的状态来决定。

IE 中各位的功能如下：

（1）EA：中断允许总开关控制位。

EA＝0，所有的中断请求被屏蔽；

EA＝1，所有的中断请求被开放。

（2）ET2：定时器/计数器 T2 的中断允许位。

ET2＝0，禁止 T2 中断；

ET2＝1，允许 T2 中断。

(3) ES:串行口中断允许位。

ES = 0,禁止串行口中断;

ES = 1,允许串行口中断。

(4) ET1:定时器/计数器 T1 的溢出中断允许位。

ET1 = 0,禁止 T1 溢出的中断;

ET1 = 1,允许 T1 溢出的中断。

(5) EX1:外部中断 1 中断允许位。

EX1 = 0,禁止外部中断 1 中断;

EX1 = 1,允许外部中断 1 中断。

(6) ET0:定时器/计数器 T0 的溢出中断允许位。

ET0 = 0,禁止 T0 溢出的中断;

ET0 = 1,允许 T0 溢出的中断。

(7) EX0:外部中断 0 中断允许位。

EX0 = 0,禁止外部中断 0 中断;

EX0 = 1,允许外部中断 0 中断。

AT89S52 单片机复位以后,IE 被清 0,所有的中断请求被禁止。IE 中与各个中断源相应的位可用指令置 1 或清 0,即可允许或禁止各中断源的中断申请。若使某一个中断源被允许中断,除了 IE 相应的位被置 1 外,还必须使 EA 位置1,即 EA 位置 1 为中断请求的必要条件。改变 IE 的内容,可向寄存器 IE 写入相应的内容。

例 8.1 单片机复位后,若允许两个外部中断源中断,并禁止其他中断源的中断请求,请编写设置 IE 的命令语句。

(1) 采用对 IE 寄存器进行位操作。

```
EA = 1;          //总中断允许
EX0 = 1;         //允许外部中断 0 中断
EX1 = 1;         //允许外部中断 1 中断
IT0 = 1;         //设置外部中断 0 为跳沿触发
IT1 = 1;         //设置外部中断 1 为跳沿触发
```

由于单片机复位后,IE 寄存器各个位均为 0,所以只需要把允许中断的中断源设置为 1 即可。

(2) 采用对 IE 寄存器和 TCON 寄存器进行字节操作。

```
IE = 0x05;       //允许两个外部中断中断
TCON = 0x05;     //允许两个外部中断均为跳沿触发
```

8.3.2 中断优先级寄存器 IP

AT89S52 单片机的中断请求源有两个中断优先级,每一个中断请求源可由软件设置为高优先级中断或低优先级中断,也可实现两级中断嵌套。所谓两级中断嵌套,就是 AT89S52 单片机正在执行低优先级中断的服务程序时,可被高优先级中断请求所中断,待高优先级中断处理完毕后,再返回低优先级中断服务程序。两级中断嵌套的过程如图 8-7 所示。

关于各中断源的中断优先级关系,可以归纳为下面两条基本规则:

(1) 低优先级可被高优先级中断,高优先级不能被低优先级中断。

扩展阅读

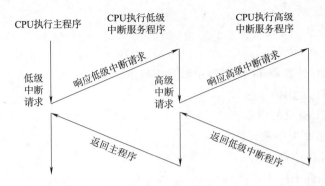

图 8-7　两级中断嵌套的过程

（2）任何一种中断（不管是高级还是低级），一旦得到响应，不会再被它的同级中断源所中断。如果某一中断源被设置为高优先级中断，在执行该中断源的中断服务程序时，则不能被任何其他的中断源的中断请求所中断。AT89S52 单片机的片内有一个中断优先级寄存器 IP，其字节地址为 B8H，可位寻址。只要用程序改变其内容，即可进行各中断源中断优先级的设置，IP 寄存器的格式如图 8-8 所示。

	D7	D6	D5	D4	D3	D2	D1	D0	
IP	—	—	PT2	PS	PT1	PX1	PT0	PX0	B8H
位地址	—	—	BDH	BCH	BBH	BAH	B9H	B8H	

图 8-8　IP 寄存器的格式

中断优先级寄存器 IP 各位的含义如下：
（1）PT2：定时器 T2 中断优先级控制位。
PT2 = 1，定时器 T2 中断为高优先级；
PT2 = 0，定时器 T2 中断为低优先级。
（2）PS：串行口中断优先级控制位。
PS = 1，串行口中断为高优先级；
PS = 0，串行口中断为低优先级。
（3）PT1：定时器 T1 中断优先级控制位。
PT1 = 1，定时器 T1 中断为高优先级；
PT1 = 0，定时器 TI 中断为低优先级。
（4）PX1：外部中断 1 中断优先级控制位。
PX1 = 1，外部中断 1 中断为高优先级；
PX1 = 0，外部中断 1 中断为低优先级。
（5）PT0：定时器 T0 中断优先级控制位。
PT0 = 1，定时器 T0 中断为高优先级；
PT0 = 0，定时器 T0 中断为低优先级。
（6）PX0：外部中断 0 中断优先级控制位。
PX0 = 1，外部中断 0 中断为高优先级；

PX0 =0,外部中断 0 中断为低优先级。

中断优先级寄存器 IP 的各位都可由用户程序置 1 或清 0,用位操作指令或字节操作指令可更新 IP 的内容,以改变各中断源的中断优先级。

AT89S52 单片机复位后,IP 的内容为 0,各个中断源均为低优先级中断。

下面简单介绍 AT89S52 单片机的中断优先级的内部结构。AT89S52 单片机的中断系统有两个不可寻址的"优先级激活触发器",其中一个指示某高优先级的中断正在执行,所有后来的中断均被阻止;另一个触发器指示某低优先级的中断正在执行,所有同级的中断都被阻止,但不阻断高优先级的中断请求。

在所有的中断源为同一中断优先级时,且同时发出中断请求时,哪一个中断请求能优先得到响应,取决于内部的硬件查询顺序。这相当于在同一个优先级内,还同时存在另一个辅助优先级结构,其查询顺序见表 8-1。

表 8-1 同一优先级中断的查询顺序

中 断 源	中断级别
外部中断 0	最高
T0 溢出中断	
外部中断 1	
T1 溢出中断	
串行口中断	
T2 溢出中断	最低

由此可见,各中断源在相同优先级的条件下,外部中断 0 的中断优先级最高,T2 溢出中断或 EXF2 中断的中断优先级最低。

例 8.2 设置 IP 寄存器,使 AT89S52 单片机的两个外部中断请求为高优先级,其他中断源的中断请求为低优先级。

```
…
IP = 0X50;
…
```

8.4 响应中断请求的条件

一个中断源的中断请求被响应,需满足以下必要条件:
(1)总中断允许开关接通,即 IE 寄存器中的中断总允许位 EA = 1。
(2)该中断源发出中断请求,即该中断源对应的中断请求标志为 1。
(3)该中断源的中断允许位 = 1,即该中断被允许。
(4)无同级或更高级中断正在被服务。

中断响应就是 CPU 对中断源提出的中断请求的接受。当 CPU 查询到有效的中断请求时,在满足上述条件时,紧接着就进行中断响应。

中断响应的主要过程是首先由硬件自动生成一条长调用指令跳向相应的中断请求源的中断入口地址(中断向量),紧接着就由 CPU 执行该指令。首先将程序计数器 PC 的内容压入堆栈以保护断点,再将中断入口地址装入 PC,使程序转向响应该中断请求的中断入口。各中断源服务程序的入口地址是固定的,见表 8-2。

表 8-2　各中断源服务程序的入口地址

中 断 源	中断入口地址
外部中断 0	0003H
定时器/计数器 T0	000BH
外部中断 1	0013H
定时器/计数器 T1	001BH
串行口中断	0023H
定时器/计数器 T2(T2 + EXF2)	002BH

其中两个中断入口间只相隔 8 字节,一般情况下难以安放一个完整的中断服务程序。因此,通常总是在中断入口地址处放置一条无条件转移指令,使程序执行转向在其他地址存放的中断服务函数入口。

中断响应是有条件的,并不是查询到的所有中断请求都能被立即响应,当遇到下列 3 种情况之一时,中断响应被封锁:

(1)CPU 正在处理同级或更高优先级的中断。因为当一个中断被响应时,要把对应的中断优先级状态触发器置 1(该触发器指出 CPU 所处理的中断优先级别),从而封锁了低级中断请求和同级中断请求。

(2)所查询的机器周期不是当前正在执行指令的最后一个机器周期。设定这个限制的目的是只有在当前指令执行完毕后,才能进行中断响应,以确保当前指令执行的完整性。

(3)正在执行的指令是从中断返回或是访问 IE 或 IP 的指令。按照 AT89S52 单片机中断系统的规定,在执行完这些指令后,需要再执行完一条指令,才能响应新的中断请求。

如果存在上述 3 种情况之一,CPU 将丢弃中断查询结果,不能对中断进行响应。

8.5　外部中断的响应时间

在设计者使用外部中断时,有时需考虑从外部中断请求有效(外部中断请求标志置 1)到转向中断入口地址所需要的响应时间。下面来讨论这个问题。

外部中断的最短响应时间为 3 个机器周期。其中,中断请求标志位查询占 1 个机器周期,而这个机器周期恰好处于指令的最后一个机器周期。在这个机器周期结束后,中断即被响应,CPU 接着自动执行一条硬件子程序调用指令 LCALL 以转到相应的中断服务程序入口,这需要 2 个机器周期。

外部中断响应的最长时间为 8 个机器周期。这种情况发生在 CPU 进行中断标志查询时,刚好才开始执行中断返回或访问 IE 或 IP 的指令,则需把当前指令执行完再继续执行一条指令后,才能响应中断。执行上述的中断返回或访问 IE 或 IP 的指令,最长需要 2 个机器周期。而接着再执行一条指令,我们按执行最长的指令(乘法指令和除法指令)来算,也只有 4 个机器周期。再加上硬件的中断调用指令的执行,需要 2 个机器周期,所以,外部中断响应的最长时间为 8 个机器周期。

如果已经在处理同级或更高级中断,外部中断请求的响应时间取决于正在执行的中断服务程序的处理时间。这种情况下,响应时间就无法计算了。

这样,在一个单一中断的系统里,AT89S52 单片机对外部中断请求的响应时间总是在 3～8 个机器周期之间。

8.6　外部中断的触发方式选择

外部中断有两种触发方式:电平触发方式和跳沿触发方式。

8.6.1　电平触发方式

若外部中断定义为电平触发方式,外部中断申请触发器的状态随着 CPU 在每个机器周期采样到的外部中断输入引脚的电平变化而变化,这能提高 CPU 对外部中断请求的响应速度。当外部中断源被设定为电平触发方式时,在中断服务程序返回之前,外部中断请求输入必须无效(即外部中断请求输入已由低电平变为高电平),否则 CPU 返回主程序后会再次响应中断。所以电平触发方式适合于外部中断以低电平输入且中断服务程序能清除外部中断请求源(即外部中断输入电平又变为高电平)的情况。如何清除电平触发方式的外部中断请求源的电平信号,将在本章的后面介绍。

8.6.2　跳沿触发方式

外部中断若定义为跳沿触发方式,外部中断申请触发器能锁存外部中断输入线上的负跳变。即便是 CPU 暂时不能响应,中断请求标志也不会丢失。在这种方式下,如果相继连续两次采样,一个机器周期采样到外部中断输入为高,下一个机器周期采样为低,则中断申请触发器置 1,直到 CPU 响应此中断时,该标志才清 0。这样就不会丢失中断,但输入的负脉冲宽度至少保持 12 个时钟周期(若晶振频率为 6 MHz,则为 2 μs),才能被 CPU 采样到。外部中断的跳沿触发方式适合于以负脉冲形式输入的外部中断请求。

8.7　中断请求的撤销

某个中断请求被响应后,就存在着一个中断请求的撤销问题。下面按中断请求源的类型分别说明中断请求的撤销方法。

1. 定时器/计数器 T1、T0 中断请求的撤销

定时器/计数器 T1、T0 的中断请求被响应后,硬件会自动把中断请求标志位(TF0 或 TF1)清 0,因此,定时器/计数器 T1、T0 中断请求是自动撤销的。

2. 外部中断请求的撤销

1)跳沿触发方式外部中断请求的撤销

跳沿触发方式的外部中断请求撤销,包括两项内容:中断标志位清 0 和外部中断请求信号的撤销。其中,中断标志位(IE0 或 IE1)清 0 是在中断响应后由硬件自动完成的。而外部中断请求信号的撤销,由于跳沿信号过后也就消失了,所以跳沿触发方式的外部中断请求也是自动撤销的。

2) 电平触发方式外部中断请求的撤销

电平触发方式外部中断请求标志的撤销是自动的,但中断请求信号的低电平可能继续存在,在以后的机器周期采样时,又会把已清 0 的 IE0 或 IE1 标志位重新置 1。因此,要彻底解决电平方式外部中断请求的撤销,除了标志位清 0 之外,必要时还需在中断响应后把中断请求信号输入引脚从低电平强制改变为高电平。因此,可在系统中增加如图 8-9 所示的电路。

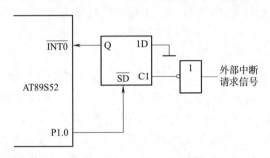

图 8-9 电平触发方式的外部中断请求的撤销电路

由图 8-9 可见,用 D 触发器锁存外来的中断请求低电平,并通过 D 触发器的输出端 Q 接到$\overline{INT0}$(或$\overline{INT1}$)。所以,增加的 D 触发器不影响中断请求。中断响应后,为了撤销中断请求,可利用 D 触发器的置 1 端$\overline{SD}$实现,即把$\overline{SD}$端接 AT89S52 单片机的 P1.0 端。因此,只要 P1.0 端输出一个负脉冲就可以使 D 触发器置 1,从而就撤销了低电平的中断请求信号。所需的负脉冲可在中断函数中用软件先把 P1.0 置 1,再让 P1.0 为 0,再把 P1.0 置 1,从而产生一个负脉冲。

3. 串行口中断请求的撤销

串行口中断请求的撤销只有标志位清 0 的问题。串行口中断的标志位是 TI 和 RI,但对这两个中断标志 CPU 不进行自动清 0。因为在响应串行口的中断后,CPU 无法知道是接收中断还是发送中断,还需测试这两个中断标志位的状态来判定,然后才能对标志位清 0。所以串行口中断请求的撤销只能在中断函数中用软件把串行口中断标志位 TI 或 RI 清 0。

4. 定时器/计数器 T2 中断请求的撤销

定时器/计数器 T2 的中断请求包括两种:TF2 和 EXF2。

上述两种中断请求,在满足中断响应条件时,CPU 都将响应其中断请求,转向同一个中断入口地址。因此,必须在 T2 的中断函数中对 TF2 和 EXF2 两个中断请求标志位进行查询,然后正确转入对应的中断处理程序。中断结束后,中断请求标志位 TF2 或 EXF2 必须由软件清 0。所以定时器/计数器 T2 中断请求的撤销只能使用软件的方法,在中断函数返回前完成。

8.8 中断函数

为了直接使用 C51 语言编写中断服务程序,C51 语言中定义了中断函数。由于 C51 编译器在编译时对声明为中断服务程序的函数自动添加了相应的现场保护、阻断其他中断、返回时自动恢复现场等处理的程序段,因而在编写中断函数时可不必考虑这些问题,减小了用户编写中断函数的烦琐程度。

中断函数的一般形式为:

  函数类型 函数名(形式参数表) interrupt n using m

关键字 interrupt 后面的 n 是中断号,对于 AT89S52 单片机,n 的取值为 0~5,编译器从 $8×n+3$ 处产生中断向量。AT89S52 单片机的中断源对应的中断号和中断向量见表 8-3。

表 8-3 AT89S52 单片机的中断号和中断向量

中断号 n	中 断 源	中断向量($8×n+3$)
0	外部中断 0	0003H
1	定时器 T0	000BH
2	外部中断 1	0013H
3	定时器 T1	001BH
4	串行口	0023H
5	定时器 T2	002BH
其他值	保留	$8×n+3$

AT89S52 单片机在内部 RAM 中可使用 4 个工作寄存器区,每个工作寄存器区包含 8 个工作寄存器(R0~R7)。C51 语言扩展了关键字 using,using 后面的 m 专门用来选择 AT89S52 单片机的 4 组不同的工作寄存器区。using 是一个选项,如果不选用该项,中断函数中的所有工作寄存器的内容将被保存到堆栈中。

关键字 using 对函数目标代码的影响如下:在中断函数的入口处将当前工作寄存器区的内容保护到堆栈中,函数返回之前将被保护的寄存器区的内容从堆栈中恢复。使用关键字 using 在函数中确定一组工作寄存器区时必须十分小心,要保证任何工作寄存器区的切换都只在指定的控制区域中发生,否则将产生不正确的结果。

例如,外部中断 1 的中断函数为:

  void int1() interrupt 2 using 0   //中断号 n=2,选择 0 区工作寄存器区

C51 语言的中断调用与标准 C 语言的函数调用是不一样的,当中断事件发生后,对应的中断函数被自动调用,中断函数既没有参数,也没有返回值。

中断函数会带来如下影响:

(1)编译器会为中断函数自动生成中断向量。

(2)退出中断函数时,所有保存在堆栈中的工作寄存器及特殊功能寄存器被恢复。

(3)在必要时,特殊功能寄存器 ACC、B、DPH、DPL 以及 PSW 的内容被保存到堆栈中。

编写 AT89S52 单片机中断函数时,应该注意以下几点:

(1)中断函数没有返回值,如果定义了一个返回值,将会得到不正确的结果。因此,建议将中断函数定义为 void 类型,以明确说明没有返回值。

(2)中断函数不能进行参数传递,如果中断函数中包含任何参数声明,都将导致编译出错。

(3)在任何情况下都不能直接调用中断函数,否则会产生编译错误。因为中断函数的返回是由汇编语言的中断返回指令 RETI 完成的。RETI 指令会影响 AT89S52 单片机中的硬件

中断系统内的不可寻址的中断优先级寄存器的状态。如果在没有实际中断请求的情况下,直接调用中断函数,也就不会执行 RETI 指令,其操作结果有可能产生一个致命的错误。

(4)如果在中断函数中再调用其他函数,则被调用的函数所使用的寄存器区必须与中断函数使用的寄存器区不同。

8.9 中断系统应用设计案例

下面介绍有关中断系统应用的几个案例。

8.9.1 单一外部中断的应用

例 8.3 在单片机的 P1 口上接有 8 只 LED。在外部中断 0 输入引脚 $\overline{INT0}$(P3.2)接有一只按钮开关 K1,要求将外部中断 0 设置为电平触发。程序启动时,P1 口上的 8 只 LED 全亮。每按一次按钮开关 K1,使引脚 INT0 接地,产生一个低电平触发的外部中断请求,在中断函数中,让低 4 位的 LED 与高 4 位的 LED 交替闪烁 5 次。然后从中断返回,控制 8 只 LED 再次全亮。电路原理如图 8-10 所示。

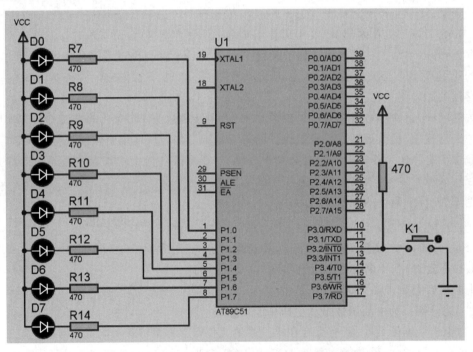

图 8-10 利用外部中断控制 8 只 LED 交替闪烁的电路原理及仿真结果

参考程序如下:

```
#include <reg52.h>
#define uchar unsigned char
void Delay(unsigned int i)       //延时函数,i 为形式参数
```

```
{
    unsigned int j;
    for(;i>0;i--)
        for(j=0;j<333;j++)          //j 的终止数值根据情况调整
        {;}                          //空函数
}
void main()                          //主函数
{
    EA=1;                            //总中断允许
    EX0=1;                           //允许外部中断 0 中断
    IT0=1;                           //选择外部中断 0 为跳沿触发方式
    while(1)                         //循环
    {P1=0;}                          //P1 口的 8 只 LED 全亮
}
void int0() interrupt 0 using 0      //外中断 0 的中断函数
{
    uchar m;
    EX0=0;                           //禁止外部中断 0 中断
    for(m=0;m<5;m++)                 //交替闪烁 5 次
    {
        P1=0x0f;                     //低 4 位 LED 灭,高 4 位 LED 亮
        Delay(400);                  //延时
        P1=0xf0;                     //高 4 位 LED 灭,低 4 位 LED 亮
        Delay(400);                  //延时
        EX0=1;                       //中断返回前,允许外部中断 0 中断
    }
}
```

程序说明:本例包含两部分,一部分是主程序段,完成了中断系统初始化,并把 8 只 LED 全部点亮。另一部分是中断函数,控制 4 只 LED 交替闪烁 1 次,然后从中断返回。

当需要多个中断源时,只需增加相应的中断函数即可。二维码给出了两个外部中断的应用示例。

两个外部中断的应用实例

8.9.2 中断嵌套的应用

中断嵌套只发生在单片机正在执行一个低优先级中断服务程序,此时又有一个高优先级中断产生,就会产生高优先级中断打断低优先级中断服务程序,去执行高优先级中断服务程序。高优先级中断服务程序执行完成后,再继续执行低优先级中断服务程序。

例 8.4 电路如图 8-11 所示,设计一个中断嵌套程序。要求 K1 和 K2 都未按下时,P1 口的 8 只 LED 呈流水灯显示,当按一下 K1 时,产生一个低优先级的外部中断 0 请求(跳沿触发),进入外部中断 0 中断服务程序,上、下 4 只 LED 交替闪烁。此时按一下 K2 时,产生一个高优先级的外部中断 1 请求(跳沿触发),进入外部中断 1 中断服务程序,使 8 只 LED 全部闪烁。当显示 5 次后,再从外部中断 1 返回继续执行外部中断 0 中断服务程序,即 P1 口控制 8 只 LED,上、下 4 只 LED 交替闪烁。设置外部中断 0 为低优先级,外部中断 1 为高优先级。

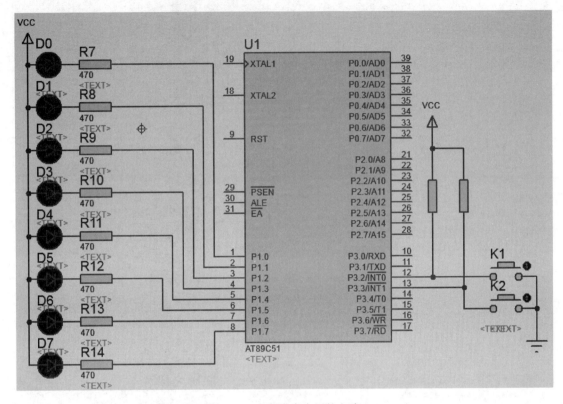

图 8-11 中断嵌套应用的电路

参考程序如下：

```
#include <reg51.h>
#define uchar unsigned char
uchar display[9] = {0xfe,0xfd,0xfb,0xf7,0xef,0xdf,0xbf,0x7f};
void Delay(unsigned int i)                //延时函数 Delay()
{
    unsigned int j;
    for(;i>0;i--)
    for(j=0;j<125;j++)                    //j 的终止数值根据情况调整
    {;}                                   //空函数
}
void main()                               //主函数
{
    //流水灯显示数据
    uchar a;
    for(;;)
    {
        EA = 1;                           //总中断允许
        EX0 = 1;                          //允许外部中断 0 中断
        EX1 = 1;                          //允许外部中断 1 中断
        IT0 = 1;                          //选择外部中断 0 为跳沿触发方式
        IT1 = 1;                          //选择外部中断 1 为跳沿触发方式
```

```
            PX0 = 0;                        //外部中断 0 为低优先级
            PX1 = 1;                        //外部中断 1 为高优先级
            for(a = 0;a < 9;a ++)
            {
                Delay(500);                 //延时
                P1 = display[a];            //流水灯显示数据送到 P1 口驱动 LED 显示
            }
        }
        void int0_isr(void) interrupt 0 using 0    //外部中断 0 的中断服务函数
        {
            uchar n;
            for(n = 0;n < 10;n ++)          //高、低 4 位显示 10 次
            {
                P1 = 0x0f;                  //低 4 位 LED 灭,高 4 位 LED 亮
                Delay(400);                 //延时
                P1 = 0xf0;                  //高 4 位 LED 灭,低 4 位 LED 亮
                Delay(400);                 //延时
            }
        }
        void int1_isr(void) interrupt 2 using 1    //外部中断 1 的中断服务函数
        {
            uchar m;
            for(m = 0;m < 5;m ++)           //8 位 LED 全亮全灭 5 次
            {
                P1 = 0;                     //8 位 LED 全亮
                Delay(500);                 //延时
                P1 = 0xff;                  //8 位 LED 全灭
                Delay(500);                 //延时
            }
        }
```

程序说明:本例如果设置外部中断 1 为低优先级,外部中断 0 为高优先级,仍然先按下再松开 K1,后按下再松开 K2,或者设置两个外部中断源的中断优先级为同级,均不会发生中断嵌套。

创 新 思 维

计算机和人类一样,要处理多个事务,从根本上讲有两种方式,即并发处理和先后处理。先后处理,包括按固定顺序和非固定顺序两种。固定顺序表现为查询、轮询、查表等处理手段,非固定顺序包括指定各类权重、优先级的事务,单片机系统的中断对比主程序来讲,就是高优先级事务的突发出现,多个不同优先级的中断嵌套,都是中断与主程序的类比复制。而所有中断系统的设置,都源于事务处理矛盾现象的出现。

创新思维:创新来自事务处理中矛盾冲突的出现和解决

创新从最通俗的意义上讲就是创造性地发现问题和创造性地解决问题的过程。TRIZ 理

论(发明问题解决理论,拉丁文 Teoriya Resheniya Izobreatatelskikh Zadatch 的缩写)为人们创造性地发现问题和解决问题提供了系统的理论和方法工具。TRIZ 理论认为客观事务存在两种矛盾:技术矛盾和物理矛盾。技术矛盾总是涉及两个基本参数 A 与 B,当 A 得到改善时,B 变得更差。物理矛盾仅涉及系统中的一个子系统或部件,而对该子系统或部件提出了相反的要求。中断方式解决的是技术矛盾问题。

在计算机发展初期,所需要解决的事务比较少,或重要性接近一致,可以采用轮询等固定顺序方式依次处理多个事务。但当出现重要事务需要尽快处理时,轮询方式显然不能满足要求,技术矛盾就出现了。要解决这个问题,固定顺序处理方式,可能无法满足要求,就需要打破原有顺序,根据动态变化的优先级确定服务顺序,而最高级需要立刻响应的方式,就采用多级中断机制,达到解决矛盾冲突的目的。

思考练习题 8

一、填空题

1. 外部中断 1 的中断入口地址为(　　),定时器 T1 的中断入口地址为(　　　　)。
2. 若(IP)=00010100B,则优先级最高者为(　　),最低者为(　　)。
3. AT89S52 单片机响应中断后,产生长调用指令 LCALL,执行该指令的过程包括:首先把(　　)的内容压入堆栈,以进行断点保护,然后把长调用指令的 16 位地址送入(　　),使程序执行转向(　　)中的中断地址区。
4. AT89S52 单片机复位后,中断优先级最高的中断源是(　　)。
5. 当 AT89S52 单片机响应中断后,必须用软件清除的中断请求标志是(　　)。

二、单项选择题

1. 下列说法错误的是(　　)。
    A. 同一级别的中断请求按时间的先后顺序响应
    B. 同一时间同一级别的多中断请求,将形成阻塞,系统无法响应
    C. 低优先级中断请求不能中断高优先级中断请求,但是高优先级中断请求能中断低优先级中断请求
    D. 同级中断不能嵌套
2. 在 AT89S52 单片机的中断请求源中,需要外加电路实现中断撤销的是(　　)。
    A. 电平方式的外部中断请求
    B. 跳沿方式的外部中断请求
    C. 外部串行中断
    D. 定时中断
3. 中断查询确认后,在下列各种 AT89S52 单片机运行情况下,能立即进行响应的是(　　)。
    A. 当前正在进行高优先级中断处理
    B. 当前正在执行 RETI 指令
    C. 当前指令是 MOV A,R3

D. 当前指令是 DIV 指令,且正处于取指令的机器周期
4. 下列说法正确的是(　　)。
   A. 各中断源发出的中断请求信号,都会标记在 AT89S52 单片机的 IE 寄存器中
   B. 各中断源发出的中断请求信号,都会标记在 AT89S52 单片机的 TMOD 寄存器中
   C. 各中断源发出的中断请求信号,都会标记在 AT89S52 单片机的 IP 寄存器中
   D. 各中断源发出的中断请求信号,都会标记在 AT89S52 单片机的 TCON、SCON 寄存器中

三、判断题

1. 定时器 T0 中断可以被外部中断 0 中断。　　　　　　　　　　　　(　　)
2. 必须有中断源发出中断请求,并且 CPU 开中断,CPU 才可能响应中断。(　　)
3. 在开中断的前提下,只要中断源发出中断请求,CPU 就会立刻响应中断。(　　)
4. 同为高中断优先级,外部中断 0 能打断正在执行的外部中断 1 的中断服务程序。
   　　　　　　　　　　　　　　　　　　　　　　　　　　　　　　(　　)
5. 中断服务子程序可以直接调用。　　　　　　　　　　　　　　　　(　　)

四、简答题

1. 中断服务子程序与普通子程序有哪些相同和不同之处?
2. AT89S52 单片机响应外部中断的典型时间是多少?在哪些情况下,CPU 将推迟对外部中断请求的响应?
3. 中断响应需要满足哪些条件?

第9章 单片机的定时器/计数器

在工业检测与控制中,许多场合都要用到计数或定时功能。例如,对外部脉冲进行计数,或产生精确的定时时间等。AT89S52 单片机片内有 3 个可编程的定时器/计数器 T0、T1 和 T2,可满足这方面的需要。

本章主要介绍 T0、T1 定时器/计数器的结构及工作原理。定时器/计数器 T2 的功能较强,内部结构及工作原理比 T0、T1 稍复杂,但基本思路一致,不再具体介绍。

9.1 定时器/计数器 T0 与 T1 的结构

定时器/计数器 T0、T1 的结构框图如图 9-1 所示。

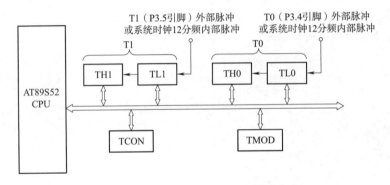

图 9-1 定时器/计数器 T0、T1 的结构框图

2 个定时器/计数器都具有 2 种工作模式(定时器模式和计数器模式),4 种工作方式(方式 0、方式 1、方式 2 和方式 3)。定时器/计数器属于增 1 计数器。

图 9-1 中的特殊功能寄存器 TMOD 用于选择定时器/计数器 T0、T1 的工作模式和工作方式。特殊功能寄存器 TCON 用于控制 T0、T1 的启动和停止计数,同时包含了 T0、T1 的状态。T0、T1 不论是工作在定时器模式还是计数器模式,实质都是对脉冲信号进行计数,只不过是计数信号的来源不同。计数器模式是对加在 T0(P3.4 引脚)和 T1(P3.5 引脚)上的外部脉冲进行计数;而定时器模式是对系统的时钟振荡器信号经片内 12 分频后的内部脉冲信号进行计数。由于时钟频率是固定值,12 分频后的脉冲信号周期也为固定值,所以可根据对内部脉冲信号的计数值计算出定时时间。

计数器的起始计数都是从计数器的初值开始的。AT89S52 单片机复位时计数器的初值为 0,也可用指令给计数器装入一个新的初值,从新的初值开始计数。

9.1.1 工作方式控制寄存器 TMOD

AT89S52 单片机的定时器/计数器工作方式控制寄存器 TMOD 用于选择定时器/计数器的工作模式和工作方式,字节地址为 89H,不能位寻址,其格式如图 9-2 所示。

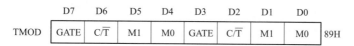

图 9-2　TMOD 格式

8 位分为两组,高 4 位控制 T1,低 4 位控制 T0。

下面对 TMOD 的各位给出说明。

(1) GATE:门控位。

GATE = 0 时,仅由运行控制位 TRx(x = 0,1) 来控制定时器/计数器运行;

GATE = 1 时,用外部中断引脚($\overline{INT0}$ 或 $\overline{INT1}$)上的电平与运行控制位 TRx 共同来控制定时器/计数器运行。

(2) M1、M0:工作方式选择位。M1、M0 共有 4 种编码,对应于 4 种工作方式的选择,见表 9-1。

表 9-1　M1、M0 工作方式选择

M1	M0	工作方式
0	0	方式 0,为 13 位定时器/计数器
0	1	方式 1,为 16 位定时器/计数器
1	0	方式 2,8 位的常数自动重新装入的定时器/计数器
1	1	方式 3,仅适用于 T0,此时 T0 分成 2 个 8 位计数器,T1 停止计数

(3) C/$\overline{T}$:计数器模式和定时器模式选择位。

C/$\overline{T}$ = 0,为定时器模式,对单片机的时钟振荡器 12 分频后的脉冲进行计数;

C/$\overline{T}$ = 1,为计数器模式,计数器对外部输入引脚 T0(P3.4 引脚)或 T1(P3.5 引脚)上的外部脉冲(负跳变)进行计数。

9.1.2 定时器/计数器控制寄存器 TCON

TCON 的字节地址为 88H,可位寻址,位地址为 88H ~ 8FH。TCON 格式如图 9-3 所示。在中断系统一章中,已经介绍了 TCON 与外部中断有关的低 4 位。这里仅介绍与定时器/计数器相关的高 4 位功能。

图 9-3　TCON 格式

(1) TF1、TF0:计数溢出标志位。

当计数器计数溢出时,该位置 1。使用查询方式时,此位作为状态位供 CPU 查询,但应注意查询有效后,应使用软件及时将该位清 0。使用中断方式时,此位作为中断请求标志位,进入中断服务程序后由硬件自动清 0。

（2）TR1、TR0：计数运行控制位。

TR1（或 TR0）=1,为启动定时器/计数器工作的必要条件。当 TMOD 寄存器中的 GATE=0 时，仅由运行控制位 TRx（x=0,1）来控制定时器/计数器的运行；当 GATE=1 时，定时器/计数器的运行要由外部中断引脚的电平与运行控制位 TRx 共同来控制。

TR1（或 TR0）=0,停止定时器/计数器工作。

该位可由软件置 1 或清 0。

9.2　定时器/计数器 T0 与 T1 的 4 种工作方式

定时器/计数器 T0 与 T1 具有 4 种工作方式，分别介绍如下：

9.2.1　方式 0

当 M1、M0 为 00 时，定时器/计数器被设置为方式 0，这时定时器/计数器的等效逻辑结构框图如图 9-4 所示（以定时器/计数器 T1 为例，TMOD.5、TMOD.4=00）。

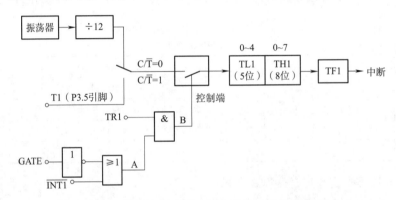

图 9-4　定时器/计数器方式 0 等效逻辑结构框图

定时器/计数器工作在方式 0 时，为 13 位计数器，由 TLx（x=0,1）的低 5 位和 THx 的高 8 位构成。TLx 低 5 位溢出则向 THx 进位，THx 计数溢出则把 TCON 中的溢出标志位 TFx 置 1。

图 9-2 中寄存器 TMOD 的 C/$\overline{\text{T}}$ 位控制的电子开关决定了定时器/计数器的 2 种工作模式。

（1）C/$\overline{\text{T}}$=0,电子开关打在上面位置,T1（或 T0）为定时器模式,把系统时钟振荡器 12 分频后的脉冲作为计数信号。

（2）C/$\overline{\text{T}}$=1,电子开关打在下面位置,T1（或 T0）为计数器模式,计数脉冲为 P3.4（或 P3.5）引脚上的外部输入脉冲,当引脚上发生负跳变时,计数器加 1。

GATE 位的状态决定定时器/计数器的运行控制是取决于 TRx 一个条件,还是取决于 TRx 和 $\overline{\text{INTx}}$ 引脚状态这两个条件。

①GATE=0 时,A 点（见图 9-4）电位恒为 1,B 点电位仅取决于 TRx 状态。TRx=1,B 点为高电平,控制端控制电子开关闭合,允许 T1（或 T0）对脉冲计数；TRx=0,B 点为低电平,电子开关断开,禁止 T1（或 T0）计数。

② GATE = 1 时，B 点电位由 $\overline{INTx}$ 的输入电平和 TRx 的状态这两个条件来确定。只有当 TRx = 1 且 $\overline{INTx}$ = 1 时，B 点电位才为 1，控制端控制电子开关闭合，允许 T1（或 T0）计数。故这种情况下计数器是否计数是由 TRx 和 $\overline{INTx}$ 两个条件共同控制的。

9.2.2 方式 1

当 M1、M0 为 01 时，定时器/计数器工作在方式 1，这时定时器/计数器的等效逻辑结构框图如图 9-5 所示。

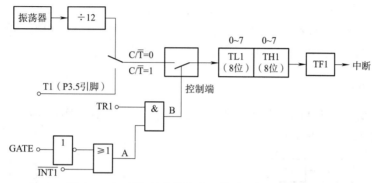

图 9-5 定时器/计数器方式 1 等效逻辑结构框图

方式 1 和方式 0 的差别仅仅在于计数器的位数不同。方式 1 为 16 位计数器，由 THx 高 8 位和 TLx 低 8 位构成，方式 0 则为 13 位计数器，有关控制状态位的含义（GATE、$C/\overline{T}$、TFx、TRx）与方式 1 相同。

9.2.3 方式 2

方式 0 和方式 1 的最大特点是计数溢出后，计数器为全 0。因此，在循环定时或循环计数应用时就存在用指令反复装入计数初值的问题。这不仅影响定时精度，而且也给程序设计带来麻烦。方式 2 就是针对此问题而设置的。

当 M1、M0 为 10 时，定时器/计数器工作在方式 2，这时定时器/计数器的等效逻辑结构框图如图 9-6 所示（以定时器 T1 为例，x = 1）。

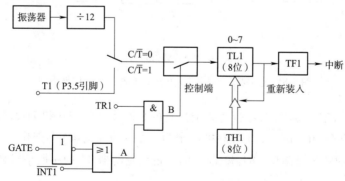

图 9-6 定时器/计数器方式 2 等效逻辑结构框图

定时器/计数器的方式 2 为自动恢复初值（初值自动装载）的 8 位定时器/计数器，TLx（x = 0，1）作为常数缓冲器，当 TLx 计数溢出时，在溢出标志 TFx 置 1 的同时，还自动将 THx 中的初值送至 TLx，使 TLx 从初值开始重新计数。定时器/计数器的方式 2 工作过程如图 9-7 所示。

这种工作方式可以省去用户软件中重新装载初值的指令执行时间，简化定时初值的计算方法，可以相当精确地确定定时时间。

9.2.4 方式 3

方式 3 是为基本型的 8051 单片机增加一个附加的 8 位定时器/计数器而设置的，从而使单片机具有 3 个定时器/计数器。方式 3 只适用于定时器/计数器 T0，定时器/计数器 T1 不能工作在方式 3。T1 处于方式 3 时相当于 TR1 = 0，停止计数（此时 T1 可用来作为串行口波特率发生器）。

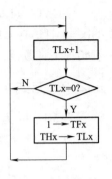

图 9-7　定时器/计数器的方式 2 工作过程

1. 方式 3 下的 T0

当 TMOD 的低 2 位为 11 时，T0 的工作方式被选为方式 3，各引脚与 T0 的等效逻辑结构框图如图 9-8 所示。

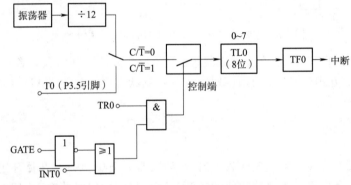

（a）TL0 作为 8 位定时器/计数器

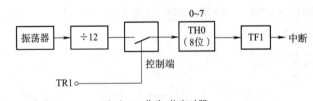

（b）TH0 作为 8 位定时器

图 9-8　定时器/计数器 T0 方式 3 等效逻辑结构框图

T0 在方式 3 下，定时器/计数器分为 2 个独立的 8 位计数器 TL0 和 TH0，TL0 使用 T0 的状态控制位 C/$\overline{T}$、GATE、TR0、$\overline{INT0}$，而 TH0 被固定为一个 8 位定时器（不能作为外部计数模式），并使用定时器 T1 的状态控制位 TR1 和 TF1，同时占用定时器 T1 的中断请求源 TF1。

2. T0 工作在方式 3 时 T1 的各种工作方式

一般情况下，当 T1 用作串行口波特率发生器时，T0 才工作在方式 3。T0 处于方式 3 时，T1 可定为方式 0、方式 1 和方式 2，用来作为串行口波特率发生器，或不需要中断的场合。

1）T1 工作在方式 0

T1 的控制字中 M1、M0 为 00 时，T1 工作在方式 0，工作示意图如图 9-9 所示。

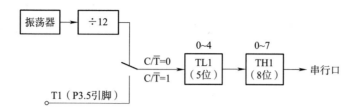

图 9-9　T0 工作在方式 3 时 T1 为方式 0 的工作示意图

2）T1 工作在方式 1

当 T1 的控制字中 M1、M0 为 01 时，T1 工作在方式 1，工作示意图如图 9-10 所示。

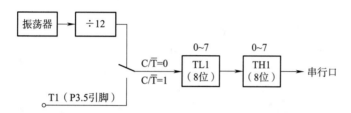

图 9-10　T0 工作在方式 3 时 T1 为方式 1 的工作示意图

3）T1 工作在方式 2

当 T1 的控制字中 M1、M0 = 10 时，T1 工作在方式 2，工作示意图如图 9-11 所示。

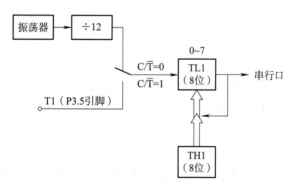

图 9-11　T0 工作在方式 3 时 T1 为方式 2 的工作示意图

4）T1 设置在方式 3

当 T0 设置在方式 3 时，如果再把 T1 也设置成方式 3，此时 T1 停止计数。

9.3　计数器模式对外部输入的计数信号的要求

当定时器/计数器 T1、T0 工作在计数器模式时，计数脉冲来自外部输入引脚 T0 或 T1。当输入信号产生由 1 至 0 的负跳变时，计数器的值增 1。每个机器周期的 S5P2（第 5 状态的第 2 拍,详见第 3 章机器周期的介绍)期间,都对外部输入引脚 T0 或 T1 进行采样。如在第一个机器周期中采得的值为 1,而在下一个机器周期中采得的值为 0,则在紧跟着的再下一个机器周期 S3P1 期间,计数器加 1。由于确认一次负跳变要占用 2 个机器周期,即 24 个振荡周期,因此计数器对外部输入计数脉冲的最高计数频率为系统振荡器频率的 1/24。

例如,选用 6 MHz 频率的晶振,允许输入的脉冲频率最高为 250 kHz。如果选用 12 MHz 频率的晶振,则可输入最高频率为 500 kHz 的外部脉冲。对于外部输入信号的占空比并没有什么限制,但为了确保某一给定电平在变化之前能被采样一次,则这一电平至少要保持一个机器周期,故对外部计数输入信号的要求如图 9-12 所示。图中 T_{cy} 为机器周期。

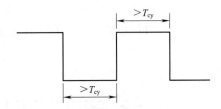

图 9-12　对外部计数输入信号的要求

9.4　定时器/计数器 T1、T0 的编程应用

在定时器/计数器的 4 种工作方式中,方式 0 与方式 1 基本相同,只是计数器的计数位数不同。方式 0 为 13 位计数器,方式 1 为 16 位计数器。由于方式 0 是为兼容 MCS-48 单片机而设,且计数初值计算复杂,所以在实际应用中,一般不用方式 0,而采用方式 1。

9.4.1　P1 口控制 8 只发光二极管每 0.5 s 闪亮一次

例 9.1　在 AT89S52 单片机的 P1 口上接有 8 只发光二极管,原理电路如图 9-13 所示。下面采用定时器 T0 的方式 1 的定时中断方式,使 P1 口外接的 8 只发光二极管每 0.5 s 闪亮一次。

(1) 设置 TMOD 寄存器。定时器 T0 工作在方式 1,应使 TMOD 寄存器的 M1、M0 为 01;设置 $C/\overline{T}=0$,为定时器模式;对 T0 的运行控制仅由 TR0 来控制,应使相应的 GATE 位为 0。定时器 T1 不使用,各相关位均设为 0。所以,TMOD 寄存器应初始化为 0x01。

(2) 计算定时器 T0 的计数初值。设定时时间为 5 ms(即 5 000 μs),设定时器 T0 的计数初值为 X,假设晶振的频率为 11.059 2 MHz,则定时时间为

$$定时时间 = (2^{16} - X) \times 12/晶振频率$$

则 $5\ 000 = (2^{16} - X) \times 12/11.059\ 2$,可得 $X = 60\ 928$。

转换成十六进制后为 0xee00,其中 0xee 装入 TH0,0x0 装入 TL0。

(3) 设置 IE 寄存器。本例由于采用定时器 T0 中断,因此,需将 IE 寄存器中的 EA、ET0 位置 1。

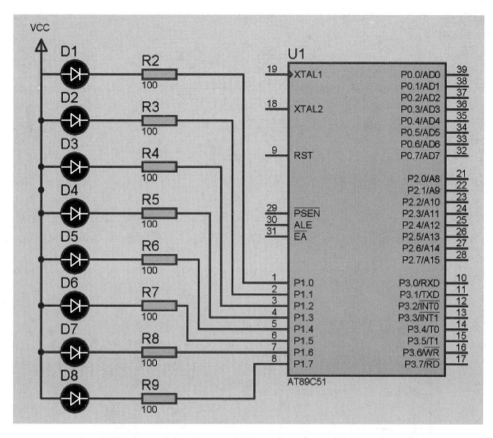

图 9-13 方式 1 定时中断控制发光二极管闪亮原理电路

(4) 启动和停止定时器 T0。将定时器控制寄存器 TCON 中的 TR0 置 1,则启动定时器 T0; TR0 置 0,则停止定时器 T0 定时。

参考程序如下:

```c
#include <reg52.h>
char i = 100;
void timer0() interrupt 1              //T0 中断函数
{
    TH0 = 0xee;                        //重新赋初值
    TL0 = 0x00;
    i--;                               //循环次数减 1
    if(i <= 0)
    {
        P1 = ~P1;                      //P1 口按位取反
        i = 100;                       //重置循环次数
    }
}
void main()
{
    TMOD = 0x01;                       //定时器 T0 为方式 1
```

```
    TH0 = 0xee;              //设置定时器初值
    TL0 = 0x00;
    P1 = 0x00;               //8只发光二极管点亮
    EA = 1;                  //总中断允许
    ET0 = 1;                 //允许定时器 T0 中断
    TR0 = 1;                 //启动定时器 T0
    while(1);                //循环等待
    {;}
}
```

9.4.2 计数器的应用

例 9.2 如图 9-14 所示,定时器 T1 采用计数模式,方式 1 中断,计数输入引脚 T1(P3.5 引脚)外接按钮开关,作为计数信号输入。按 4 次按钮开关后,使 P1 口的 8 只发光二极管闪烁不停。

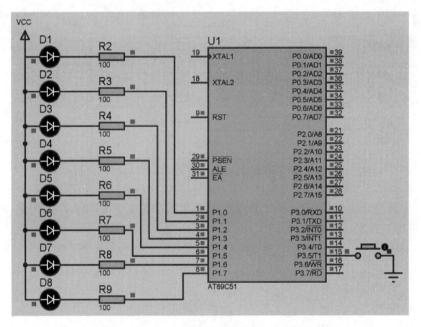

图 9-14 由外部计数输入信号控制发光二极管闪烁

(1)设置 TMOD 寄存器。定时器 T1 工作在方式 1,应使 TMOD 寄存器的 M1、M0 为 01;设置 C/T = 1,为计数器模式。对 T0 的运行控制仅由 TR0 来控制,应使 GATE0 = 0。定时器 T0 不使用,各相关位均设为 0。所以,TMOD 寄存器应初始化为 0x50。

(2)计算定时器 T1 的计数初值。由于每按 1 次按钮开关,计数器计数 1 次,按 4 次后,P1 口 8 只发光二极管闪烁不停。因此,计数器的初值为 65 536 − 4 = 65 532,将其转换成十六进制后为 0xfffc,所以,TH0 = 0xff,TL0 = 0xfc。

(3)设置 IE 寄存器。本例由于使用 T1 中断,因此需将 IE 寄存器中的 EA、ET1 位置 1。

(4)启动和停止定时器 T1。将定时器控制寄存器 TCON 中的 TR1 置 1,则启动定时器 T1 计数;TR1 置 0,则停止定时器 T1 计数。

参考程序如下:

```c
#include <reg52.h>
void Delay(unsigned int i)          //延时函数 Delay
{
    unsigned int j;
    for(;i>0;i--)
    for(j=0;j<125;j++)
    {;}
}
void main()                         //主函数
{
    TMOD=0x50;                      //设置定时器 T1 为方式 1 计数
    TH1=0xff;                       //向 TH1 写入初值的高 8 位
    TL1=0xfc;                       //向 TL1 写入初值的低 8 位
    EA=1;                           //总中断允许
    ET1=1;                          //定时器 T1 中断允许
    TR1=1;                          //启动定时器 T1
    while(1);                       //反复循环,等待计数中断
}
void T1_int(void) interrupt 3       //T1 中断函数
{
    for(;;)                         //无限循环
    {
        P1=0xff;                    //8 只发光二极管全灭
        Delay(500);                 //延时 500 ms
        P1=0;                       //8 只发光二极管全亮
        Delay(500);                 //延时 500 ms
    }
}
```

利用汇编语言实现定时功能的示例程序见二维码资料。

9.4.3 控制 P1.0 产生周期为 2 ms 的方波

例 9.3 假设系统时钟频率为 12 MHz,编写程序实现从 P1.0 引脚上输出一个周期为 2 ms 的方波,如图 9-15 所示。

汇编语言实现定时器功能示例

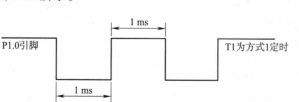

图 9-15 定时器控制 P1.0 引脚上输出一个周期 2 ms 的方波

要在 P1.0 上产生周期为 2 ms 的方波,定时器应产生 1 ms 的定时中断,定时时间到则在中断服务程序中对 P1.0 求反。使用定时器 T0,方式 1 定时中断,GATE 不起作用。

本例的电路原理图如图 9-16 所示,其中,在 P1.0 引脚接有虚拟示波器,用来观察产生的周期为 2 ms 的方波。

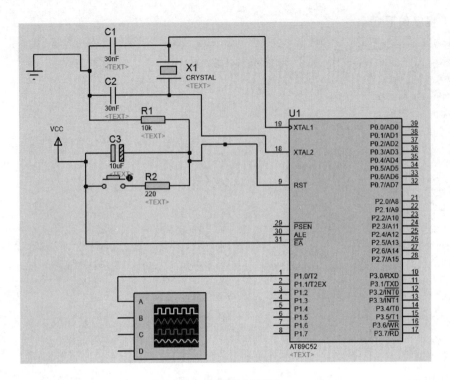

图 9-16 电路原理图

参考程序如下：

```c
#include <reg51.h>                //头文件 reg51.h
sbit P1_0 = P1^0;                 //定义特殊功能寄存器 P1 的位变量 P1_0
void main(void)                   //主函数
{
    TMOD = 0x01;                  //设置 T0 为方式 1
    TR0 = 1;                      //接通 T0
    while(1)                      //无限循环
    {
        TH0 = 0xfe;               //置 T0 高 8 位初值
        TL0 = 0x18;               //置 T0 低 8 位初值
        do{} while(!TF0);         //判断 TF0 是否为 1，是则往下执行，否则原地循环
        P1_0 = !P1_0;             //P1.0 状态求反
        TF0 = 0;                  //TF0 标志清 0
    }
}
```

仿真时，右击虚拟数字示波器，在弹出的快捷菜单中选择 Digital oscilloscope 命令，就会在数字示波器上显示 P1.0 引脚输出的周期为 2 ms 的方波，如图 9-15 所示。

另有利用 T1 控制发出 1 kHz 的音频信号和制作 LED 数码管秒表的两个示例，因篇幅所限，不再说明，具体参考二维码资料。

利用T1发出 1 kHz的音频信号

LED数码管秒表的制作

创新思维

发散性思维

发散思维又称辐射思维、放射思维、扩散思维或求异思维,是指大脑在思考时呈现的一种扩散状态的思维模式。要想产生一个好的设想,最好的办法是先激发大量的设想。由一件事物出发,找出与之联系的各个事物。发散思维不是漫无目的,胡思乱想,而是一种类似漩涡,将四周零散的点聚焦起来的思维方式。归纳和演绎是收敛思考仅有的两种思考方式。所谓发散性思维,就是从一点向四面八方想开去的思维。它表现为思维视野广阔,思维呈现出多维发散状,如"一题多解""一事多写""一物多用"等方式。不少心理学家认为,发散思维是创造性思维的最主要的特点。

培养发散思维,首先要做到的是"你要让你的思维飞起来"。从很多个角度去思考一个问题,以寻求到多种设想、观点或者答案。这种思维方式让我们可以拥有更大的思维空间,它是以客观对象的某一方面或者某一点为中心,调动自己的知识储备,并在这个基础上进行想象,从而产生多条思路,并且使多条思路向外扩展,或为爆炸式的立体思维空间。

1)结构发散

结构发散是指以某事物的结构为发散点,设想出利用该结构的各种可能性。

2)因果发散

因果发散是指用发散思维的方法寻找事物间逻辑上的因果关系。因果发散创新思维是指以事情既成的"果"为辐射源,以"因"为半径,全面进行思维发散,以果溯因推出产生某一结果的可能原因,找出解决问题的突破口。

3)属性发散

属性发散是以某种事物的属性(如形状、颜色、音响、味道、气味、明暗等)为发散点,设想出利用某种属性的各种可能性。

4)关系发散

关系发散就是尝试思考某一特定事件所处的复杂关系,从中寻找出相应的思路。在发散思维面前,事物不存在唯一的解释,所有我们认为天经地义的事件和关系,都有可能存在另一种解,即使是附庸,也不失一种调侃之趣。

5)功能发散

发散性思维不仅要求将事物的关系、属性、结构等看成是一个多元开放的系统,更希望在系统的功能上进行发散性思考。

例如,对普通高楼大厦的"立体"概念进行发散,可得到:

立体绿化:屋顶花园增加绿化面积、减少占地改善环境、净化空气。

立体农业、间作:如玉米地种绿豆、高粱地里种花生等。

立体森林:高大乔木下种灌木、灌木下种草、草下种食用菌。

立体渔业:网箱养鱼充分利用水面、水体。

思考练习题 9

一、填空题

1. 如果采用晶振的频率为 3 MHz，定时器/计数器 Tx(x=0,1) 工作在方式 0、1、2 下，其方式 0 的最大定时时间为（　　），方式 1 的最大定时时间为（　　），方式 2 的最大定时时间为（　　）。

2. 定时器/计数器 Tx(x=0,1) 用作计数器模式时，外部输入的计数脉冲的最高频率为系统时钟频率的（　　）。

3. 定时器/计数器 Tx(x=0,1) 用作定时器模式时，其计数脉冲由（　　）提供，定时时间与（　　）有关。

4. 定时器/计数器 T1 测量某脉冲的宽度，采用方式（　　）可得到最大量程。若时钟频率为 6 MHz，允许测量的最大脉冲宽度为（　　）。

5. 定时器 T2 有 3 种工作方式（　　）、（　　）、（　　），可通过对寄存器（　　）中的相关位进行软件设置来选择。

6. AT89S52 单片机的晶振频率为 6 MHz，若利用定时器 T1 的方式 1 定时 2 ms，则（TH1）=（　　），（TL1）=（　　）。

二、单项选择题

1. 定时器 T0 工作在方式 3 时，定时器 T1 有（　　）种工作方式。
   A. 1　　　　B. 2　　　　C. 3　　　　D. 4

2. 定时器 T0、T1 工作于方式 1 时，其计数器为（　　）位。
   A. 8　　　　B. 16　　　　C. 14　　　　D. 13

3. 定时器 T0、T1 的 GATEx = 1 时，其计数器是否计数的条件（　　）。
   A. 仅取决于 TRx 状态　　　　　　B. 仅取决于 GATE 位状态
   C. 是由 TRx 和 $\overline{INTx}$ 两个条件共同来控制　　D. 仅取决于 $\overline{INTx}$ 的状态

4. 要想测量 INTx 引脚上的脉冲的宽度，特殊功能寄存器 TMOD 的内容应为（　　）。
   A. 87H　　　　B. 09H　　　　C. 80H　　　　D. 00H

三、简答题

1. 定时器/计数器 T1、T0 的工作方式 2 有什么特点？适用于哪些场合？

2. THx 与 TLx(x=0,1) 是普通寄存器还是计数器？其内容可以随时用指令更改吗？更改后的新值是立即刷新还是等当前计数器计满后才能刷新？

3. 如果系统的晶振频率为 24 MHz，定时器/计数器工作在方式 0、1、2 下，其最大定时时间各为多少？

4. 定时器/计数器 Tx(x=0,1) 的方式 2 有什么特点？适用于哪些应用场合？

5. 一个定时器的定时时间有限，如何用两个定时器的串行定时来实现较长时间的定时？

6. 当定时器 T0 工作于方式 3 时，应该如何控制定时器 T1 的启动和关闭？

四、综合设计

1. 使用定时器 T0,采用方式 2 定时,在 P1.0 引脚输出周期为 400 μs,占空比为 4:1 的矩形脉冲,要求在 P1.0 引脚接有虚拟示波器,观察 P1.0 引脚输出的矩形脉冲波形。

2. 利用定时器 T1 的中断来使 P1.7 控制蜂鸣器发出 1 kHz 的音频信号,假设系统时钟频率为 12 MHz。

3. 制作一个采用 LCD1602 液晶显示模块显示的电子钟,在 LCD 上显示当前的时间。显示格式为"时时:分分:秒秒"。设有 4 个功能键 K1~K4,功能如下:

(1) K1 进入时间修改。
(2) K2 修改时,按一下 K2,当前小时增 1。
(3) K3 修改分,按一下 K3,当前分钟增 1。
(4) K4 确认修改完成,电子钟按修改后的时间运行显示。

第10章 单片机的串行口

本章介绍 AT89S52 单片机片内全双工通用异步收发(UART)串行口的基本结构与工作原理以及相关的特殊功能寄存器,串行口的 4 种工作方式。本章还介绍如何利用单片机串行口实现多机串行通信,单片机串行通信的各种应用编程以及单片机与 PC 的串行通信。此外,从实用角度对目前单片机串行通信广泛使用的各种常见的标准串行通信接口 RS-232、RS-422 以及 RS-485 也进行了简要介绍。

10.1 串行通信基础

随着单片机的广泛应用与计算机网络技术的普及,单片机与个人计算机或单片机与单片机之间的通信使用较多。

10.1.1 并行通信与串行通信

单片机的数据通信有并行通信与串行通信两种方式。

1. 并行通信

单片机的并行通信通常使用多条数据线将数据字节的各个位同时传送,每一位数据都需要一条传输线,此外还需要一条或几条控制信号线。并行通信示意图如图 10-1 所示。

扩展阅读

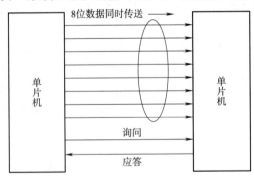

图 10-1　并行通信示意图

并行通信相对传输速度快。但由于传输线较多,长距离传送时成本高,因此这种方式适合于短距离的数据传输。

2. 串行通信

单片机的串行通信是将数据字节分成一位一位的形式在一条传输线上逐位传送。由于一次只能传送一位,所以对于1字节的数据,至少要分8位才能传送完毕,如图10-2所示。

图 10-2　串行通信示意图

串行通信在发送时,要把并行数据变成串行数据发送到线路上去,接收时要把串行数据再变成并行数据。

串行通信传输线少,长距离传送时成本低,且可以利用电话网等现成设备,因此在单片机应用系统中,串行通信的使用非常普遍。

10.1.2　同步串行通信与异步串行通信

串行通信根据收发双方是否使用同步时钟又分为两种方式:同步串行通信与异步串行通信。

同步串行通信是收、发双方采用一个同步时钟,通过一条同步时钟线,使收、发双方达到完全同步,此时,传输数据的位之间的距离均为"位间隔"的整数倍,同时传送的字符间不留间隙,即保持位同步关系。同步串行通信及数据格式如图10-3所示。

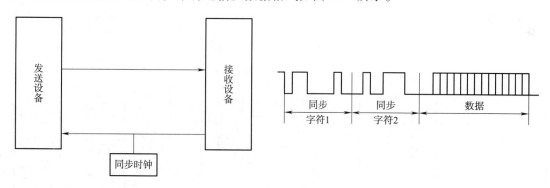

图 10-3　同步串行通信及数据格式

异步串行通信是指收、发双方使用各自的时钟控制数据的发送和接收,这样可省去连接收、发双方的一条同步时钟信号线,使得异步串行通信连接更加简单且容易实现。为使收发双方协调,要求收、发双方的时钟尽可能一致。

图10-4为异步串行通信及数据格式。异步串行通信是以数据帧为单位进行数据传输的,各数据帧之间的间隔是任意的,但每个数据帧中的各位是以固定的时间传送的。

异步串行通信不要求收、发双方时钟严格一致,实现容易,成本低,但是每个数据帧要附加起始位、停止位,有时还要再加上校验位。

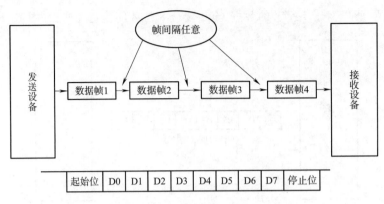

图 10-4　异步串行通信及数据格式

同步串行通信相比异步串行通信,同步串行通信数据传输的效率较高,但是额外增加了一条同步时钟线。

10.1.3　串行通信的传输模式

串行通信按照数据传输的方向及时间关系可分为单工、半双工和全双工。

1. 单工

单工是指数据传输仅能按一个固定方向传输,不能反向传输,如图 10-5(a)所示。

2. 半双工

半双工是指数据传输可以双向传输,但不能同时进行,不能同时传输,如图 10-5(b)所示。

3. 全双工

全双工是指数据传输可以同时进行双向传输,如图 10-5(c)所示。

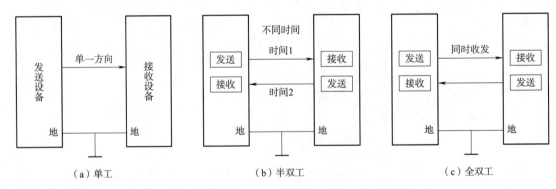

图 10-5　单工、半双工、全双工的数据传输模式

10.1.4　串行通信的错误校验

在串行通信过程中,往往要对数据传送的正确与否进行校验。常用的校验方法有奇偶校验、代码和校验与循环冗余码校验等方法。

1. 奇偶校验

串行发送数据时,数据位尾随 1 位奇偶校验位(1 或 0)。当约定为奇校验时,数据中 1 的个数与校验位 1 的个数之和应为奇数;当约定为偶校验时,数据中 1 的个数与校验位 1 的个数之和应为偶数。数据发送方与接收方应一致。在接收数据帧时,对 1 的个数进行校验,若发现不一致,则说明数据传输过程中出现了差错,则通知发送端重发。

2. 代码和校验

代码和校验是发送方将所发的数据块求和或各字节异或,产生一个字节的校验字符(校验和)附加到数据块末尾。接收方接收数据时同时对数据块(除校验字节)求和或各字节异或,将所得结果与发送方的"校验和"进行比较。如果相符,则无差错;否则,即认为在传输过程中出现了差错。

3. 循环冗余码校验

循环冗余码校验纠错能力强,容易实现。该校验是通过某种数学运算实现有效信息与校验位之间的循环校验,常用于对磁盘信息的传输、存储区的完整性校验等。这种方法是目前应用较为广泛的检错码编码方式之一,广泛用于同步串行通信中。

10.2 串行口的结构

AT89S52 单片机串行口的内部结构如图 10-6 所示。它有两个物理上独立的接收、发送缓冲器 SBUF(属于特殊功能寄存器),可同时发送、接收数据。发送缓冲器只能写入不能读出,接收缓冲器只能读出不能写入,两个缓冲器共用一个特殊功能寄存器字节地址(99H)。

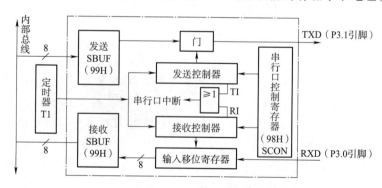

图 10-6 AT89S52 单片机串行口的内部结构

串行口的控制寄存器共有两个:SCON 和 PCON。下面详细介绍这两个特殊功能寄存器的功能。

10.2.1 串行口控制寄存器 SCON

串行口控制寄存器 SCON,字节地址为 98H,可位寻址,位地址为 98H~9FH,可用软件来对 SCON 的所有位进行位清 0 或置 1。SCON 的格式如图 10-7 所示。

	D7	D6	D5	D4	D3	D2	D1	D0	
SCON	SM0	SM1	SM2	REN	TB8	RB8	TI	RI	98H
位地址	9FH	9EH	9DH	9CH	9BH	9AH	99H	98H	

图 10-7　串行口控制寄存器 SCON 的格式

下面介绍 SCON 中各位的功能。

(1) SM0、SM1 串行口 4 种工作方式选择位。SM0、SM1 两位的编码所对应的 4 种工作方式见表 10-1。

表 10-1　串行口的 4 种工作方式

SM0	SM1	工作方式	功能说明
0	0	方式 0	同步移位寄存器方式(用于扩展 I/O 口)
0	1	方式 1	8 位异步收发,波特率可变(由定时器控制)
1	0	方式 2	9 位异步收发,波特率为 $f_{osc}/32$ 或 $f_{osc}/64$
1	1	方式 3	9 位异步收发,波特率可变(由定时器控制)

(2) SM2 多机通信控制位。多机通信是在方式 2 和方式 3 下进行的,因此 SM2 位主要用于方式 2 或方式 3。

当串行口以方式 2 或方式 3 接收时,如果 SM2 = 1,则只有当接收到的第 9 位数据(RB8)为 1 时,才使 RI 置 1,产生中断请求,并将接收到的前 8 位数据送入 SBUF;当接收到的第 9 位数据(RB8)为 0 时,则将接收到的前 8 位数据丢弃。而当 SM2 = 0 时,则不论第 9 位数据是 1 还是 0,都将接收的前 8 位数据送入 SBUF 中,并使 RI 置 1,产生中断请求。

在方式 1 时,如果 SM2 = 1,则只有收到有效的停止位时才会激活 RI。

在方式 0 时,SM2 必须为 0。

(3) REN 允许串行接收位,由软件置 1 或清 0。

REN = 1,允许串行口接收数据。

REN = 0,禁止串行口接收数据。

(4) TB8 发送的第 9 位数据。在方式 2 和方式 3 时,TB8 是要发送的第 9 位数据,其值由软件置 1 或清 0。

在双机串行通信时,TB8 一般作为奇偶校验位使用;也可在多机串行通信中用来表示主机发送的是地址帧还是数据帧,TB8 = 1 为地址帧,TB8 = 0 为数据帧。

(5) RB8 接收的第 9 位数据。工作在方式 2 和方式 3 时,RB8 存放接收到的第 9 位数据。在方式 1 时,如果 SM2 = 0,RB8 是接收到的停止位。在方式 0 时,不使用 RB8。

(6) TI 发送中断标志位。串行口工作在方式 0 时,串行发送的第 8 位数据结束时,TI 由硬件置 1。在其他工作方式时,串行口发送停止位的开始时,置 TI 为 1。TI = 1,表示 1 帧数据发送结束。TI 位的状态可供软件查询,也可申请中断。CPU 响应中断后,在中断服务程序中向 SBUF 写入要发送的下一帧数据。注意:TI 必须由软件清 0。

(7) RI 接收中断标志位。串行口工作在方式 0 时,接收完第 8 位数据时,RI 由硬件置 1。在其他工作方式时,串行口接收到停止位时,该位置 1。RI = 1,表示 1 帧数据接收完毕,并申请中断,要求 CPU 从接收 SBUF 取走数据。该位的状态也可供软件查询。注意:RI 必须由软件清 0。

10.2.2 特殊功能寄存器 PCON

特殊功能寄存器 PCON 的字节地址为 87H,不能位寻址。格式如图 10-8 所示。

	D7	D6	D5	D4	D3	D2	D1	D0	
PCON	SMOD	—	—	—	GF1	GF0	PD	IDL	87H

图 10-8 特殊功能寄存器 PCON 的格式

其中,仅最高位 SMOD 与串行口有关。

SMOD:波特率选择位。

例如,方式 1 的波特率计算公式为

$$\text{方式 1 波特率} = \frac{2^{\text{SMOD}}}{32} \times \text{定时器 T1 溢出率}$$

当 SMOD = 1 时,要比 SMOD = 0 时的波特率加倍,所以 SMOD 位又称波特率倍增位。

10.3 串行口的 4 种工作方式

串行口的 4 种工作方式由 SCON 中 SM0、SM1 位定义,具体见表 10-1。

10.3.1 方式 0

串行口的工作方式 0 为同步移位寄存器输入/输出方式。这种方式并不是用于两个 AT89S52 单片机之间的异步串行通信,而是单片机外接移位寄存器,用来扩展并行 I/O 口。

方式 0 以 8 位数据为 1 帧,没有起始位和停止位,先发送或接收最低位。波特率固定,为 $\frac{f_{\text{osc}}}{12}$。方式 0 的帧格式如图 10-9 所示。

| … | D0 | D1 | D2 | D3 | D4 | D5 | D6 | D7 | … |

图 10-9 方式 0 的帧格式

1. 方式 0 输出

1) 方式 0 输出的工作原理

当单片机执行将数据写入发送缓冲器 SBUF 的指令时,产生一个正脉冲,串行口开始把 SBUF 中的 8 位数据以 $\frac{f_{\text{osc}}}{12}$ 的固定波特率从 RXD 引脚串行输出,低位在前,TXD 引脚输出同步移位脉冲,当 8 位数据发送完,中断标志位 T1 置 1。方式 0 的发送时序如图 10-10 所示。

2) 方式 0 输出的应用举例

方式 0 输出的典型应用是串行口外接串行输入/并行输出的同步移位寄存器 74LS164,实现并行输出端口的扩展。

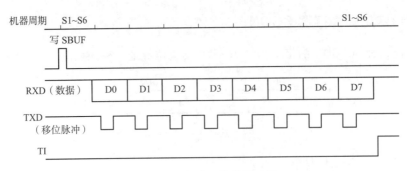

图 10-10　方式 0 的发送时序

图 10-11 所示为串行口工作在方式 0,通过 74LS164 芯片的输出来控制 8 只外接发光二极管亮灭的接口电路。当串行口被设置在方式 0 输出时,串行数据由 RXD 端(P3.0 引脚)送出,移位脉冲由 TXD 端(P3.1 引脚)送出。在移位脉冲的作用下,串行口发送缓冲器的数据逐位地从 RXD 端串行地移入 74LS164 芯片中。

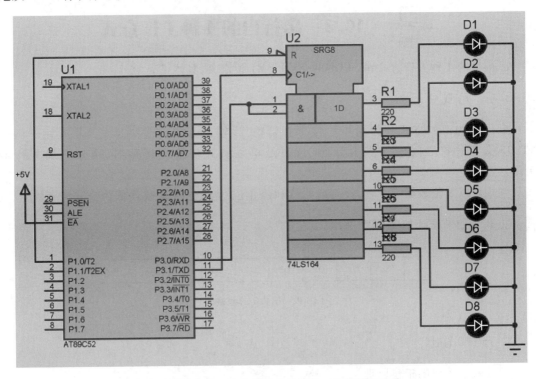

图 10-11　方式 0 输出外接 8 只发光二极管接口电路

例 10.1　如图 10-11 所示,编写程序控制 8 只发光二极管流水点亮。图中 74LS164 芯片的第 8 引脚(CLK 端)为同步脉冲输入端,第 9 引脚为控制端,由单片机的 P1.0 控制,当第 9 引脚为 0 时,允许串行数据由 RXD 端(P3.0 引脚)向 74LS164 芯片的串行数据输入端(1 引脚和 2 引脚)输入,此时 74LS164 芯片的 8 位并行输出端关闭;当第 9 引脚为 1 时,串行数据输入端(1 引脚和 2 引脚)关闭,但是允许 74LS164 芯片中的 8 位数据并行输出。当串行口将 8 位串行数据发送完毕后,申请中断,在中断服务程序中,单片机向串行口输出下一个 8 位数据。

参考程序如下：

```c
#include <reg51.h>
#include <stdio.h>              //包含移位函数的头文件
sbit P1_0 = 0x90;
unsigned char nSendByte;
void delay(unsigned int i)      //延时函数
{
    unsigned char j;
    for(;i>0;i--)               //变量i由实参传入
       for(j=0;j<125;j++)
           ;
}
void main( )
{
    SCON = 0x00;                //设置串行口为方式0
    EA = 1;                     //全局中断允许
    ES = 1;                     //允许串行口中断
    nSendByte = 1;              //点亮数据初始值为0000 0001送入nSendByte
    SBUF = nSendByte;           //CPU向SBUF写入点亮数据,启动串行发送
    P1_0 = 0;                   //P1.0=0向74LS164芯片串行发送数据
    while(1)
    {;}
}
void Serial_Port() interrupt 4 using 0   //串行口中断函数
{
    if(T1)                      //判T1的值,如果T1=1,1字节串行发送完毕
    {
        P1_0 = 1;               //允许74LS164芯片并行输出,流水点亮发光二极管
        SBUF = nSendByte;       //向SBUF写入数据,启动串行发送
        delay(500);             //延时,点亮发光二极管持续一段时间
        P1_0 = 0;               //允许向74LS164芯片串行写入,关闭并行输出
        nSendByte = nSendByte<<1; //点亮发光二极管的数据左移1位
        if(nSendByte == 0) nSendByte = 1;  //判点亮数据是否左移8次?是,重新写入点亮数据
                                           //  0000 0001
        SBUF = nSendByte;       //向74LS164芯片再次串行发送点亮数据
    }
    T1 = 0;
    RI = 0;
}
```

程序说明：

(1) 程序的第4行定义了全局变量 nSendByte，以便在中断函数中能访问该变量。全局变量 nSendByte 用于存放从串行口发出的点亮数据，在程序中使用左移1位操作符"<<"对变量 nSendByte 进行移位，使得从串口发出的数据为 0x01、0x02、0x04、0x08、0x10、0x20、0x40、0x80，从而流水点亮各只发光二极管。

(2) 程序中 if 语句的作用是当 nSendByte 左移1位8次由 0x80 变为 0x00 后，需对变量 nSendByte 重新赋值为 0x01。

(3) 主程序中的 SBUF = nSendByte 语句必不可少,如果没有该语句,主程序就不会启动从串行口发送数据,也就不会产生随后的发送完成中断。

(4) 语句 "while(1) {;}" 用于实现反复循环。

2. 方式 0 输入

1) 方式 0 输入的工作原理

方式 0 输入时,REN 为串口允许接收控制位,REN = 0,禁止接收;REN = 1,允许接收。当 CPU 向串口的 SCON 寄存器写入控制字(设置为方式 0,且 REN = 1,RI = 0)时,产生一个正脉冲,串口开始接收数据。RXD 为数据输入端,TXD 为移位脉冲信号输出端,接收器以 $\frac{f_{osc}}{12}$ 的固定波特率采样 RXD 引脚的数据信息,当接收完 8 位数据时,中断标志位 RI 置 1,表示一帧数据接收完毕,可进行下一帧数据的接收,时序如图 10-12 所示。

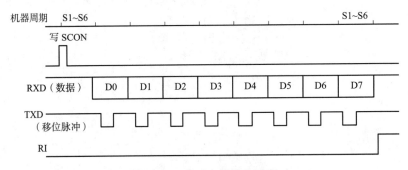

图 10-12 方式 0 的接收时序

2) 方式 0 输入的应用举例

例 10.2 图 10-13 所示为串口外接一片 8 位并行输入、串行输出的同步移位寄存器 74LS165,从而实现了扩展一个 8 位并行输入口,可将接在 74LS165 的 8 个开关 S0~S7 的状态通过串口的方式 0 输入方式读入单片机内。

74LS165 芯片的 SH/LD 端(1 引脚)为控制端,由单片机的 P1.1 引脚控制。若 SH/LD = 0,则允许 74LS165 芯片并行输入数据,且串行输出端关闭;当 SH/LD = 1,则并行输入关断,可向单片机串行发送数据。

当 P1.0 引脚连接的开关 K 合上时,可对反映开关 S0~S7 的状态数字量并行读入,如图 10-13 所示。

单片机采用中断方式来对 S0~S7 状态进行读取,并由单片机的 P2 口控制对应的开关,按下开关发光二极管点亮。

参考程序如下:

```
#include <reg52.h>
#include "intrins.h"
#include <stdio.h>
sbit P1_0 = 0x90;
sbit P1_1 = 0x91;
unsigned char nRxByte;
```

```c
void delay(unsigned int i)              //延时函数
{
    unsigned char j;
    for(;i>0;i--)
    for(j=0;j<125;j++);                 //变量i由实际参数传入一个值
}
main()
{
    SCON=0x10;                          //向串行口控制寄存器SCON写入控制字,初始化为方
                                        //式0
    ES=1;                               //允许串行口中断
    EA=1;                               //允许全局中断
    for(;;);
}
void Serial_Port() interrupt 4 using 0  //串行口中断函数
{
    if(P1_0==0)                         //如果P1_0=0表示开关K按下,可以读开关S0~S7的
                                        //状态
    {
        P1_1=0;                         //并行读入开关S0~S7的状态
        delay(1);
        P1_1=1;                         //将开关S0~S7的状态数据串行读入到串行口中
        RI=0;                           //接收中断标志位RI清0
        nRxByte=SBUF;                   //接收的开关状态数据从SBUF读入
        P2=nRxByte;                     //开关S0~S7的状态数据送P2口,驱动发光二极管点亮
    }
}
```

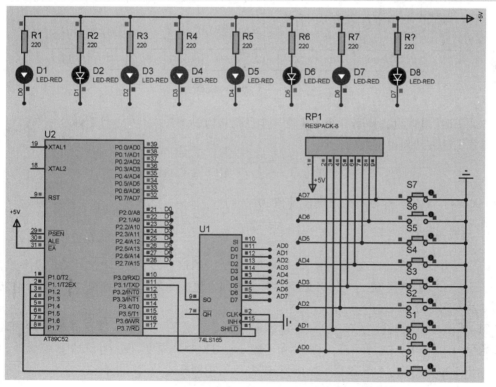

图10-13　串口方式0外接并行输入、串行输出的同步移位寄存器

程序说明:当 P1.0 为 0,即开关 K 按下,表示允许并行读入开关 S0~S7 的状态数字量,通过 P1.1 引脚把 SH/LD = 0,则并行读入开关 S0~S7 的状态。再让 P1.1 = 1,即 SH/LD = 1,74LS165 芯片将刚才读入的 S0~S7 状态数据通过 QH 端(RXD 引脚)串行读入单片机的 SBUF 中,在中断函数中把 SBUF 中的数据读到 nRxByte 单元,并送到 P2 口,控制驱动 8 只发光二极管点亮。

10.3.2 方式 1

串口的方式 1 为双机串行通信方式,如图 10-14 所示。

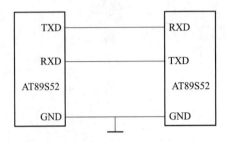

图 10-14 方式 1 双机串行通信方式

当 SM0、SM1 为 01 时,串行口设置为方式 1 的双机串行通信。TXD 和 RXD 分别用于发送和接收数据。

方式 1 收发一帧的数据为 10 位,1 位起始位(0),8 位数据位,1 位停止位(1),先发送或接收最低位。方式 1 的帧格式如图 10-15 所示。

图 10-15 方式 1 的帧格式

方式 1 时,串口为波特率可变的 8 位异步通信接口。
方式 1 的波特率由下式确定:

$$方式1波特率 = \frac{2^{SMOD}}{32} \times 定时器 T1 溢出率$$

式中,SMOD 为 PCON 寄存器的最高位的值(0 或 1)。

1. 方式 1 发送

串口以方式 1 输出时,数据位由 TXD 输出,发送 1 帧信息为 10 位,1 位起始位 0,8 位数据位(先低位)和 1 位停止位 1。当 CPU 执行写数据到发送缓冲器 SBUF 的命令后,就启动发送。方式 1 的发送时序如图 10-16 所示。

图 10-16 中发送时钟为 TX。TX 时钟的频率就是发送的波特率。发送开始时,内部逻辑将起始位向 TXD(P3.1 引脚)输出,此后每经过 1 个 TX 时钟周期,便产生 1 个移位脉冲,并由 TXD 输出 1 位数据位。8 位数据位全部发送完毕后,中断标志位 T1 置 1。

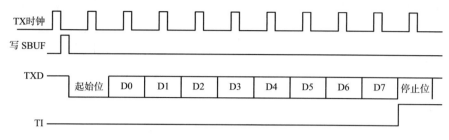

图 10-16　方式 1 的发送时序

2. 方式 1 接收

串行口以方式 1（SM0、SM1 为 01）接收时（REN = 1），数据从 RXD（P3.0 引脚）输入。当检测到起始位的负跳变时，则开始接收。方式 1 的接收时序如图 10-17 所示。

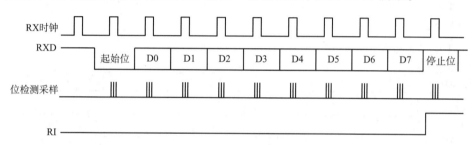

图 10-17　方式 1 的接收时序

接收时，定时控制信号有两种：一种是接收移位时钟（RX 时钟），它的频率和传送的波特率相同，另一种是位检测器采样脉冲，它的频率是 RX 时钟的 16 倍。也就是在 1 位数据期间，有 16 个采样脉冲，以波特率的 16 倍速率采样 RXD 引脚状态。当采样到 RXD 端从 1 到 0 的负跳变（有可能是起始位）时，就启动接收检测器。接收的值是 3 次连续采样（第 7、8、9 个脉冲时采样），取其中两次相同的值，以确认是否是真正起始位（负跳变）的开始，这样能较好地消除干扰引起的影响，以保证准确无误地开始接收数据。

当确认起始位有效时，开始接收一帧信息。接收每一位数据时，也都进行 3 次连续采样（第 7、8、9 个脉冲时采样），接收的值是 3 次采样中至少两次相同的值，以保证接收到的数据位的准确性。当一帧数据接收完毕后，必须同时满足以下两个条件，这次接收才真正有效。

（1）RI = 0，即上一帧数据接收完成时，RI = 1 发出的中断请求已被响应，SBUF 中的数据已被取走，说明"接收 SBUF"已空。

（2）SM2 = 0 或收到的停止位为 1（方式 1 时，停止位已进入 RB8），则将接收到的数据装入 SBUF 和 RB8（装入的是停止位），且中断标志位 RI 置 1。

若不同时满足这两个条件，接收到的数据不能装入 SBUF，这意味着该帧数据将丢失。

10.3.3　方式 2

串行口工作于方式 2 和方式 3 时，被定义为 9 位异步通信接口。每帧数据均为 11 位，1 位起始位 0，8 位数据位（先低位），1 位可程控为 1 或 0 的第 9 位数据和 1 位停止位。方式 2 和方式3的帧格式如图10-18所示。

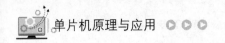

图10-18 方式2和方式3的帧格式

方式2的波特率由下式确定：

$$方式2波特率 = \frac{2^{SMOD}}{64} \times f_{osc}$$

1. 方式2发送

方式2在发送前,先根据通信协议由软件设置TB8(如双机通信时的奇偶校验位或多机通信时的地址/数据的标志位),然后将要发送的数据写入SBUF,即可启动发送过程。串行口能自动把寄存器SCON中的TB8取出,并装入第9位数据位的位置,再逐一发送出去。发送完毕,则使TI位置1。

串行口方式2和方式3的发送时序,如图10-19所示。

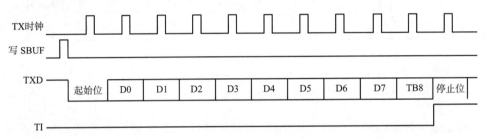

图10-19 方式2和方式3的发送时序

2. 方式2接收

当串行口的SCON寄存器的SM0、SM1为10,且REN=1时,允许串行口以方式2接收数据。接收时,数据由RXD输入,接收11位信息。当位检测逻辑采样到RXD引脚从1到0的负跳变,并判断起始位有效后,便开始接收一帧信息。在接收完第9位数据后,需满足以下两个条件,才能将接收到的数据送入接收缓冲器SBUF。

(1) RI=0,意味着接收缓冲器为空。

(2) SM2=0或接收到的第9位数据位RB8=1。

当满足上述两个条件时,接收到的前8位数据送入SBUF(接收缓冲器),第9位数据送入8,且RI置1。若不满足这两个条件,接收的信息将被丢弃。

串行口方式2和方式3的接收时序,如图10-20所示。

10.3.4 方式3

当SM0、SM1为11时,串行口被定义工作在方式3。方式3为波特率可变的9位异步通信方式,除了波特率外,方式3和方式2相同。方式3发送和接收时序分别如图10-19和图10-20所示。

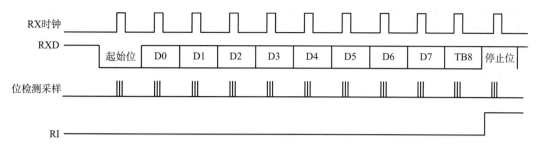

图 10-20 方式 2 和方式 3 的接收时序

方式 3 的波特率由下式确定：

$$方式 3 波特率 = \frac{2^{\text{SMOD}}}{32} \times 定时器 T1 溢出率$$

10.4 多机通信

多个 AT89S52 单片机可利用串行口进行多机通信，经常采用的是图 10-21 所示的主从式结构。该多机系统中有 1 个主机(AT89S52 单片机或其他具有串行口的微机)和 3 个(也可以为多个)AT89S52 单片机组成的从机系统，如图 10-21 所示。主机的 RXD 与所有从机的 TXD 相连，主机的 TXD 与所有从机的 RXD 相连。从机的地址分别为 01H、02H 和 03H。

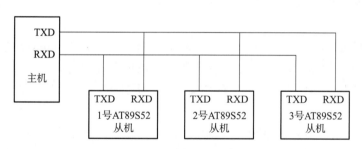

图 10-21 多机通信的主从式结构

主从式是指在多个单片机组成的系统中，只有一个主机，其余的全是从机。主机发送的信息可以被所有从机接收，任何一个从机发送的信息，只能由主机接收。从机和从机之间不能相互直接通信，它们的通信只能经主机才能实现。

下面介绍多机通信的工作原理。

要保证主机与所选择的从机实现可靠通信，必须保证串行口具有识别功能。串行口控制寄存器 SCON 中的 SM2 位就是为满足这一条件而设置的多机通信控制位。其工作原理是在串行口以方式 2(或方式 3)接收时，若 SM2 = 1，则表示进行多机通信，这时可能出现以下两种情况。

(1) 从机接收到的主机发来的第 9 位数据 RB8 = 1 时，前 8 位数据才装入 SBUF，并置中断标志位 RI = 1，向 CPU 发出中断请求。在中断服务程序中，从机把接收到的 SBUF 中的数据存入数据缓冲区中。

(2)从机接收到的主机发来的第 9 位数据 RB8 = 0 时,则不产生中断标志位 RI = 1,不引起中断,从机接收不到主机发来的数据。

若 SM2 = 0,则接收的第 9 位数据不论是 0 还是 1,从机都将产生 RI = 1 的中断标志,接收到的数据装入 SBUF 中。

应用串行口的这一特性,可实现单片机的多机通信。单片机多机通信的工作过程如下:

(1)各从机初始化程序允许各从机串行口中断,将串行口编程为方式 2 或方式 3 接收,即 9 位异步通信方式,且 SM2 和 REN 位置 1,使从机处于多机通信且接收地址帧的状态。

(2)在主机和某个从机通信之前,先将准备接收数据的从机地址发送给各个从机,然后才发送数据(或命令),主机发出的地址帧信息的第 9 位为 1,数据(或命令)帧的第 9 位为 0。

当主机向各从机发送地址帧时,各从机的串行口接收到的第 9 位数据 RB8 为 1,且由于各从机的 SM2 = 1,则中断标志位 RI 置 1,各从机响应中断。在中断服务子程序中,判断主机送来的地址是否和本机地址相符合,若为本机地址,则该从机 SM2 位清 0,准备接收主机的数据或命令;若地址不相符,则保持 SM2 = 1 状态。

(3)接着主机发送数据(或命令)帧,数据帧的第 9 位为 0。此时各从机接收到的 RB8 = 0,只有与前面地址相符合的从机系统(即 SM2 位已清 0 的从机)才能激活中断标志位 RI,从而进入中断服务程序,在中断服务程序中接收主机发来的数据(或命令);与主机发来的地址不相符的从机,由于 SM2 仍保持为 1,又因为 RB8 = 0,因此,不能激活中断标志位 RI,也就不能接收主机发来的数据帧。从而保证了主机与需要传送数据从机间通信的正确性。此时主机与建立联系的从机已经设置为单机通信模式,即在整个通信中,通信的双方都要保持发送数据的第 9 位(即 TB8 位)为 0,防止其他的从机误接收数据。

(4)结束数据通信并为下一次的多机通信做好准备。在多机通信系统中每个从机都被赋予唯一的一个地址。例如,图 10-21 中的 3 个从机的地址可设为 01H、02H、03H,最好再预留 1~2 个"广播地址",它是所有从机共有的地址,例如,将"广播地址"设为 00H。

当主机与从机的数据通信结束后,一定要将从机再设置为多机通信模式,以便进行下一次的多机通信。这时要求与主机正在进行数据传输的从机必须随时注意,一旦接收的数据第 9 位(RB8)为 1,说明主机传送的不再是数据,而是地址,这个地址就有可能是"广播地址",当收到"广播地址"后,便将从机的通信模式再设置成多机通信模式,为下一次的多机通信做好准备。

10.5 波特率的制定方法

在串行通信中,收、发双方发送或接收的波特率必须一致。通过软件对 AT89S52 单片机的串行口可设定 4 种工作方式。其中,方式 0 和方式 2 的波特率是固定的;方式 1 和方式 3 的波特率是可变的,由定时器 T1 的溢出率(T1 每秒溢出的次数)来确定。

10.5.1 波特率的定义

波特率的定义:串行口每秒发送(或接收)的位数称为波特率。设发送 1 位所需要的时间为 T,则波特率为 $1/T$。

例如,串口发送 1 位所需要的时间为 1 μs,则波特率为 1 Mbit/s。

对于定时器 T1 的不同工作方式,得到的波特率的范围是不一样的,这是由于定时器/计数器 T1 在不同工作方式下计数位数的不同所决定的。

10.5.2 定时器 T1 产生波特率的计算

波特率和串口的工作方式有关。

1. 方式 0

波特率固定为时钟频率 f_{osc} 的 1/12,且不受 SMOD 位值的影响。若 f_{osc} = 12 MHz,则波特率为 1 Mbit/s。

2. 方式 2

波特率仅与 SMOD 位的值有关。

$$方式\ 2\ 波特率 = \frac{2^{SMOD}}{64} \times f_{osc}$$

若 f_{osc} = 12 MHz,SMOD = 0,波特率 = 187.5 kbit/s;SMOD = 1,波特率 = 375 kbit/s。

3. 方式 1 或方式 3

常用定时器 T1 作为波特率发生器,其关系式为

$$波特率 = \frac{2^{SMOD}}{32} \times 定时器\ T1\ 溢出率$$

由上式可见,定时器 T1 溢出率和 SMOD 的值共同决定波特率。

在实际设定波特率时,用定时器方式 2(自动装初值)确定波特率比较理想,它不需要用软件来设置初值,可避免因软件重装初值带来的定时误差,且算出的波特率比较准确,即 TL1 作为 8 位计数器,TH1 存放备用初值。

设定时器 T1 方式 2 的初值为 X,则有

定时器 T1 溢出率 = 计数速率/(256 − X) = (f_{osc}/12)/(256 − X)

这样就会得到:

$$波特率 = \frac{2^{SMOD}}{32} \times \frac{f_{osc}}{12} \times (256 - X) \tag{10-1}$$

由上式可见,这种方式下波特率随 f_{osc}、SMOD 和初值 X 而变化。

在实际使用时,经常根据已知波特率和时钟频率 f_{osc} 来计算定时器 T1 的初值 X。为避免繁杂的初值计算,常用的波特率与初值之间的关系列成表 10-2 形式,以供查用。

对表 10-2 有以下两点需要注意:

(1)在使用的时钟振荡频率 f_{osc} 为 12 MHz 或 6 MHz 时,将初值 X 和 f_{osc} 代入式(10-1)中,分子除以分母不能整除,因此计算出的波特率有一定误差。要消除误差可以通过调整时钟振荡频率 f_{osc} 实现,例如,采用的时钟频率为 11.059 2 MHz。因此,当使用串行口进行串行通信时,为减小波特率误差,应该使用的时钟频率须为 11.059 2 MHz。

表 10-2　用定时器 T1 产生的常用波特率

波特率	f_{osc}	SMOD 位	方式	初值 X
62.5 kbit/s	12 MHz	1	2	FFH
19.2 kbit/s	11.0592 MHz	1	2	FDH
9.6 kbit/s	11.0592 MHz	0	2	FDH
4.8 kbit/s	11.0592 MHz	0	2	FAH
2.4 kbit/s	11.0592 MHz	0	2	F4H
1.2 kbit/s	11.0592 MHz	0	2	E8H

（2）如果串行通信选用很低的波特率（如波特率选为 55），可将定时器 T1 设置为方式 1 定时。但在这种情况下，T1 溢出时，需在中断服务程序中重新装入初值。中断响应时间和执行指令时间会使波特率产生一定的误差，可用改变初值的方法加以调整。

例 10.3　若 AT89S52 单片机的时钟振荡频率为 11.059 2 MHz，选用 T1 的方式 2 定时作为波特率发生器，波特率为 2 400 bit/s，求初值。

设 T1 为方式 2 定时，选 SMOD=0。

将已知条件代入式（10-1）中

扩展阅读

$$波特率 = \frac{2^{SMOD}}{32} \times \frac{f_{osc}}{12} \times (256 - X) = 2\,400$$

从中解得 $X = 244 = $ F4H。

只要把 F4H 装入 TH1 和 TL1，则 T1 发出的波特率为 2 400 bit/s。在实际编程中，该结果也可直接从表 10-2 中查到。

这里时钟振荡频率选为 11.059 2 MHz，就可使初值为整数，从而产生精确的波特率。

10.6　串行口应用的设计案例

单片机的串行通信接口设计时，需要考虑以下问题。

（1）确定串行通信双方的数据传输速率和通信距离。

（2）由串行通信的数据传输速率和通信距离确定采用的串行通信接口标准。

（3）注意串行通信的通信线的选择，一般选用双绞线较好，并根据传输的距离选择纤芯的直径。如果空间的干扰较多，还要选择带有屏蔽层的双绞线。

下面首先介绍有关串行通信中为提高数据传输速率、通信距离以及抗干扰性能经常采用的各种串行通信接口标准。

10.6.1　串行通信标准接口 RS-232、RS-422 与 RS-485 简介

AT89S52 单片机串行口的输入、输出均为 TTL 电平。这种以 TTL 电平来串行传输数据，抗干扰性差，传输距离短，数据传输速率低。为了提高串行通信的可靠性，增大串行通信的距离和提高数据传输速率，在实际的串行通信设计中都采用标准串行接口，如 RS-232、RS-422、RS-485 等。

根据 AT89S52 单片机的双机通信距离、数据传输速率以及抗干扰性的实际要求，可选择 TTL 电平传输或选择 RS-232、RS-422、RS-485 标准接口进行串行数据传输。

1. TTL 电平通信接口

如果两个 AT89S52 单片机相距在 1.5 m 之内,它们的串行口可直接相连。甲机的 RXD 与乙机的 TXD 端相连,乙机的 RXD 与甲机的 TXD 端相连,从而直接用 TTL 电平传输方式来实现双机通信。

2. RS-232 双机通信接口

如果双机通信距离在 1.5～30 m 时,可利用 RS-232 标准接口实现点对点的双机通信,接口电路如图 10-22 所示。

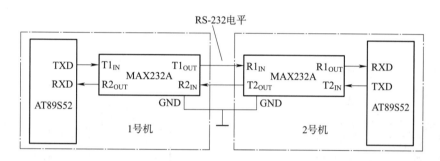

图 10-22　RS-232 双机通信接口电路

RS-232 标准规定电缆长度限定在 15 m 内,最高数据传输速率为 20 kbit/s,足以覆盖个人计算机使用的 50～9 600 bit/s 范围。传送的数字量采用负逻辑,且与地对称。其中:

逻辑 1: -3～-15 V;

逻辑 0:3～15 V。

由于单片机的引脚为 TTL 电平,与 RS-232 标准的电平互不兼容,所以单片机使用 RS-232 标准串行通信时,必须进行 TTL 电平与 RS-232 标准电平之间的转换。

RS-232 电平与 TTL 电平之间的转换,常采用美国 MAXIM 公司的 MAX232A,它是全双工发送器/接收器接口电路芯片,可实现 TTL 电平到 RS-232 电平、RS-232 电平到 TTL 电平的转换。MAX232A 的引脚如图 10-23 所示,内部结构及外部元件如图 10-24 所示。由于芯片内部有自升压的电平倍增电路,将 +5 V 转换成 -10～+10 V,满足 RS-232 标准对逻辑 1 和逻辑 0 的电平要求。工作时仅需单一的 +5 V 电源。其片内有 2 个发送器、2 个接收器,有 TTL 输入/RS-232 输出的功能,也有 RS-232 输入/TTL 输出的功能。

3. RS-422 双机通信接口

RS-232 虽然应用很广泛,但其推出较早,有明显的缺点:数据传输速率低、通信距离短、接口处信号容易产生串扰等。于是国际上又推出了 RS-422 标准。RS-422 与 RS-232 的主要区别是,收发双方的信号地不再共地,RS-422 采用了平衡驱动和差分接收的方法。每个方向用于数据传输的是两对平衡差分信号线,这相当于两个单端驱动器。输入同一个信号时,其中一个驱动器的输出永远是另一个驱动器的反相信号。于是两条线上传输的信号电平,当一个表示逻辑 1 时,另一条一定为逻辑 0。若传输过程中,信号中混入了干扰和噪声(以共模形式出现),由于差分接收器的作用,就能识别有用信号并正确接收传输的信息,并使干扰和噪声相互抵消。

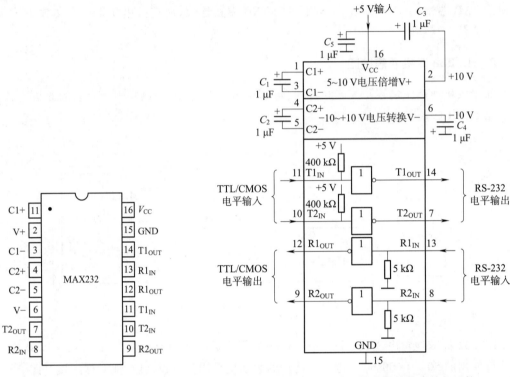

图 10-23 MAX232A 的引脚   图 10-24 MAX232A 的内部结构及外部元件

因此,RS-422 能在长距离、高速率下传输数据。它的最大传输速率为 10 Mbit/s,在此速率下,电缆允许长度为 12 m,如果采用较低的传输速率时,最大传输距离可达 1 219 m。

4. RS-485 双机通信接口

RS-422 双机通信需四芯传输线,这对长距离通信是很不经济的,故在工业现场,通常采用双绞线传输的 RS-485 串行通信接口,它很容易实现多机通信。RS-485 是 RS-422 的变型,与 RS-422 的区别是:RS-422 为全双工,采用两对平衡差分信号线;而 RS-485 为半双工,采用一对平衡差分信号线。RS-485 与多站互连是十分方便的,很容易实现 1 对 N 的多机通信。RS-485 标准允许最多并联 32 台驱动器和 32 台接收器。

图 10-25 所示为 RS-485 双机通信接口电路。RS-485 与 RS-422 一样,最大传输距离约 1 200 m,最大传输速率为 10 Mbit/s。通信线路要采用平衡双绞线。平衡双绞线的长度与传输速率成反比,在 100 kbit/s 速率以下,才可能使用规定的最长电缆。只有在很短的距离下才能获得最大传输速率。一般 100 m 长双绞线最大传输速率仅为 1 Mbit/s。

在图 10-25 中,RS-485 以双向、半双工的方式来实现双机通信。在单片机发送或接收数据前,应先将 SN75176 芯片的发送门或接收门打开,当 P1.0 = 1 时,发送门打开,接收门关闭;当 P1.0 = 0 时,接收门打开,发送门关闭。

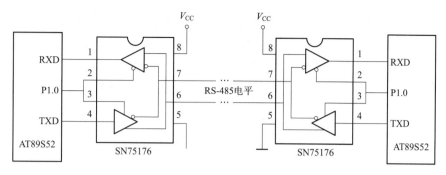

图 10-25　RS-485 双机通信接口电路

图 10-25 中的 SN75176 芯片内集成了一个差分驱动器和一个差分接收器,且兼有 TTL 电平到 RS-485 电平、RS-485 电平到 TTL 电平的转换功能。此外,常用的 RS-485 接口芯片还有 MAX485。

10.6.2　方式 1 的应用设计

例 10.4　如图 10-26 所示,单片机甲、乙双机进行串行通信,双机的 RXD 和 TXD 相互交叉相连,甲机的 P1 口接有 8 个开关 K1~K8,乙机的 P1 口接 8 只发光二极管 D1~D8。甲机设置为只能发送不能接收的单工方式。要求甲机读入 P1 口的 8 个开关 K1~K8 的状态数据后,通过串行口发送到乙机,乙机将接收到的甲机的 8 个开关的状态数据送入自身的 P1 口,由乙机 P1 口的 8 只发光二极管来显示甲机 P1 口 8 个开关的状态。甲机与乙机的晶振频率均采用 11.059 2 MHz。

参考程序如下:

```c
//甲机串行发送
#include <reg52.h>
#define uchar unsigned char
#define uint unsigned int
void main()
{
    uchar temp = 0;
    TMOD = 0x20;              //设置定时器 T1 为方式 2
    TH1 = 0xfd;               //波特率 9 600
    TL1 = 0xfd;
    SCON = 0x40;              //串口初始化方式 1 发送,不接收
    PCON = 0x00;              //SMOD = 0
    TR1 = 1;                  //启动 T1
    P1 = 0xff;                //设置甲机 P1 口为输入
    while(1)
    {
        temp = P1;            //读入甲机 P1 口开关的状态数据
        SBUF = temp;          //状态数据通过串行口发送给乙机
        while(TI == 0);       //判断是否发送完,如果 TI = 0,未发送完,循环等待
        TI = 0;               //已发送完,把 TI 清 0
    }
}
```

```c
//乙机查询方式串行接收
#include <reg52.h>
#define uchar unsigned char
#define uint unsigned int
void main()
{
    uchar temp=0;
    TMOD=0x20;   //设置定时器T1为方式2
    TH1=0xfd;    //波特率9 600
    TL1=0xfd;
    SCON=0x50;   //设置乙机串口为方式1接收,REN=1
    PCON=0x00;   //SMOD=0
    TR1=1;       //接通T1
    while(1)
    {
        while(RI==0);        //若RI为0,未接收完数据
        RI=0;                //接收完数据,则把RI清0
        temp=SBUF;           //读取甲机开关状态数据存入temp中
        P1=temp;             //将接收到的开关状态数据送P1口控制8只发光二极管的亮
                             //与灭
    }
}
//乙机中断方式串行接收
#include <reg52.h>
#define uchar unsigned char
#define uint unsigned int
uchar temp=0;
void main()
{
    SCON=0x50;           //设置串口为方式1接收,REN=1
    TMOD=0x20;           //设置定时器T1为方式2
    TH1=0xfd;            //波特率9 600
    TL1=0xfd;
    PCON=0x00;           //SMOD=0
    TR1=1;               //启动T1
    EA=1;                //全局中断允许
    ES=1;                //允许串行口中断
    while(1)
    {
        P1=temp;         //接收的数据送P1口控制8只发光二极管的亮灭
    }
}
void Serial_Port() interrupt 4    //串行口中断服务程序
{
    if(RI==1)                      //如果RI=1,1字节数据串行接收完毕
```

```
        {
            temp = SBUF;//读取数据存入 temp 中
        }
        TI = 0;
        RI = 0;
}
```

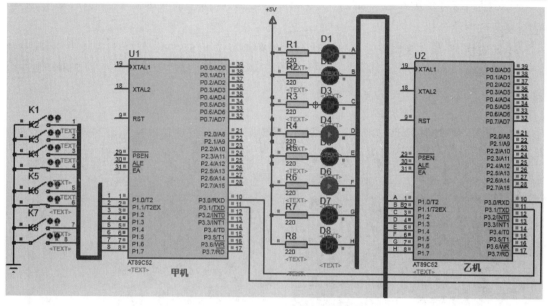

图 10-26　单片机方式 1 双机串行通信的连接

例 10.5　如图 10-27 所示，甲、乙两机以方式 1 进行串行通信，双方晶振频率均为 11.059 2 MHz，波特率为 2 400 bit/s。甲机的 TXD 引脚、RXD 引脚分别与乙机的 RXD 引脚、TXD 引脚交叉相连。

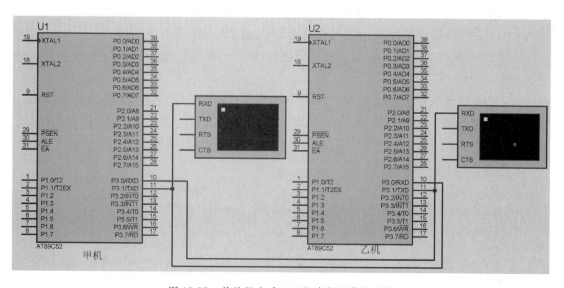

图 10-27　单片机方式 1 双机串行通信的连接

为观察串行口传输的数据,电路中添加了两个虚拟终端来分别显示串行口发出的数据。添加虚拟终端,只需单击图6-19左侧工具箱中的虚拟仪器快捷按钮,在预览窗口中显示出各种虚拟仪器选项,单击VIRTUAL TERMINAL,并放置在原理图编辑窗口中,然后把虚拟终端的RXD端与单片机的TXD端相连即可。

当串行通信开始时,甲机首先发送数据AAH,乙机收到后应答BBH,表示同意接收。甲机收到BBH后,即可发送数据。如果乙机发现数据出错,就向甲机发送FFH,甲机收到FFH后,重新发送数据给乙机。

串行通信时,如要观察单片机仿真运行时串行口发送出的数据,只需右击虚拟终端,在弹出的快捷菜单中选择Virtual Terminal命令,此时会弹出窗口,窗口中显示了单片机串行口TXD发出的一个个数据字节,如图10-28所示。

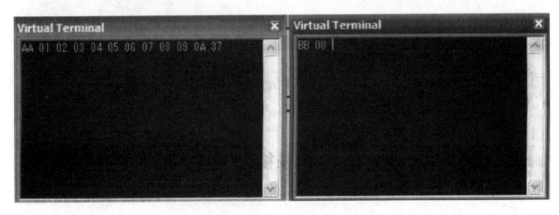

图10-28 观察单片机串行口发出的数据

设发送的字节块长度为10字节,数据缓冲区为buf,数据发送完毕要立即发送"校验和",进行数据发送准确性验证。乙机接收到的数据存储到数据缓冲区buf,收到一个数据块后,再接收甲机发来的"校验和",并将其与乙机求得的"校验和"比较。若相等,说明接收正确,乙机回答00H;若不等,说明接收不正确,乙机回答FFH,请求甲机重新发送。

选择定时器T1为方式2定时,波特率不倍增,即SMOD=0。查表10-2,可得写入T1的初值应为F4H。

以下为双机通信程序,该程序可以在甲、乙两机中运行,不同的是在程序运行之前,要人为地设置TR。若TR=0,表示该机为发送方;若TR=1,表示该机为接收方。程序根据TR设置,利用发送函数send()和接收函数receive()分别实现发送和接收功能。

参考程序如下:

```
//甲机串行通信程序
#include <reg51.h>
#define uchar unsigned char
define TR 0                              //接收、发送的区别值,TR=0,为发送
uchar buff[10] = {0x01, 0x02, 0x03, 0x04, 0x05, 0x06, 0x07, 0x08, 0x09, 0x0a};
                                         //发送的10个数据
```

```
uchar sum;
void main(void)                          //甲机主程序
{
    init();
    if(TR==0)                            //TR=0,为发送
    {send();}                            //调用发送函数
    if(TR==1)                            //TR=1,为接收
    {receive();}                         //调用接收函数
}
void delay(unsigned int i)               //延时函数
{
    unsigned char j;
    for(; i>0; i--)
    for(j=0;j<125;j++)
    ;
}
void init(void)                          //甲机串口初始化函数
{
    TMOD=0x20;                           //设置T1为方式2
    TH1=0xf4;                            //波特率2 400
    TL1=0xf4;
    PCON=0x00;                           //SMOD=0
    SCON=0x50;                           //设置串行为方式1,REN=1允许接收
    TR1=1;                               //启动T1
}
void send(void)                          //甲机发送函数
{
    uchar i;
    do{
        delay(1000);
        SBUF=0xaa;                       //发送联络信号
        while(T1==0);                    //等待数据发送完毕
        T1=0;
        while(RI==0);                    //等待乙机应答
        RI=0;
    }while(SBUF!=0xbb);                  //乙机未准备好,继续联络
    do{
        sum=0;                           //"校验和"变量清0
        for(i=0; i<10; i++)
        {
            delay(1000);
            SBUF=buf[i];
            sum+=buff[i];                //求"校验和"
            while(T1==0);
            T1=0;
        }
```

```c
            delay(1000);
            SBUF = sum;
            while(T1 ==0); T1 = 0;
            while(RI ==0); RI = 0;
       }while( SBUF! = 0x00);                    //出错,重新发送
    while (1 );
}
void receive(void)                               //甲机接收函数
{
    uchar i;
    RI = 0;
    while(RI ==0);RI = 0;
    while(SBUF! = 0xaa);                         //判甲机是否发出请求
    SBUF = 0xBB;                                 //发送应答信号 BBH
    while(T1 ==0);                               //等待发送结束
    T1 = 0;
    sum = 0;                                     //清"校验和"单元
    for(i = 0;i < 10;i ++)
    {
        while(RI ==0);   RI = 0;                 //接收"校验和"
        buf[ i] = SBUF;                          //接收一个数据
        sum + = buf[ i];                         //求校验和
    }
    while(RI ==0);RI = 0;                        //接收甲机的"校验和"
    if( SBUF == sum)                             //比较"校验和"
        SBUF = 0x00:                             //"校验和"相等,则发 00H
    else
    {
        SBUF = 0xFF;                             //出错发 FFH,重新接收
        while(T1 ==0);T1 = 0;
    }
}
//乙机串行通信程序
#include < reg51. h >
#define uchar unsigned char
#define TR 1                                     //接收、发送的区别值,TR = 1,为接收
uchar idata buf[10];
    // =[0x01,0x02,0x03,0x04,0x05,0x06,0x07,0x08,0x09,0x0a];
uchar sum;                                       //"校验和"
void delay(unsigned int i)
{
    unsigned char j;
    for( ;i > 0;i --)
    for(j = 0;j < 125;j ++)
    ;
}
```

```c
void init(void)                    //乙机串口初始化函数
{
    TMOD = 0x20:                   //设置T1为方式2
    TH1 = 0xf4;                    //波特率2 400
    TL1 = 0xf4;
    PCON = 0x00;                   //SMOD = 0
    SCON = 0x50:                   //设置串行为方式1,REN = 1 允许接收
    TR1 = 1;                       //启动
}
void main(void)                    //乙机主程序
{
    init(   );
    if(TR == 0)                    //TR = 0,为发送
    {send(   );}                   //调用发送函数
    else
    {receive(   );}                //调用接收函数
void send(void)                    //乙机发送函数
{
    ucbar i;
    do{
        SBUF = 0xAA;               //发送联络信号
        while(T1 == 0);            //等待数据发送完毕
        T1 = 0;
        while(RI == 0);            //等待乙机应答
        RI = 0;
    }while(SBUF! = 0xbb):          //乙机未准备好,继续联络(按位取异或)
    do{
        sum = 0;                   //"校验和"单元清0
        for(i = 0;i < 10;i ++)
        {
            SBUF = buf[i];         //求"校验和"
            sum + = buf.i];
            while(T1 ==0);T1 = 0:
        }
        SBUF = sum;
        while(T1 == 0);
        T1 = 0;
        while(RI == 0);
        RI = 0;
    }while(SBUF! = 0);             //出错,重新发送
}
void receive(void)                 //乙机接收函数
{
    uchar i;
    RI = 0;
```

```c
        while(RI==0);RI=0;
        while(SBUF!=0xaa)
        {
            SBUF=0xff;
            while(T1!=1);
            T1=0;
            delay(1000);
        }                                    //判甲机是否发出请求
        SBUF=0xBB;                           //发送应答信号 0xBB
        while(T1==0);                        //等待发送结束
        T1=0;
        sum=0;
        for(i=0;i<10;i++)
        {
            while(RI==0);RI=0                //接收校验和
            buf[i]=SBUF;                     //接收一个数据
            sum+=buf[i];                     //求校验和
        }
    while(RI==0);
    RI=0;                                    //接收甲机的校验和
    if(SBUF==sum)                            //比较校验和
        SBUF=0x00;                           //校验和相等,则发 00H
    else
    {
        SBUF=0xff;                           //出错发 ffH,重新接收
        while(T1==0);T1=0;
    }
}
```

10.6.3 方式 2 和方式 3 的应用设计

方式 2 与方式 1 相比有两点不同之处。

(1) 方式 2 接收/发送 11 位信息,第 0 位为起始位,第 1～8 位为数据位,第 9 位是程控位,由用户设置的 TB8 位决定,第 10 位是停止位,这是方式 2 与方式 1 的一个不同点。

(2) 方式 2 的波特率变化范围比方式 1 小,方式 2 的波特率 = 振荡器频率/n。

当 SMOD = 0 时,n = 64。

当 SMOD = 1 时,n = 32。

而方式 2 和方式 3 相比,除了波特率的差别外,其他都相同,所以下面介绍的方式 3 应用编程,也适用于方式 2。

例 10.6 如图 10-29 所示,甲、乙两单片机进行方式 3(或方式 2)串行通信。甲机把控制 8 个流水灯点亮的数据发送给乙机并点亮其 P1 口的 8 只发光二极管,方式 3 比方式 1 多了 1 个可编程位 TB8,该位一般作奇偶校验位。乙机接收到的 8 位二进制数据有可能出错,需要进行奇偶校验,方法是将乙机的 RB8 和 PSW 的奇偶校验位 P 进行比较,如果相同,接收数据;否则拒绝接收。

本例使用了一个虚拟终端,用来观察甲机串行口发出的数据。

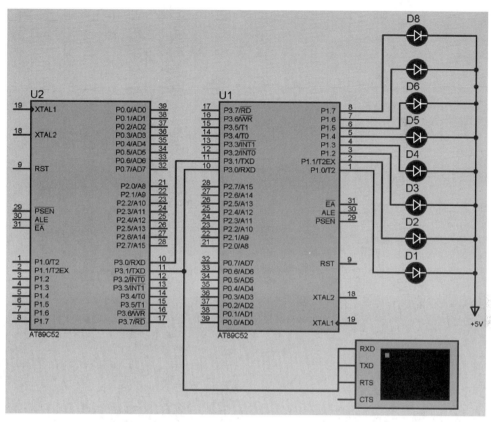

图 10-29　甲、乙两单片机进行方式 3(或方式 2)串行通信

参考程序如下：

```
//甲机发送程序
#include <reg51.h>
sbit p = PSW^0;                    //p 位定义为 PSW 寄存器的第 0 位，即奇偶校验位
unsigned char Tab[8] = {0xfe,0xfd,0xfb,0xf7,0xef,0xdf,0xbf,0x7f};
                                   //控制流水灯点亮的数据数组为全局变量
void main(void)                    //主函数
{
    unsigned char i;
    TMOD = 0x20;                   //设置 T1 为方式 2
    SCON = 0xc0;                   //设置串口为方式 3
    PCON = 0x00;                   //SMOD = 0
    TH1 = 0xfd;                    //给 T1 赋初值，波特率设置为 9 600
    TL1 = 0xfd;
    TR1 = 1;                       //启动 T1
    while(1)
    {
        for(i = 0;i < 8;i ++)
        {
            Send(Tab[i]);
            delay();               //大约 200 ms 发送一次数据
        }
```

```c
    }
}
void Send(unsigned char dat)            //发送1字节数据的函数
{
    ACC = dat;
    TB8 = p;                            //将奇偶校验位作为第9位数据发送,采用偶校验
    SBUF = dat;
    while(TI == 0);                     //检测发送标志位 TI,TI = 0,未发送完
    ;                                   //空操作,等待停止位
    TI = 0;                             //字节发送完,TI 清0
}
void delay(void)                        //延时约 200 ms 的函数
{
    unsigned char m,n;
    for(m = 0; m < 250; m ++)
    for(n = 0; n < 250; n ++);
}
//乙机接收程序
#include <reg51.h>
sbit p = PSW^0;                         //p 位为 PSW 寄存器的第 0 位,即奇偶校验位
void main(void)                         //主函数
{
    TMOD = 0x20;                        //设置 T1 为方式 2
    SCON = 0xd0;                        //设置串口为方式 3,允许接收 REN = 1
    PCON = 0x00;                        //SMOD = 0
    TH1 = 0xfd;                         //给 T1 赋初值,波特率为 9 600
    TL1 = 0xfd;
    TR1 = 1;                            //接通定时器 T1
    REN = 1;                            //允许接收
    while(1)
    {
        P1 = Receive();                 //将接收到的数据送 P1 口显示
    }
    unsigned char Receive(void)         //接收1字节数据的函数
    unsigned char dat;
    while(RI == 0);                     //检测接收中断标志 RI,RI = 0,未接收完,则循环等待
    RI = 0;                             //已接收1帧数据,将 RI 清0
    ACC = SBUF;                         //将接收缓冲器的数据存于 ACC
    if(RB8 == p)                        //只有奇偶校验成功才能往下执行,接收数据
    {
        dat = ACC;                      //将接收缓冲器的数据存于 dat
        return dat;                     //将接收的数据返回
    }
}
```

10.6.4 单片机与 PC 串行通信的设计

在工业现场的测控系统中,常使用单片机进行监测点的数据采集,然后单片机通过串

口与 PC 通信，把采集的数据串行传送到 PC 上，再在 PC 上进行数据处理，PC 配置的都是 RS-232 标准串口，为 D 形 9 针插座，输入/输出为 RS-232 电平。D 型 9 针插头引脚如图 10-30 所示。

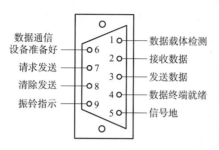

图 10-30 D 型 9 针插头引脚

表 10-3 为 RS-232 的 D 型 9 针插头的引脚定义。由于两者电平不匹配，因此必须把单片机输出的 TTL 电平转换为 RS-232 电平。单片机与 PC 的 RS-232 串行通信接口如图 10-31 所示。图中的电平转换芯片为 MAX232，接口连接只用了 3 条线，即 RS-232 插座中的 2 引脚、3 引脚与 5 引脚。

表 10-3 RS-232 的 D 型 9 针插头的引脚定义

引脚号	功　　能	符号	方向
1	数据载体检测	DCD	输入
2	接收数据	TXD	输出
3	发送数据	RXD	输入
4	数据终端就绪	DTR	输出
5	信号地	GND	
6	数据通信设备准备好	DSR	输入
7	请求发送	RTS	输出
8	清除发送	CTS	输入
9	振铃指示	RI	输入

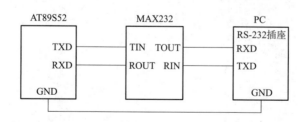

图 10-31 单片机与 PC 的 RS-232 串行通信接口

1. 单片机向 PC 发送数据

例 10.7 单片机向 PC 发送数据的 Proteus 仿真电路如图 10-32 所示。要求单片机通过串口的 TXD 引脚向 PC 串行发送 8 字节数据。本例中使用了两个串口虚拟终端来观察串行口线上出现的串行传输数据。

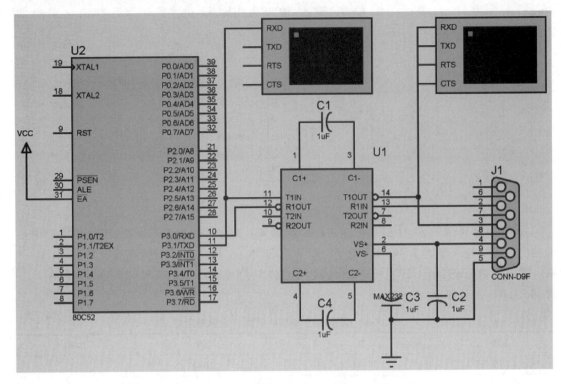

图 10-32　单片机向 PC 发送数据的 Proteus 仿真电路

允许弹出的两个虚拟终端窗口为 VT1 和 VT2,其中窗口 VT1 显示的数据表示了单片机串口发给 PC 的数据,而窗口 VT2 显示的数据表示由 PC 经 RS-232 串口模型 COMPIM 接收到的数据,由于使用了串口模型 COMPIM,从而省去了 PC 的模型,很好地解决了单片机与 PC 串行通信的虚拟仿真问题。

实际上单片机向 PC 和单片机向单片机发送数据的方法是完全一样的。

参考程序如下:

```c
#include <reg51.h>
code Tab[] = {0xfe,0xfd,0xfb,0xf7,0xef,0xdf,0xbf,0x7f};
//欲发送的流水灯控制码数组,定义为全局变量
void send(unsigned char dat)
{
    SBUF = dat;              //待发送数据写入发送缓冲寄存器
    while(T1 == 0);          //串口未发送完,等待
    ;                        //空操作
    T1 = 0;                  //1 字节发送完毕,将 T1 清 0
}
void delay(void)             //延时约 200 ms 函数
{
    unsigned char m,n;
    for(m = 0;m < 250;m ++)
        for(n = 0;n < 250;n ++)
```

```
        ;
    }
    void main(void)
    {
        unsigned char i;
        TMOD = 0x20;            //设置 T1 为方式 2
        SCON = 0x40;            //设置串口为方式 1,TB8 = 1
        PCON = 0x00;
        TH1 = 0xfd;             //波特率 9 600
        TL1 = 0xfd;
        TR1 = 1;                //启动 T1
        while(1)                //循环
        {
            for(i = 0;i < 8;i ++)   //发送 8 次流水灯控制码
            {
                send(Tab[i]);       //发送数据
                delay();            //每隔 200 ms 发送一次数据
            }
        }
    }
```

2. 单片机接收 PC 发送的数据

例 10.8　单片机接收 PC 发送的串行数据,并把接收到的数据送 P1 口的 8 位发光二极管显示。原理电路如图 10-33 所示。本例中采用单片机的串口来模拟 PC 的串口。

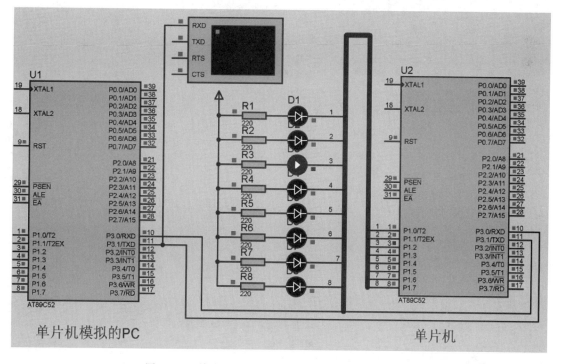

图 10-33　单片机接收 PC 发送的串行数据的原理电路

参考程序如下：

```c
//PC发送程序(用单片机串口模拟PC串口发送数据)
#include <reg52.h>
#define uchar unsigned char
#define uint unsigned int
uchar tab[] = {0xfe, 0xfd, 0xfb, 0xf7, 0xef, 0xdf, 0xbf, 0x7f};
//控制8只发光二极管的亮与灭的数组
void delay(unsigned int i)
{
    unsigned char j;
    for(;i>0;i--)
    for(j=0;j<125;j++)
    ;
}
void main()
{
    uchar i;
    TMOD = 0x20;              //设置T1为方式2
    TH1 = 0xfd;               //波特率9 600
    TL1 = 0xfd;
    SCON = 0x40;              //方式1只发送,不接收
    PCON = 0x00;              //串口初始化为方式0
    TR1 = 1;                  //启动T1
    while(1)
    {
        for(i=0;i<8;i++)
        {
            SBUF = tab[i];    //数据送串口发送
            while(TI==0);     //如果TI=0,未发送完,循环等待
            TI = 0;           //已发送完,再把TI清0
            delay(1000);
        }
    }
}
//单片机接收程序
#include <reg52.h>
#define uchar unsigned char
#define uint unsigned int
void main()
{
    uchar temp = 0;
    TMOD = 0x20;              //设置T1为方式2
    TH1 = 0xfd;               //波特率9 600
    TL1 = 0xfd;
    SCON = 0x50;              //设置串口为方式1接收,REN=1
    PCON = 0x00;              //SMOD=0
    TR1 = 1;                  //启动T1
    while(1)
```

```
    {
        while(RI == 0);          //若 RI 为 0,未接收到数据
        RI = 0;                  //接收到数据,则把 RI 清 0
        temp = SBUF;             //读取数据存入 temp 中
        P1 = temp;               //接收的数据送 P1 口控制 8 只发光二极管的亮与灭
    }
}
```

10.6.5 PC 与单片机或与多台单片机的串行通信

一台 PC 与若干台单片机可构成小型分布式系统,如图 10-34 所示。该系统在许多实时的工业控制和数据采集系统中,可充分发挥单片机功能强、抗干扰性好、面向控制等优点,同时又可利用 PC 弥补单片机在数据处理和人机对话等方面的不足。

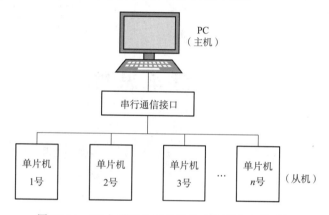

图 10-34 PC 与若干台单片机构成小型分布式系统

在应用系统中,一般是以 PC 作为主机,定时扫描以 AT89S52 单片机为核心的前沿单片机,以便采集数据或发送控制信息。在这样的系统中,以 AT89S52 单片机为核心的智能式测量和控制仪表(从机)既能独立地完成数据处理和控制任务,又可将数据传送给 PC(主机)。PC 将这些数据进行处理,或显示,或打印,同时将各种控制命令传送给各从机,以实现集中管理和最优控制。

要组成图 10-34 的分布式系统,首先要解决的是 PC 与单片机之间的串行通信接口问题。下面以采用 RS-485 接口的串行多机通信为例,说明 PC 与数台 AT89S52 单片机进行多机通信的接口电路设计方案。PC 配有 RS-232 串行标准接口,可通过电路板卡转换成 RS-485 串行接口,AT89S52 单片机本身具有一个全双工的串行口,该串行口加上驱动电路后就可实现 RS-485 接口的串行通信。PC 与数台 AT89S52 单片机进行多机通信的 RS-485 串行通信接口电路如图 10-35 所示。

在图 10-35 中,AT89S52 单片机的串口通过 75176 芯片驱动后就可转换成 RS-485 标准接口,根据 RS-485 标准接口的电气特性,从机数量不多于 32 个。PC 与 AT89S52 单片机之间的串行通信采用主从方式,PC 为主机,各 AT89S52 单片机为从机,由 PC 来确定与哪台单片机进行通信。

有关 PC 与多台单片机的串行通信的软件编程,可供参考的实例较多,读者可查阅相关的参考资料。

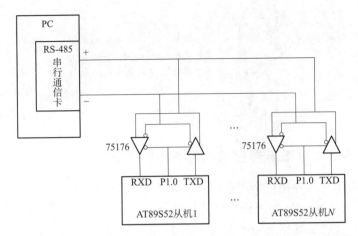

图 10-35　PC 与数台 AT89S52 单片机进行多机通信的 RS-485 串行通信接口电路

利用汇编语言实现单片机串行通信的示例,见二维码资料。

单片机串口通信程序(汇编语言)

创新思维

模拟思维

模拟思维最常见的有几种,包括简化模拟、联想模拟、模糊模拟和想象模拟等,具体介绍如下。

1)简化模拟

简化模拟以简单的方法再现或复原已有事物的形态或特征,往往做了某些方面的简单处理,省略掉与所开展工作关联不大的一些方面,顶级的简化模拟就是完全无误地复刻原本。

这种模拟包括各类虚拟仿真软件和硬件、仿真沙盘,模拟战场、商场、工厂等。我国早期的一些产业,仿制国外某些产品,在没有进行改进提升前,多属于简化模拟的情况。纵观世界各国市场领域,很多也不一定是原始创新者,而更多的是模仿创新者,他们初始阶段多采用仿制策略抢占市场份额。

简化模拟,也可能是极端技术,如使用非常低廉的成本,模拟实现了常规情况下成本高昂的场景或作品,达到了类似的效果。

2)联想模拟

联想模拟是根据事物某一点相同或相似把原来不相关的事物联系在一起而产生模拟。例如,当我们用超声波去做直接仿真时,可轻易联想到:超声波洗牙、超声波洗衣、超声波洗眼镜、超声波洗碗盘、超声波清除肾结石。

3)模糊模拟

模糊模拟需要使用语词或概念数据库。模糊模拟就是比具体模糊化一些,想象范围扩大一些,包括来源的范围和应用的范围。当我们想到超声波能做什么时,范围及使用目的扩大并模糊化。例如,我们不局限在超声波,低频声波、变频声波或光波、电磁波都可以当成我们的想象范围,我们联想到应用在亚声波武器(波长较长,不易衰减,与器官共振)、低频声波催眠、变频声波按摩、激光理疗等。

4）想象模拟

想象模拟是利用发散思维,借用幻想、故事、虚构中丰富的想象,与现实问题相联系,却进入非现实的想象领域,产生大胆的模拟。例如,蜘蛛可以轻易爬墙或贴着天花板行走而不会掉下来,我们就联想到发明在墙上可垂直行走的机器人或机器车。水蛇在水中游行可以很轻松前进,我们就可以联想到潜水艇或是水中机器人也可以这样,于是就可以发明像水蛇游行的工作机器人或探索机器人。

思考练习题 10

一、填空题

1. 串口方式 1 的波特率为（   ）,串口方式 0 的波特率为（   ）。
2. 串行通信波特率的单位是（   ）。
3. AT89S52 单片机的串行通信口若传输速率为每秒 120 帧,每帧 10 位,则波特率为（   ）
4. AT89S52 单片机的通信接口有（   ）和（   ）两种形式。在串行通信中,发送时要把（   ）数据转换成（   ）数据。接收时又需把（   ）数据转换成（   ）数据。
5. 当用串口进行串行通信时,为减小波特率误差,使用的时钟频率应为（   ）MHz。
6. AT89S52 单片机串口的 4 种工作方式中,（   ）和（   ）的波特率是可调的,与定时器/计数器 T1 的溢出率有关,另外两种方式的波特率是固定的。
7. 帧格式为 1 位起始位、8 位数据位和 1 位停止位的异步串行通信方式是方式（   ）。
8. 在串行通信中,收发双方对波特率的设定应该是（   ）的。

二、单项选择题

1. AT89S52 单片机的串口扩展并行 I/O 口时,串口工作方式选择（   ）。
   A. 方式 0   B. 方式 1   C. 方式 2   D. 方式 3
2. 控制串口工作方式的寄存器是（   ）。
   A. TCON   B. PCON   C. TMOD   D. SCON
3. AT89S52 单片机的串行异步通信口为（   ）。
   A. 单工   B. 半双工   C. 全双工

三、判断题

1. 串口通信的第 9 数据位的功能可由用户定义。（   ）
2. 发送数据的第 9 数据位的内容是在 SCON 寄存器的 TB8 位中预先准备好的。（   ）
3. 串行通信方式 2 或方式 3 发送时,指令把 TB8 位的状态送入发送 SBUF 中。（   ）
4. 串行通信接收到的第 9 位数据送 SCON 寄存器的 RB8 中保存。（   ）
5. 串口方式 1 的波特率是可变的,通过定时器/计数器 T1 的溢出率设定。（   ）
6. 串口方式 1 的波特率是固定的,为 $f_{osc}/32$。（   ）
7. AT89S52 单片机进行串行通信时,一定要占用一个定时器作为波特率发生器。（   ）

8. AT89S52 单片机进行串行通信时,定时器方式 2 能产生比方式 1 更低的波特率。
(　　)

9. 串口的发送缓冲器和接收缓冲器只有 1 个单元地址,但实际上它们是两个不同的寄存器。
(　　)

四、简答题

1. 在异步串行通信中,接收方是如何知道发送方开始发送数据的?
2. AT89S52 单片机的串行口有几种工作方式?有几种帧格式?各种工作方式的波特率如何确定?
3. 假定串口串行发送的字符格式为 1 位起始位、8 位数据位、1 位奇校验位、1 位停止位,请画出传送字符"B"的帧格式。
4. 为什么定时器/计数器 T1 用作串口波特率发生器时,常采用方式 2?若已知时钟频率、串行通信的波特率,如何计算装入 T1 的初值?

第11章 单片机系统的并行扩展

虽然 AT89S52 单片机片内集成 8K 程序存储器、256 个单元的数据存储器以及 4 个 8 位并行 I/O 口,但在许多情况下,片内存储器与 I/O 资源以及外围器件还不能满足需要,为此需要对单片机进行存储器、I/O 以及外围器件的扩展。AT89S52 单片机的系统扩展按照接口连接方式分为并行扩展和串行扩展。本章介绍并行扩展。

 ## 11.1 系统并行扩展技术

11.1.1 系统并行扩展结构

AT89S52 单片机系统并行扩展结构,如图 11-1 所示。

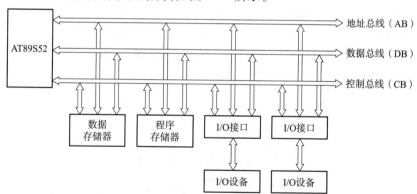

图 11-1 AT89S52 单片机系统并行扩展结构

由图 11-1 可以看出,系统并行扩展主要包括数据存储器扩展、程序存储器扩展和 I/O 接口的扩展。目前 AT89S5X 系列单片机片内都集成了不同容量的串行下载可编程的 Flash 存储器与一定数量的 RAM,见表 11-1,如果片内存储器资源能够满足系统设计需求,扩展存储器的工作可以省去。

表 11-1 AT89S5X 系列单片机片内的存储器资源

型 号	片内 Flash 存储器容量	片内 RAM 存储器容量
AT89S51	4 KB	128 B
AT89S52	—	256 B
AT89S53	12 KB	256 B

续表

型　号	片内 Flash 存储器容量	片内 RAM 存储器容量
AT89S54	16 KB	256 B
AT89S55	20 KB	256 B

AT89S52 单片机采用程序存储器空间和数据存储器空间截然分开的哈佛结构,因此形成了两个并行的外部存储器空间。在 AT89S52 单片机系统中,I/O 端口与数据存储器采用统一编址方式,即 I/O 接口芯片的每一个端口寄存器就相当于一个 RAM 存储单元。

由于 AT89S52 单片机采用并行总线结构,扩展的各种外围接口器件只要符合总线规范就可方便地接入系统。并行扩展是通过系统总线把 AT89S52 单片机与各扩展器件连接起来。因此,要并行扩展首先要构造系统总线。系统总线按功能通常分为 3 组,如图 11-1 所示。

(1)地址总线(Address Bus,AB)用于传送单片机单向发出的地址信号,以便进行存储器单元和 I/O 接口芯片中的寄存器的选择。

(2)数据总线(Data Bus,DB)数据总线是双向的,用于单片机与外部存储器之间或与 I/O 接口之间传送数据。

(3)控制总线(Control Bus,CB)是单片机单向发出的各种控制信号线。

下面介绍如何构造系统的三总线。

1. P0 口作为低 8 位地址/数据总线

AT89S52 单片机的 P0 口既用作低 8 位地址总线,又用作数据总线(分时复用),因此需要增加 1 个 8 位地址锁存器。AT89S52 单片机对外部扩展的存储器单元或 I/O 接口寄存器进行访问时,先发出低 8 位地址送地址锁存器锁存,锁存器输出作为系统的低 8 位地址(A7~A0)。随后,P0 口又作为数据总线口(D7~D0),如图 11-2 所示。

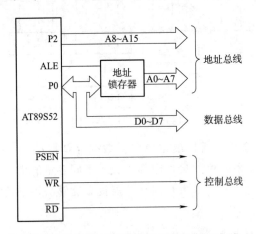

图 11-2　AT89S52 单片机扩展的片外三总线

2. P2 口的口线作为高位地址总线

如图 11-2 所示,P2 口的全部 8 位口线用作系统的高 8 位地址线,再加上地址锁存器输出提供的低 8 位地址,便形成了系统的 16 位地址总线,从而使单片机系统的寻址范围达到 64 KB。

3. 控制信号线

除了地址总线和数据总线之外,还要有系统的控制总线。这些信号有的就是单片机引脚的第一功能信号,有的是 P3 口第二功能信号。其中包括:

(1) $\overline{RD}$ 和 $\overline{WR}$ 信号作为外部扩展的数据存储器和 I/O 端口寄存器的读/写选通控制信号。

(2) $\overline{PSEN}$ 信号作为外部扩展的程序存储器的读/写选通控制信号。

(3) ALE 信号作为 P0 口发出的低 8 位地址的锁存控制信号。

由上可以看出,尽管 AT89S52 单片机有 4 个并行 I/O 口,共 32 条口线,但由于系统扩展的需要,真正给用户作为通用 I/O 使用的,就剩下 P1 口和 P3 口的部分口线了。

11.1.2 地址空间分配

在扩展存储器芯片以及 I/O 接口芯片时,如何把片外的两个 64 KB 地址空间分配给各芯片,使每一存储单元只对应一个地址,避免单片机对一个单元地址访问时发生数据冲突。这就是存储器空间地址的分配问题。

在系统外扩的多片存储器芯片中,AT89S52 单片机发出的地址信号用于选择某个存储器单元,因此必须进行两种选择:一是必须选中该存储器芯片,即"片选",只有被"选中"的存储器芯片才能被读/写,未被选中的芯片不能被读/写;二是在"片选"的基础上还要进行"单元选择"。每个外扩的芯片都有"片选"引脚,同时每个芯片也都有多条地址引脚,以便对其进行单元选择。需要注意的是,"片选"和"单元选择"都是由单片机一次发出的地址信号完成选择的。

常用的存储器地址空间分配方法有两种:线选法和译码法,下面分别介绍。

1. 线选法

线选法是利用单片机的某一高位地址线作为存储器芯片(或 I/O 接口芯片)的"片选"控制信号。只需用某一高位地址线与存储器芯片的"片选"端直接连接即可。

线选法的优点是电路简单,省去了硬件地址译码器电路,体积小,成本低。缺点是可寻址的芯片数目受到限制。线选法适用于单片机外扩芯片数目不多的系统扩展。

2. 译码法

译码法就是使用译码器对 AT89S52 单片机的高位地址进行译码,将译码器的译码输出作为存储器芯片的片选信号。这种方法能够有效地利用存储器空间,适用于多芯片的存储器扩展。常用的译码器芯片有 74LS138(3 线-8 线译码器)、74LS139(双 2 线-4 线译码器)和 74LS154(4 线-16 线译码器)。下面介绍典型的译码器芯片 74LS138 和 74LS139。

(1) 74LS138 是 3 线-8 线译码器,有 3 个数据输入端,经译码后产生 8 种状态,其引脚图如图 11-3 所示,真值表见表 11-2。由表 11-2 可见,当译码器的输入为某一固定编码时,其 8 个输出引脚 $\overline{Y0} \sim \overline{Y7}$ 中仅有 1 个引脚输出为低电平,其余的为高电平。而输出低电平的引脚恰好作为某一存储器或 I/O 接口芯片的片选信号。

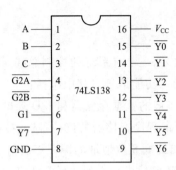

图 11-3　74LS138 引脚图

表 11-2　74LS138 芯片真值表

输入端						输出端							
G1	$\overline{G2A}$	$\overline{G2B}$	C	B	A	$\overline{Y7}$	$\overline{Y6}$	$\overline{Y5}$	$\overline{Y4}$	$\overline{Y3}$	$\overline{Y2}$	$\overline{Y1}$	$\overline{Y0}$
1	0	0	0	0	0	1	1	1	1	1	1	1	0
1	0	0	0	0	1	1	1	1	1	1	1	0	1
1	0	0	0	1	0	1	1	1	1	1	0	1	1
1	0	0	0	1	1	1	1	1	1	0	1	1	1
1	0	0	1	0	0	1	1	1	0	1	1	1	1

（2）74LS139 是双 2 线-4 线译码器，内部的两个译码器完全独立，分别有各自的数据输入端、译码状态输出端以及数据输入允许端，引脚图如图 11-4 所示，其中的 1 组的真值表见表 11-3（表中 × 表示 1 或 0 均可，下同）。

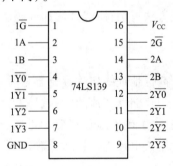

图 11-4　74LS139 引脚图

表 11-3　74LS139 真值表

输入端			输出端			
允许	选择					
$\overline{G}$	B	A	$\overline{Y3}$	$\overline{Y2}$	$\overline{YT}$	$\overline{Y0}$
0	0	0	1	1	1	0
0	0	1	1	1	0	1
0	1	0	1	0	1	1
0	1	1	0	1	1	1
1	×	×	1	1	1	1

下面以 74LS138 芯片为例,介绍如何进行空间地址分配。例如,要扩 8 片 8 KB 的 RAM 6264,如何通过 74LS138 芯片把 64 KB 空间分配给各个芯片?由 74LS138 芯片真值表可知,可把 G1 接到 +5 V、$\overline{G2A}$、$\overline{G2B}$ 接地,P2.7、P2.6、P2.5(高 3 位地址线 A15~A13)分别接到 74LS138 芯片的 C、B、A 端,由于对高 3 位地址译码,则译码器的 8 个输出 $\overline{Y0}$ ~ $\overline{Y7}$ 可分别接到 8 片 RAM 6264 芯片的各个"片选"端,实现 8 选 1 的片选。而低 13 位地址 P2.4~P2.0 与 P0.7~P0.0(即 A12~A0)完成对选中的 RAM 6264 芯片中的各个存储单元的"单元选择"。这样就把 64 KB 存储器空间分成 8 个 8 KB 空间,如图 11-5 所示。

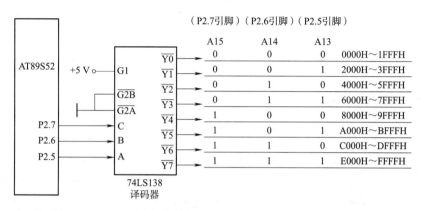

图 11-5　AT89S52 单片机的外部 64 KB 地址空间划分为 8 个 8 KB 空间

当 AT89S52 单片机发出 16 位地址码时,每次只能选中一片芯片以及该芯片的唯一存储单元。

采用译码器划分的地址空间块都是相等的,如果将地址空间块划分为不等的块,可采用可编程逻辑器件(FPGA)实现非线性译码逻辑来代替译码器。

11.1.3　外部地址锁存器

AT89S52 单片机的 P0 口兼作 8 位数据线和低 8 位地址线。如何将它们分离开?需要在单片机外部增加地址锁存器。目前,常用的地址锁存器芯片有 74LS373、74LS573 等。

1. 锁存器 74LS373

74LS373 是一种带有三态门的 8D 锁存器,其引脚图如图 11-6 所示,其内部结构如图 11-7 所示。

74LS373 芯片的引脚说明如下:

D7~D0:8 位数据输入线。

Q7~Q0:8 位数据输出线。

G:数据输入锁存选通信号。当加到该引脚的信号为高电平时,外部数据选通到内部锁存器的输入端,负跳变时,数据锁存到锁存器中。

$\overline{OE}$:数据输出允许信号。当该信号为低电平时,三态门打开,锁存器中数据输出到数据输出线。当该信号为高电平时,输出线为高阻态。

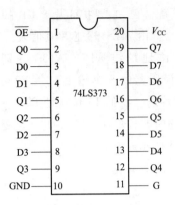

图 11-6　74LS373 引脚图

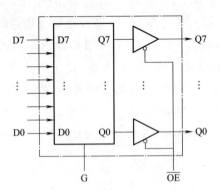

图 11-7　74LS373 内部结构

74LS373 功能表见表 11-4。

表 11-4　74LS373 功能表

$\overline{OE}$	G	D	Q
0	1	1	1
0	1	0	0
0	0	×	不变
1	×	×	高阻态

AT89S52 单片机 P0 口与锁存器 74LS373 的连接，如图 11-8 所示。

2. 锁存器 74LS573

74LS573 也是一种带有三态门的 8 位锁存器，功能及内部结构与 74LS373 芯片完全一样，只是其引脚排列与 74LS373 芯片不同。图 11-9 所示为 74LS573 引脚图。

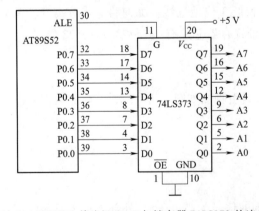

图 11-8　AT89S52 单片机 P0 口与锁存器 74LS373 的连接图

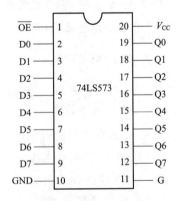

图 11-9　74LS573 引脚图

由图 11-9 可以看出，与 74LS373 芯片相比，74LS573 芯片的输入 D 端和输出 Q 端的引脚依次排列在芯片两侧，这为绘制印制电路板提供了较大方便，因此常用 74LS573 芯片代替 74LS373 芯片。74LS573 芯片与 74LS373 芯片相同符号的引脚的功能相同。

11.2 外部数据存储器的并行扩展

AT89S52 单片机内部有 256B RAM,如果不能满足需要,必须扩展外部数据存储器。在单片机应用系统中,外部扩展的数据存储器都采用静态数据存储器(SRAM)。

11.2.1 常用的 SRAM 芯片

单片机系统中常用的 SRAM 芯片,典型型号有 6116(2 KB)、6264(8 KB)、62128(16 KB)、62256(32 KB)等,它们都用单一 +5 V 电源供电,双列直插封装,6116 芯片为 24 引脚封装,6264、62128、62256 芯片为 28 引脚封装。这些 SRAM 芯片引脚图如图 11-10 所示。

各引脚功能如下:

A0~A14:地址输入线。

D0~D7:双向三态数据线。

$\overline{CE}$:片选信号输入线。但是对于 6264 芯片,当第 24 引脚(CS)为高电平且$\overline{CE}$为低电平时才选中该片。

$\overline{OE}$:读选通信号输入线。

$\overline{WE}$:写允许信号输入线。

V_{CC}: +5 V 电源。

GND:地。

SRAM 存储器有读出、写入、维持 3 种工作方式见表 11-5。

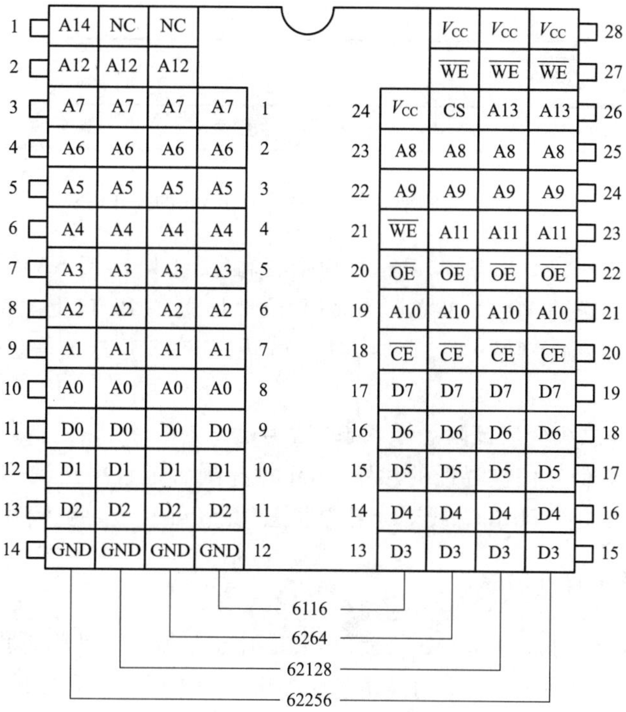

图 11-10 常用的 SRAM 芯片引脚图

表 11-5　SRAM 存储器 3 种工作方式的控制

工作方式信号	$\overline{CE}$	$\overline{OE}$	$\overline{WE}$	D0 ~ D7
读出	0	0	1	数据输出
写入	0	1	0	数据输入
维持	1	×	×	高阻态

11.2.2　读/写片外 RAM 的操作时序

下面介绍 AT89S52 单片机对片外 RAM 的读和写的两种操作时序。

1. 读片外 RAM 的操作时序

AT89S52 单片机若外扩一片 RAM，应将其 $\overline{WR}$ 引脚与 RAM 芯片的 $\overline{WE}$ 引脚连接，$\overline{RD}$ 引脚与 RAM 芯片 $\overline{OE}$ 引脚连接。ALE 信号的作用是作为锁存 P0 口发出的低 8 位地址的锁存器控制信号。

AT89S52 单片机读片外 RAM 的操作时序，如图 11-11 所示。

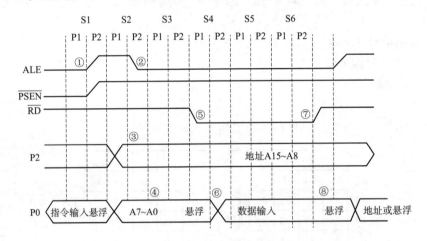

图 11-11　AT89S52 单片机读片外 RAM 的操作时序

在第一个机器周期的 S1 状态，ALE 信号由低变高(见①处)，读 RAM 周期开始。在 S2 状态，CPU 把低 8 位地址送到 P0 口总线上，把高 8 位地址送到 P2 口上。ALE 的下降沿(见②处)，把低 8 位地址信息锁存到外部锁存器 74LS373 内，而高 8 位地址信息一直锁存在 P2 口锁存器中(见③处)。

在 S3 状态，P0 口总线变成高阻悬浮状态(见④处)。在 S4 状态，执行读指令后使 $\overline{RD}$ 信号变为有效(见⑤处)，而信号使被寻址的片外 RAM 过片刻后把数据送到 P0 口总线(见⑥处)，当 $\overline{RD}$ 回到高电平后(见⑦处)，P0 口总线变为悬浮状态(见⑧处)。至此，读片外 RAM 周期结束。

2. 写片外 RAM 的操作时序

当 AT89S52 单片机向片外 RAM 写命令后，单片机的 $\overline{WR}$ 信号为低电平有效，此信号使 RAM 的 $\overline{WE}$ 端被选通。写片外 RAM 的操作时序如图 11-12 所示。开始的过程与读过程类似，但写的过程是单片机主动把数据送上 P0 口总线，故在时序上，单片机先向 P0 口总线上送完 8 位地址后，在 S3 状态就将数据送到 P0 口总线(见③处)。此间，P0 口总线上不会出现高阻悬浮现象。

在 S4 状态，写控制信号 $\overline{WR}$ 有效（见④处），选通片外 RAM，稍过片刻，P0 口上的数据就写到 RAM 内了，然后写控制信号 $\overline{WR}$ 变为无效（见⑤处）。

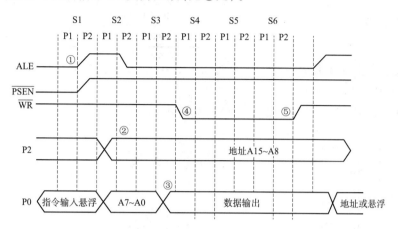

图 11-12 AT89S52 单片机写片外 RAM 的操作时序

11.2.3 并行扩展数据存储器的设计

访问外扩展的数据存储器，要由 P2 口提供高 8 位地址，P0 口提供低 8 位地址和 8 位双向数据总线。AT89S52 单片机对片外 RAM 的读和写由 AT89S52 单片机的 $\overline{RD}$（P3.7）和 $\overline{WR}$（P3.6）信号控制，片选端 $\overline{CE}$ 由地址译码器的译码输出控制。因此，在单片机扩展数据存储器的接口设计时，主要解决地址分配、数据线和控制信号线的连接。如果读/写速度要求较高，还要考虑单片机与 RAM 的读/写速度匹配问题。

图 11-13 所示为用线选法扩展外部数据存储器的电路图。数据存储器选用 6264，该芯片地址线为 A0～A12，故 AT89S52 单片机剩余地址线为 3 条。用线选法可扩展 3 片 6264 芯片，3 片 6264 芯片的地址范围见表 11-6。

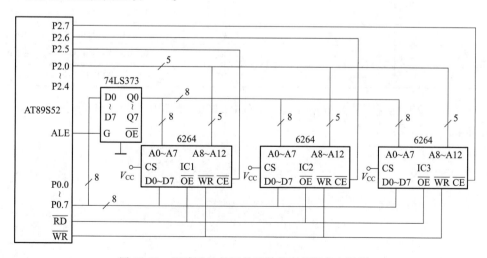

图 11-13 用线选法扩展外部数据存储器的电路图

表 11-6 3 片 6264 芯片的存储器空间

P2.7	P2.6	P2.5	选中芯片	地址范围	存储容量
1	1	0	IC1	C000H ~ DFFFH	8 KB
1	0	1	IC2	A000H ~ BFFFH	8 KB
0	1	1	IC3	6000H ~ 7FFFH	8 KB

用译码法扩展外部数据存储器的电路图如图 11-14 所示。图中数据存储器选用 62128，该芯片地址线为 A0 ~ A13，这样，AT89S52 单片机剩余的地址线为两条，采用 2 线-4 线译码器可扩展 4 片 62128 芯片。4 片 62128 芯片的地址范围见表 11-7。

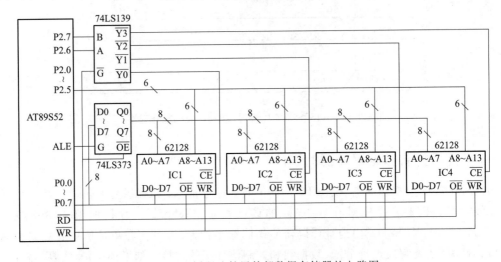

图 11-14 用译码法扩展外部数据存储器的电路图

表 11-7 4 片 62128 芯片的地址范围

2 线-4 线译码器输入		2 线-4 线译码器有效输出	选中芯片	地址范围	存储容量
P2.7	P2.6				
0	0	Y0	IC1	0000H ~ 3FFFH	16 KB
0	1	Y1	IC2	4000H ~ 7FFFH	16 KB
1	0	Y2	IC3	8000H ~ BFFFH	16 KB
1	1	Y3	IC4	C000H ~ FFFFH	16 KB

例 11.1 编写程序将片外数据存储器中的 0x5000 ~ 0x50ff 的 256 个单元全部清 0。参考程序如下：

```
xdata unsigned char databuf[256] _at_ 0x5000;
void main(void)
{
    unsigned char i;
    for(i=0;i<256;i++)
    {
        databuf[i]=0;
    }
}
```

11.2.4 单片机外扩数据存储器 RAM 6264 的案例设计

例 11.2 单片机外部扩展 1 片外部数据存储器 RAM 6264。原理电路如图 11-15 所示。单片机先向 RAM 6264 芯片的 0x0000 地址写入 64 B 的数据 0x01~0x40,写入的数据同时送到 P1 口通过 8 只发光二极管显示出来;然后再将这些数据反向复制到 0x0080 地址开始处,复制操作时,数据也通过 P1 口的 8 只发光二极管显示出来。

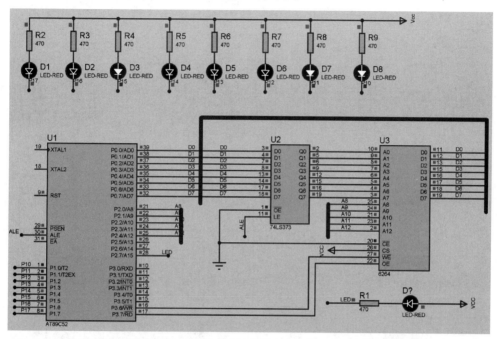

图 11-15 单片机外部扩展 1 片外部数据存储器 RAM 6264 原理电路

上述两个操作执行完成后,发光二极管 D1 被点亮。表示数据第 1 次写入起始地址 0x0000 的 64 B,以及将这 64 B 数据反向复制到起始地址 0x0080 的读/写已经完成。

如要查看 RAM 6264 芯片中的内容,可在 D1 点亮后,单击"暂停"按钮,然后选择 Debug→Memory Contents 命令,即可看到如图 11-16 所示窗口中显示的 RAM 6264 芯片中的数据。可以看到单元地址 0x0000~0x003f 中的内容为 0x01~0x40。而从起始地址 0x0080 开始的 64 个单元中的数据为 0x40~0x01,可见完成了反向复制。

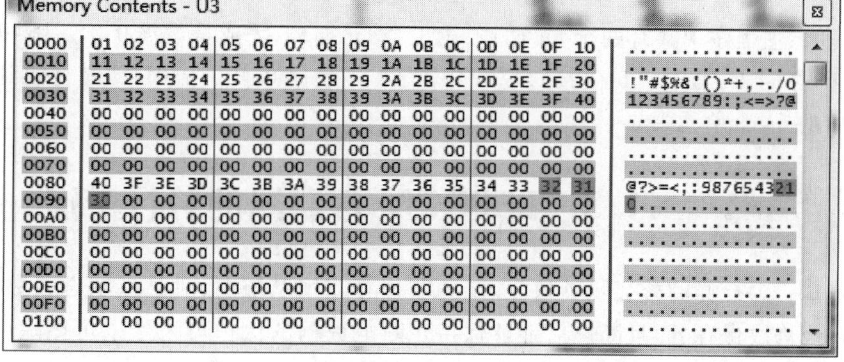

图 11-16 RAM 6264 芯片第 1 次写入的数据与反向复制的数据

参考程序如下:

```c
//先向6264芯片中写入0x00~0x40,然后将其反向复制到起始地址0x0080的64个单元
#include <reg52.h>
#include <absacc.h>           //定义地址所需的头文件
#define uchar unsigned char
#define uint unsigned int
sbit LED = P2^7;
voidDelay(uint i)              //延时函数
{
    uchar t;
    while(i--)
    {
        for(t=0;t<120;t++);
    }
}
void main()
{
    uint i;
    uchar temp;
    LED = 1;
    for(i=0;i<64;i++)          //向6264芯片的0x0000地址开始写入0x01~0x40
    {
        XBYTE[i] = i+1;
        temp = XBYTE[i];
        P1 = ~temp;            //向P1口送显示数据,控制外部的发光二极管的亮灭
        Delay(200);
    }
    for(i=0;i<64;i++)          //将6264芯片中的0x40~0x01反向复制到起始地址0x0080处
    {
        XBYTE[i+0x0080] = XBYTE[63-i];
        temp = XBYTE[i+0x0080]; //反向读取6264芯片数据
        P1 = ~temp;            //向P1口送显示数据,控制外部的发光二极管的亮灭
        Delay(200);
    }
    LED = 0;                   //点亮发光二极管D1,表示数据反向复制完成
    while(1);
}
```

程序说明:主程序中共有两个 for 循环,第 1 个 for 循环,完成将数据 0x01~0x40 写入起始地址 0x0000 的 64 B;第 2 个 for 循环,完成将这 64 B 数据 0x40~0x01 反向复制到起始地址 0x0080 开始的 64 个单元中。

11.3　EEPROM 存储器的并行扩展

在以单片机为核心的智能仪器仪表、工业监控等应用系统中,对某些状态参数数据,不仅要求能够在线修改保存,而且断电后能够保持。断电数据的保护可采用电可擦除可编程存储器 EEPROM,其突出优点是能够在线擦除和改写。

EEPROM 存储器与 Flash 存储器都可在线擦除和与改写,它们之间的区别在于 Flash 存储器结构简单,同样的存储容量占芯片面积较小,成本自然比 EEPROM 低,且大数据量下的操作速度更快,但缺点是擦除和改写都是按扇区进行的,操作过程麻烦,特别是在小数据量反复改写时。所以,单片机中 Flash 存储器的结构更适合作为不需频繁改写的程序存储器。而传统结构的 EEPROM 存储器,操作简单,可字节写入,非常适合用作运行过程中频繁改写某些非易失的小数据量的存储器。

EEPROM 存储器有并行和串行之分,并行 EEPROM 的速度比串行的快,容量大。例如,并行的 EEPROM 芯片 2864A 的容量为 8K×8 位。而串行 I^2C 接口的 EEPROM 与单片机的接口简单,连线少,比较流行的有 ATMEL 公司的串行 EEPROM 芯片 AT24C02/AT24C08/AT24C16。下面介绍 AT89S52 单片机扩展并行 EEPROM 芯片 2864A 的设计。

常见的并行 EEPROM 芯片有 2816/2816A、2817/2817A、2864A 等。这些芯片的引脚图如图 11-17 所示。

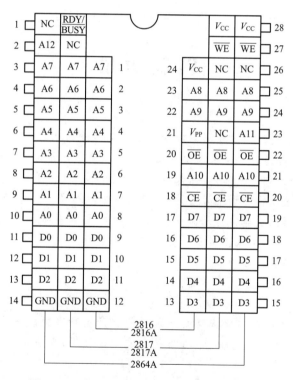

图 11-17 常见的并行 EEPROM 芯片的引脚图

2864A 芯片与 AT89S52 单片机的接口电路,如图 11-18 所示。2864A 芯片的存储容量为 8 KB,与同容量的静态 RAM 6264 的引脚是兼容的,2864A 芯片的片选端由高位地址线 P2.7(A15)来控制。

单片机对 2864A 芯片的读/写非常方便,在单一 +5 V 电压下写入新数据,即覆盖了旧的数据,类似于对 RAM 的读/写操作,2864A 芯片典型的读出数据时间为 200~350 ns,但是字节编程写入时间为 10~15 ms,要比对 RAM 写入时间长许多。

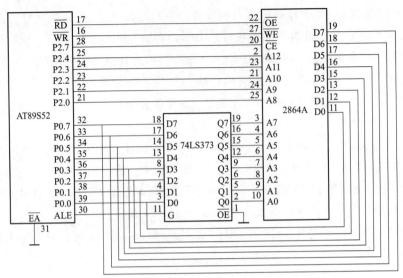

图 11-18　2864A 芯片与 AT89S52 单片机的接口电路

创 新 思 维

形象思维

　　形象思维是指人们借助图像或形象刺激右脑丰富的想象力，去解决问题。也就是用表象进行的思维活动，是一种通过形象来反映和认识客观世界的思维形式。例如，作家塑造一个典型的文学人物形象，画家创作一幅作品，都要在头脑里先构思出这个人物或这幅作品的画面，这种构思的过程是以人或物的形象为素材的，所以叫形象思维。同时，形象思维也在文学上用得较多，比如读到一句话，就非常有画面感，可以想象出具体的场景和事物。许多人写的文字没有文学性，就是因为没有形象在里面。所以在产品创新上，也必须具备形象思维，一看到这个产品就知道这个产品在什么场景下可以使用。

　　形象思维的方法包括以下几个方面：

　　1）模仿法

　　以某种模仿原型为参照，在此基础之上加以变化产生新事物的方法。很多发明创造都建立在对前人或自然界的模仿的基础上，如模仿鸟发明了飞机，模仿鱼发明了潜水艇，模仿蝙蝠发明了雷达。

　　2）组合法

　　从两种或两种以上事物或产品中抽取合适的要素重新组合，构成新的事物或新的产品的方法。常见的组合法一般有同物组合、异物组合、主体附加组合、重组组合 4 种。

　　3）移植法

　　将一个领域中的原理、方法、结构、材料、用途等移植到另一个领域中去，从而产生新事物的方法。主要有原理移植、方法移植、功能移植、结构移植等。

　　4）充填的想象

　　在仅仅认识了某个事物的某些组成部分或某些发展环节的情况下，在头脑中通过想象，对该事物的其他组成部分或其他发展环节加以填补、充实，从而构成一个较完整的事物形象，或构成一个较完整的事物形象的发展过程。

5）纯化的想象

纯化想象就是在头脑中抛开与所面临的问题无关或关系不大的事物的某些因素或部分，只保留必须着重考察的某些因素和部分，从而构成反映该事物某方面的本质与规律的简单化、单纯化、理想化的形象。

思考练习题 11

一、填空题

1. AT89S52 对外扩展并行口时构造三总线，其中作为地址高 8 位总线的是(　　　)。
2. AT89S52 单片机对片外 RAM 的读和写由 AT89S52 单片机的(　　　)和(　　　)引脚控制。
3. 断电数据的保护可采用电可擦除可编程存储器 EEPROM，其突出优点是(　　　)。

二、判断题

1. 在系统外扩的多片存储器芯片中，需要"片选"和"单元选择"，是单片机两次发出信号完成的。　　　　　　　　　　　　　　　　　　　　　　　　　　　　(　　)
2. 线选法只需用某一高位地址线与存储器芯片的"片选"端直接连接即可。　(　　)
3. 相比 EEPROM 存储器，Flash 存储器更适合作为不需频繁改写的程序存储器。(　　)
4. 单片机外部扩展的数据存储器都采用动态数据存储器。　　　　　　　　(　　)

三、单项选择题

1. AT89S52 单片机并行 I/O 口信息有两种读取方法：一种是读引脚，还有一种是(　　　)。
   A. 读 CPU　　　B. 读数据库　　　C. 读 A 累加器　　　D. 读锁存器
2. 利用单片机的串口扩展并行 I/O 口是使用串口的(　　　)。
   A. 方式 3　　　B. 方式 2　　　C. 方式 1　　　D. 方式 0
3. AT89S52 单片机最多可扩展的片外 RAM 为 64 KB，但是当扩展外部 I/O 口后，其外部 RAM 的寻址空间将(　　　)。
   A. 不变　　　B. 变大　　　C. 变小　　　D. 变为 32 KB

四、简答题

1. I/O 接口与 I/O 端口有什么区别？I/O 接口的功能是什么？
2. I/O 数据传送有哪几种传送方式？分别在哪些场合下使用？
3. 常用的 I/O 端口编址有哪两种方式？它们各有什么特点？AT89S52 单片机的 I/O 端口编址采用的是哪种方式？

第12章　单片机系统的串行扩展

单总线串行扩展

单片机系统除并行扩展外,串行扩展技术也已得到广泛应用。与并行扩展相比,串行接口器件与单片机相连需要的 I/O 口线很少(仅需 1～4 条),极大地简化了器件间的连接,进而提高了可靠性;串行接口器件体积小,占用电路板的空间小,减少了电路板的空间,降低了成本。

目前,常用的串行扩展总线接口有单总线(1-Wire)、SPI 总线串行外设接口以及 I^2C(Inter Interface Circuit)串行总线接口。单总线串行扩展的资料,见二维码。本章介绍其他几种串行扩展接口总线的工作原理、特点以及典型设计案例。

12.1　SPI 总线串行扩展

SPI(Serial Periperal Interface,串行外设接口)是 Motorola 公司推出的一种同步串行外设接口,允许单片机与多厂家的带有标准 SPI 接口的外围设备直接连接。单片机串口的方式 0 就是一个同步串口。所谓同步,就是串口每发送、接收 1 位数据都有 1 个同步时钟脉冲来控制。

SPI 外围串行扩展结构如图 12-1 所示。SPI 使用 4 条线:串行时钟线 SCK,主器件输入/从器件输出数据线 MISO,主器件输出/从器件输入数据线 MOSI 和从器件选择线 $\overline{CS}$。

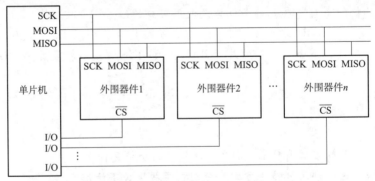

图 12-1　SPI 外围串行扩展结构

典型的 SPI 系统是单主器件系统,从器件通常是外围接口器件,如存储器、I/O 接口、A/D、D/A、键盘、日历/时钟和显示驱动等。单片机扩展多个外围器件时,SPI 无法通过数据线译码选择,故外围器件都有片选端 $\overline{CS}$。在扩展单个 SPI 器件时,外围器件的片选端 $\overline{CS}$ 可以接地或通过 I/O 口控制;在扩展多个 SPI 器件时,单片机应分别通过 I/O 口线来分时选通外围器件。在 SPI 串行扩展系统中,如果某一从器件只作输入(如键盘)或只作输出(如显示器)时,可省去一条数据输出线(MISO)或一条数据输入线(MOSI),从而形成双线系统($\overline{CS}$ 接地)。

SPI 系统中单片机对从器件的选通需控制其$\overline{CS}$端,由于省去了地址字节,数据传送十分简单。但在扩展器件较多时,需要控制较多的从器件$\overline{CS}$端,连线较多。

在 SPI 串行扩展系统中,作为主器件的单片机在启动一次传送时,便产生 8 个时钟,传送给接口芯片作为同步时钟,控制数据的输入和输出。数据的传送格式是高位(MSB)在前,低位(LSB)在后,如图 12-2 所示。数据线上输出数据的变化以及输入数据时的采样,都取决于 SCK。但对于不同的外围芯片,有的可能是 SCK 的上升沿起作用,有的可能是 SCK 的下降沿起作用。SPI 有较高的数据传输速率,最高可达 1.05 Mbit/s。

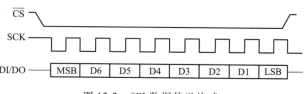

图 12-2 SPI 数据传送格式

目前世界各大公司为用户提供了一系列具有 SPI 接口的单片机和外围接口芯片,例如 Motorola 公司的存储器 MC2814、显示驱动器 MCI4499 和 MCI4489,美国 TI 公司的 8 位串行 A/D 转换器 TLC549 等。

SPI 外围串行扩展系统的从器件要具有 SPI 接口,主器件是单片机。AT89S51 单片机不带有 SPI 接口,可采用软件与 I/O 口结合来模拟 SPI 的接口时序。

12.2 I²C 总线的串行扩展

I²C 或 IIC(Inter Interface Circuit,芯片间总线)是应用广泛的芯片间串行扩展总线。目前世界上采用的 I²C 总线有两个规范,分别由荷兰飞利浦公司和日本索尼公司提出,现在多采用飞利浦公司的 I²C 总线技术规范,它已成为电子行业认可的总线标准。采用 I²C 总线技术的单片机以及外围器件种类很多,目前已广泛用于各类电子产品、家用电器及通信设备中。

I²C 总线是同步通信的一种特殊形式,具有接口线少、控制简单、器件封装形式小、通信速率较高等优点。在主从通信中,可以有多个 I²C 总线器件同时接到 I²C 总线上,所有与 I²C 兼容的器件都具有标准的接口,通过地址来识别通信对象,使它们可以经由 I²C 总线互相直接通信。

I²C 总线产生于 20 世纪 80 年代,最初为音频和视频设备开发,如今主要在服务器管理中使用,其中包括单个组件状态的通信。例如,管理员可对各个组件进行查询,以管理系统的配置或掌握组件的功能状态,如电源和系统风扇。可随时监控内存、硬盘、网络、系统温度等多个参数,增加了系统的安全性,方便了管理。

12.2.1 I²C 串行总线系统的基本结构

I²C 串行总线只有两条信号线:一条是数据线 SDA,另一条是时钟线(SCL)。SDA 线和 SCL 线是双向的,I²C 串行总线上各器件的数据线都接到 SDA 线上,各器件的时钟线均接到 SCL 线上。

I^2C 串行总线系统的基本结构如图 12-3 所示。带有 I^2C 串行总线接口的单片机可直接与具有 I^2C 总线接口的各种扩展器件(如存储器、I/O 芯片、A/D、D/A、键盘、显示器等)连接。由于 I^2C 总线采用纯软件的寻址方法,无须片选线的连接,这样就大大简化了总线数量。

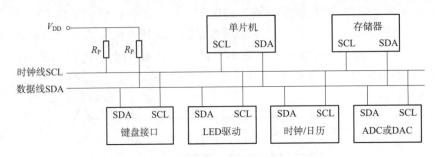

图 12-3 I^2C 串行总线系统的基本结构

I^2C 串行总线的运行由主器件控制。主器件是指启动数据的发送(发出起始信号)、发出时钟信号、传送结束时发出终止信号的器件,通常由单片机来担当。

从器件可以是存储器、LED 或 LCD 驱动器、A/D 或 D/A 转换器、时钟/日历器件等,从器件必须带有 I^2C 串行总线接口。

当 I^2C 串行总线空闲时,SDA 和 SCL 两条线均为高电平。由于连接到总线上器件的输出级必须是漏极或集电极开路的,只要有一个器件任意时刻输出低电平,都将使总线上的信号变低,即各器件的 SDA 及 SCL 都是线与的关系。由于各器件输出端为漏极开路,故必须通过上拉电阻接正电源(图 12-3 中的两个电阻),以保证 SDA 和 SCL 在空闲时被上拉为高电平。SCL 线上的时钟信号对 SDA 线上的各器件间的数据传输起同步控制作用。SDA 线上的数据起始、终止及数据的有效性均要根据 SCL 线上的时钟信号来判断。

在标准的 I^2C 普通模式下,数据传输速率为 100 kbit/s,高速模式下可达 400 kbit/s。总线上扩展的器件数量是由电容负载确定的。I^2C 串行总线上的每个器件的接口都有一定的等效电容,器件越多,电容值就越大,就会造成信号传输的延迟。总线上允许的器件数以器件的电容量不超过 400 pF(通过驱动扩展可达 4 000 pF)为宜。据此可计算出总线长度及连接器件的数量。每个连到 I^2C 串行总线上的器件都有一个唯一的地址,扩展器件时也要受器件地址数目的限制。

I^2C 串行总线应用系统允许多主器件,但是在实际应用中,经常遇到的是以单一单片机为主器件,其他外围接口器件为从器件的情况。

12.2.2 I^2C 串行总线的数据传送规定

1. 数据位的有效性规定

I^2C 串行总线在进行数据传送时,每一数据位的传送都与时钟脉冲相对应。时钟脉冲为高电平期间,数据线上的数据必须保持稳定,在 I^2C 串行总线上,只有在时钟线为低电平期间,数据线上的电平状态才允许变化,如图 12-4 所示。

2. 起始信号和终止信号

根据 I^2C 串行总线协议,总线上数据信号的传送由起始信号(S)开始、由终止信号(P)结束。起始信号和终止信号都由主机发出,在起始信号产生后,总线就处于占用状态;在终止信号产生后,总线就处于空闲状态。下面结合图 12-5 介绍有关起始信号和终止信号的规定。

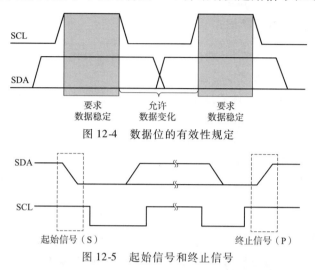

图 12-4　数据位的有效性规定

图 12-5　起始信号和终止信号

(1)起始信号(S)在 SCL 线为高电平期间,SDA 线由高电平向低电平的变化表示起始信号,只有在起始信号以后,其他命令才有效。

(2)终止信号(P)在 SCL 线为高电平期间,SDA 线由低电平向高电平的变化表示终止信号。随着终止信号的出现,所有外部操作都结束。

3. I²C 串行总线上数据传送的应答

I²C 串行总线进行数据传送时,传送的字节数没有限制,但是每字节必须为 8 位长。数据传送时,先传送最高位(MSB),每一个被传送的字节后面都必须跟随 1 位应答位(即 1 帧共有 9 位),如图 12-6 所示。I²C 串行总线在传送每 1 字节数据后都必须有应答信号 A,应答信号在第 9 个时钟位上出现,与应答信号对应的时钟信号由主器件产生。这时发送方必须在这一时钟位上使 SDA 线处于高电平状态,以便接收方在这一位上送出低电平的应答信号 A。

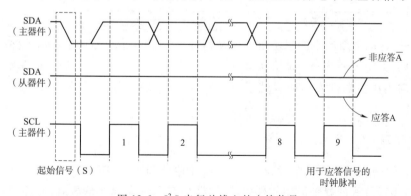

图 12-6　I²C 串行总线上的应答信号

由于某种原因接收方不对主器件寻址信号应答时,例如,接收方正在进行其他处理而无法接收总线上的数据时,必须释放总线,将数据线置为高电平,而由主器件产生一个终止信号以结束总线的数据传送。当主器件接收来自从器件的数据时,接收到最后一个数据字节后,必须给从器件发送一个非应答信号(A),使从器件释放数据总线,以便主器件发送一个终止信号,从而结束数据的传送。

4. I^2C 串行总线上的数据帧格式

I^2C 串行总线上传送的数据信号既包括真正的数据信号,也包括地址信号。

I^2C 串行总线规定,在起始信号后必须宜送一个从器件的地址(7 位),第 8 位是数据传送的方向位($R/\overline{W}$),用 0 表示主器件发送数据($\overline{W}$),用 1 表示主器件接收数据(R)。每次数据传送总是由主器件产生的终止信号结束。但是,若主器件希望继续占用总线进行新的数据传送,则可以不产生终止信号,马上再次发出起始信号对另一从器件进行寻址。因此,在总线一次数据传送过程中,可以有以下几种组合方式。

(1)主器件向从器件发送 n 字节的数据。数据传送方向在整个传送过程中不变,数据传送的格式如下:

| S | 从器件地址 | 0 | A | 字节1 | A | … | 字节(n-1) | A | 字节n | A/$\overline{A}$ | P |

其中,字节 1~字节 n 为主机写入从器件的 n 字节的数据。格式中阴影部分表示主器件向从机发送数据,无阴影部分表示从器件向主器件发送,下同。上述格式中的"从器件地址"为 7 位,紧接其后的 1 和 0 表示主器件的读/写方向,1 为读,0 为写。

(2)主器件读出来自从机的 n 字节除第 1 个寻址字节由主机发出,n 字节都由从器件发送,主器件接收,数据传送的格式如下:

| S | 从机地址 | 1 | A | 字节1 | A | … | 字节(n-1) | A | 字节n | $\overline{A}$ | P |

其中,字节 1~字节 n 为从器件被读出的 n 字节数据。主器件发送终止信号前应发送非应答信号向从器件表明读操作要结束。

(3)主器件的读/写操作在一次数据传送过程中,主器件先发送 1 字节数据,然后再接收 1 字节数据,此时起始信号和从器件地址都被重新产生一次,但两次读/写的方向位正好相反。数据传送的格式如下:

| S | 从器件地址 | 0 | A | 数据 | A/$\overline{A}$ | Sr | 从器件地址 r | 1 | A | 数据 | $\overline{A}$ | P |

其中,"Sr"表示重新产生的起始信号;"从器件地址 r"表示重新产生的从器件地址。

由上可见,无论哪种方式,起始信号、终止信号和从器件地址均由主器件发送,数据字节的发送方向则由主器件发出的寻址字节中的方向位规定,每个字节的传送都必须有应答位相随。

5. 寻址字节

在上面介绍的数据帧格式中,均有 7 位从器件地址和紧跟其后的 1 位读/写方向位,即寻址字节。I^2C 串行总线的寻址采用软件寻址,主器件在发送完起始信号后,立即发送寻址字节来寻址被控的从器件。寻址字节格式如下:

器件地址				引脚地址			方向位
DA3	DA2	DA1	DA0	A2	A1	A0	$R/\overline{W}$

7位从器件地址为"DA3、DA2、DA1、DA0"和"A2、A1、A0",其中"DA3、DA2、DA1、DA0"为器件地址,即器件固有的地址编码,器件出厂时就已经给定。"A2、A1、A0"为引脚地址,由器件引脚A2、A1、A0在电路中接高电平或接地决定(见图12-8)。

数据方向位($R/\overline{W}$)规定了总线上的单片机(主器件)与从器件的数据传送方向。$R/\overline{W}=1$,表示主器件接收(读);$R/\overline{W}=0$,表示主器件发送(写)。

6. 数据传送格式

I^2C 串行总线上每传送一位数据都与一个时钟脉冲相对应,传送的每一帧数据均为1字节。但启动 I^2C 串行总线后传送的字节数没有限制,只要求每传送1字节后,对方回答1个应答位。在时钟线为高电平期间,数据线的状态就是要传送的数据。数据线上数据的改变必须在时钟线为低电平期间完成。在数据传输期间,只要时钟线为高电平,数据线都必须稳定,否则数据线上的任何变化都当作起始或终止信号。

I^2C 串行总线数据传送必须遵循规定的数据传送格式。图12-7所示为一次完整的数据传送应答时序。根据总线规范,起始信号表明一次数据传送的开始,其后为寻址字节。

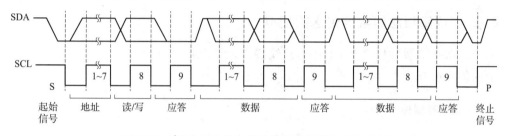

图12-7 I^2C 串行总线一次完整的数据传送应答时序

在寻址字节后是按指定读/写的数据字节与应答位。在数据传送完成后主器件都必须发送终止信号。在起始与终止信号之间传输的数据字节数由主器件(单片机)决定,理论上讲没有字节限制。

由上述的数据传送格式可以看出:

(1)无论何种数据传送格式,寻址字节都由主器件发出,数据字节的传送方向则由寻址字节中的方向位来规定。

(2)寻址字节只表明了从器件的地址及数据传送方向。从器件内部的 n 个数据地址,由器件设计者在该器件的 I^2C 串行总线数据操作格式中,指定第1个数据字节作为器件内的单元地址指针,并且设置地址自动增减功能,以减少从器件地址的寻址操作。

(3)每个字节传送都必须有应答信号相随。

(4)从器件在接收到起始信号后都必须释放数据总线,使其处于高电平,以便主器件发送从器件地址。

12.2.3 AT89S52 的 I^2C 串行总线扩展系统

目前,许多公司都推出带有 I^2C 串行总线接口的单片机及各种外围扩展器件,常见的有 ATMEL公司的 AT24Cxx 系列存储器,PHILIPS 公司的 PCF8553(时钟/日历且带有 256 B RAM)和 PCF8570(256 B RAM)、MAXIM 公司的 MAX117/118(A/D 转换器)和 MAX517/518/

519(D/A 转换器)等。

图 12-8 所示为 AT89S52 单片机扩展 I^2C 串行总线器件的接口电路。图中,AT24C02 为 EEPROM 芯片,PCF8570 为 256 B 静态 RAM,PCF8574 为 8 位 I/O 接口,SAA1064 为 4 位 LED 驱动器。虽然各种器件的原理和功能有很大的差异,但它们与单片机的接口连接是相同的。

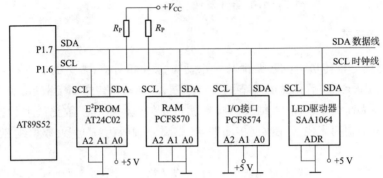

图 12-8 AT89S52 单片机扩展 I^2C 串行总线器件的接口电路

12.2.4 I^2C 串行总线数据传送的模拟

由于 AT89S52 单片机没有 I^2C 串行总线接口,通常用 I/O 口线结合软件来实现 I^2C 串行总线上的信号模拟。

1. 典型信号模拟

为了保证数据传送的可靠性,标准 I^2C 串行总线的数据传送有严格的时序要求。I^2C 串行总线的起始信号、终止信号、应答/数据 0 及非应答/数据 1 的模拟时序如图 12-9 ~ 图 12-12 所示。

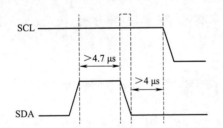

图 12-9 起始信号的模拟时序

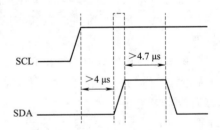

图 12-10 终止信号 P 的模拟时序

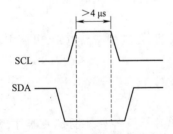

图 12-11 发送应答位的模拟时序

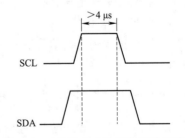

图 12-12 发送非应答位的模拟时序

对于终止信号,要保证有大于 4.7 μs 的信号建立时间。终止信号结束时,要释放总线,使

SDA、SCL 维持在高电平上,在大于 4.7 μs 后才可以进行第 1 次起始操作。在单主器件系统中,为防止非正常传送,终止信号后 SCL 可以设置在低电平。

对于发送应答位、非应答位来说,与发送数据 0 和 1 的信号定时要求完全相同。只要满足在时钟高电平大于 4.0 μs 期间,SDA 线上有确定的电平状态即可。

2. 典型信号及字节收发的模拟子程序

AT89S52 单片机在模拟 I^2C 串行总线通信时,需编写以下 5 个函数:总线初始化、起始信号、终止信号、应答/数据 0 以及非应答/数据 1 函数。

1) 总线初始化函数

总线初始化函数的功能是将 SCL 和 SDA 总线拉高以释放总线。参考程序如下:

```
#include <reg52.h>
#include <intrins.h>          //包含函数_nop_()的头文件
sbit sda = P1^0;              //定义 I²C 模拟数据传送位
sbit scl = P1^1;              //定义 I²C 模拟时钟控制位
void init()                   //总线初始化函数
{
    scl = 1;                  //scl 为高电平
    _nop_();                  //延时约 1 μs
    sda = 1;                  //sda 为高电平
    delay 5us();              //延时约 5 μs
}
```

2) 起始信号函数

图 12-9 所示的起始信号的模拟时序,要求一个新的起始信号前总线的空闲时间大于 4.7 μs,而对于一个重复的起始信号,要求建立时间也须大于 4.7 μs。起始信号的时序波形在 SCL 高电平期间 SDA 发生负跳变。起始信号到第 1 个时钟脉冲负跳变的时间间隔应大于 4 μs。

起始信号函数实现如下:

```
void start(void)              //起始信号函数
{
    scl = 1;
    sda = 1;
    delay 5us();
    sda = 0;
    delay 4us();
    scl = 0;
}
```

3) 终止信号函数

图 12-10 所示的终止信号的模型时序,要求 SCL 高电平期间 SDA 的一个上升沿产生终止信号。

终止信号函数实现如下:

```
void stop(void)//终止信号函数
{
    scl = 0;
    sda = 0;
    delay 4us();
    scl = 1;
    delay 4us();
    sda = 1;
    delay 5us();
    sda = 0;
}
```

4)应答位/数据 0 函数

发送应答位与发送数据 0 相同,即在 SDA 低电平期间 SCL 发生一个正脉冲,产生如图 12-11 所示的模拟时序。

发送应答位/数据 0 的函数实现如下:

```
Void Ack(void)
{
    uchar i;
    sda = 0;
    scl = 1;
    delay 4us();
    while((sda == 1) && (i < 255)) i ++;
    scl = 0;
    delay 4us();
}
```

SCL 在高电平期间,SDA 被从器件拉为低电平表示应答。命令行中的(sda=1)和(i<255)相与,表示若在这一段时间内没有收到从器件的应答,则主器件默认从器件已经收到数据而不再等待应答信号,要是不加这个延时退出,一旦从器件没有发应答信号,程序将永远停在这里,而在实际中是不允许这种情况发生的。

5)非应答位/数据 1 函数

发送非应答位与发送数据 1 相同,即在 SDA 高电平期间 SCL 发生一个正脉冲,产生如图 12-12 所示的模拟时序。

发送非应答位/数据 1 的函数实现如下:

```
void NoAck(void)
{
    sda = 1;
    scl = 1;
    delay 4us();
    scl = 0;
    sda = 0;
}
```

3. 字节收发的子程序

除了上述的典型信号的模拟外,在 I^2C 串行总线的数据传送中,经常使用单字节数据的发送与接收。

1) 发送 1 字节数据子程序

下面是模拟 I²C 的数据线 SDA 发送 1 字节的数据（可以是地址，也可以是数据），发送完后等待应答，并对状态位 ack 进行操作，即应答或非应答都使 ack = 0。发送数据正常 ack = 1；从器件无应答或损坏，则 ack = 0。发送 1 字节数据参考程序如下：

```
Void SendByte(uchar data)
{
    uchar i,temp;
    temp = data;
    for(i = 0;i < 8;i ++)
    {
        temp = temp << 1;//左移一位
        scl = 0;
        delay 4us();
        sda = Cy;
        delay 4us();
        scl = 1;
        delay 4us();
    }
    scl = 0;
    delay 4us();
    sda = 1;
    delay 4us();
}
```

串行发送 1 字节时，需要把这个字节中的 8 位一位一位发出去，"temp = temp << 1;"就是将 temp 中的内容左移 1 位，最高位将移入 CY 位中，然后将 CY 赋给 SDA，进而在 SCL 的控制下发送出去。

2) 接收 1 字节数据子程序

下面是模拟从 I²C 的数据线 SDA 接收从器件传来的 1 字节数据的子程序：

```
void rcvbyte()
{
    uchar i,temp;
    scl = 0;
    delay 4us();
    sda = 1;
    for(i = 0;i < 8;i ++)
    {
        scl = 1;
        delay 4us();
        temp = (temp << 1) |sda;
        scl = 0;
        delay 4us();
        delay 4us();
        return temp;
    }
}
```

12.2.5　I²C 串行总线应用实例

目前通用存储器芯片多为 EEPROM,且采用 I²C 串行总线接口,典型器件为 ATMEL 公司的 I²C 串行接口的 AT24Cxx 系列芯片。该系列芯片有 AT24C01/02/04/08/16 等型号,它们的封装形式、引脚功能及内部结构类似,只是容量不同,分别为 128B/256B/512B/1KB/2KB。下面以 AT24C02 芯片为例,介绍单片机如何通过 I²C 串行总线对 AT24C02 芯片进行读/写。

1. AT24C02 芯片简介

1)封装与引脚

AT24C02 芯片的封装形式有双列直插(DIP)-8 脚式和贴片 8 脚式两种,无论何种封装,其引脚功能都是一样的。AT24C02 芯片的 DIP 封装形式引脚如图 12-13 所示,引脚功能见表 12-1。

图 12-13　AT24C02 芯片的 DIP 封装形式引脚

表 12-1　AT24C02 芯片的引脚功能

引　　脚	名　　称	功　　能
1~3	A0、A1、A2	可编程地址输入端
4	GND	电源地
5	SDA	串行数据输入/输出端
6	SCL	串行时钟输入端
7	WP	硬件写保护控制引脚,TEST=0,正常进行读/写操作;TEST=1,对部分存储区域只能读,不能写(写保护)
8	V_{CC}	+5 V 电源

2)存储单元的寻址

AT24C02 芯片的存储容量为 256 B,分为 32 页,每页 8 B。对片内单元访问操作时,先对芯片寻址,然后再进行片内子地址寻址。

(1)芯片寻址。AT24C02 芯片地址固定为 1010,它是 I²C 串行总线器件的特征编码,其地址控制字节的格式为 1010 A2 A1 A0 R/$\overline{W}$。A2、A1、A0 引脚接高、低电平后得到确定的 3 位编码,与 1010 形成 7 位编码,即为该器件的地址码。由于 A2A1A0 共有 8 种组合,故系统最多可外接 8 片 AT24C02 芯片,R/$\overline{W}$ 是对芯片的读/写控制位。

(2)片内子地址寻址。在确定了 AT24C02 芯片的 7 位地址码后,片内的存储空间可用 1 字节的地址码进行寻址,寻址范围为 00H~FFH,即可对片内的 256 个单元进行读/写操作。

3)写操作

有两种写入 AT24C02 芯片的方式,即字节写入方式与页写入方式。

(1)字节写入方式。单片机(主器件)先发送启动信号和 1 字节的控制字,从器件发出应答信号后,单片机再发送 1 字节的 AT24C02 芯片片内存储单元子地址,单片机收到 AT24C02 芯片应答后,再发送 8 位数据和 1 位终止信号。

(2)页写入方式。单片机先发送启动信号和 1 字节的控制字,再发送 1 字节的 AT24C02 芯片存储器片内起始单元地址,上述几个字节都得到 AT24C02 芯片的应答后,就可以发送最多1 页的数据,并顺序存放在已指定的起始地址开始的相继单元中,最后以终止信号结束。

4）读操作

读 AT24C02 芯片的操作也有两种方式，即指定地址读方式和指定地址连续读方式。

（1）指定地址读方式。单片机发送启动信号后，先发送含有 AT24C02 芯片地址的写操作控制字，AT24C02 芯片应答后，单片机再发送 1 字节的指定单元的地址，AT24C02 芯片应答后再发送 1 个含有芯片地址的读操作控制字，此时如果 AT24C02 芯片做出应答，被访问单元的数据就会按 SCL 信号同步出现在 SDA 线上，供单片机读取。

（2）指定地址连续读方式。单片机收到每个字节数据后要做出应答，只要 AT24C02 芯片检测到应答信号后，其内部的地址寄存器就自动加 1 指向下一个单元，并顺序将指向单元的数据送到 SDA 线上。当需要结束读操作时，单片机接收到数据后，在需要应答的时刻发送一个非应答信号，接着再发送一个终止信号即可。

2. 电路设计与编程

例 12.1 单片机通过 I^2C 串行总线扩展 1 片 AT24C02 芯片，实现对存储器 AT24C02 芯片的读、写，通过按键实现读/写效果。单片机与 AT24C02 芯片的工作电路，如图 12-14 所示。该图采用模块式绘制，名称相同的线路表示连接在一起。

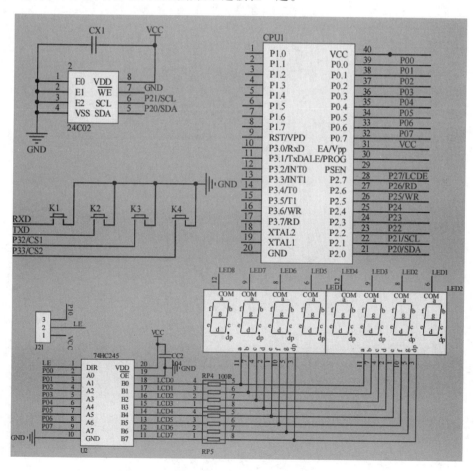

图 12-14 单片机与 AT24C02 芯片的工作电路

本例中,利用单片机实验箱下载程序后,数码管后 4 位显示 0,按 K1 键保存显示的数据,按 K2 键读取上次保存的数据,按 K3 键显示数据加 1,按 K4 键显示数据清零。最大能写入的数据是 255。

参考程序如下:

```c
void At24c02Write(unsigned char,unsigned char);
unsigned char At24c02Read(unsigned char);
void Delay1ms();
void Timer0Configuration();
void Keypros()                              //按键处理函数
{
    if(k1==0)
    {
    delay(1000);                            //去抖处理
    if(k1==0)
    {
        At24c02Write(1,num);                //在地址 1 内写入数据 num
    }
    while(!k1);
    }
    if(k2==0)
    {
    delay(1000);                            //去抖处理
    if(k2==0)
    {
        num=At24c02Read(1);                 //读取 EEPROM 地址 1 内的数据保存在 num 中
    }
    while(!k2);
    }
    if(k3==0)
    {
    delay(100);
    if(k3==0)
    {
        num++;                              //数据加 1
        if(num>255)num=0;
    }
    while(!k3);
    }
    if(k4==0)
    {
    delay(1000);
    if(k4==0)
    {
        num=0;                              //数据清 0
    }
    while(!k4);
    }
```

```c
}
void datapros()                              //数据处理函数
{
    disp[0] = smgduan[num/1000];             //千位
    disp[1] = smgduan[num%1000/100];         //百位
    disp[2] = smgduan[num%1000%100/10];      //个位
    disp[3] = smgduan[num%1000%100%10];
}
void main()
{
    while(1)
    {
        Keypros();                           //按键处理函数
        datapros();                          //数据处理函数
        DigDisplay();                        //数码管显示函数
    }
}
void Delay10us()
{
    unsigned char a,b;
    for(b=1;b>0;b--)
    for(a=2;a>0;a--);
}
//起始信号:在SCL时钟信号在高电平期间SDA信号产生一个下降沿
void I2cStart()
{
    SDA=1;
    Delay10us();
    SCL=1;
    Delay10us();                             //建立时间是SDA保持时间大于4.7μs
    SDA=0;
    Delay10us();                             //保持时间大于4μs
    SCL=0;
    Delay10us();
}
//终止信号:在SCL时钟信号高电平期间SDA信号产生一个上升沿
void I2cStop()
{
    SDA=0;
    Delay10us();
    SCL=1;
    Delay10us();                             //建立时间大于4.7μs
    SDA=1;
    Delay10us();
}
//通过I2C发送1字节.在SCL时钟信号高电平期间,保持发送信号SDA保持稳定
//发送成功返回1,发送失败返回0
```

```c
unsigned char I2cSendByte(unsigned char dat)
{
    unsigned char a = 0, b = 0;         //最大255,一个机器周期为 1 μs,最大延时 255 μs.
    for(a = 0; a < 8; a ++)             //要发送 8 位,从最高位开始
    {
        SDA = dat >> 7;                 //起始信号之后 SCL = 0,所以可以直接改变 SDA 信号
        dat = dat << 1;
        Delay10us();
        SCL = 1;
        Delay10us();                    //建立时间大于 4.7 μs
        SCL = 0;
        Delay10us();                    //时间大于 4 μs
    }
    SDA = 1;
    Delay10us();
    SCL = 1;
    while(SDA)                          //等待应答,也就是等待从设备把 SDA 拉低
    {
        b ++;
        if(b > 200)                     //如果超过 2000 μs 没有应答发送失败,或者为非应答,表示
                                        //  接收结束
        {
            SCL = 0;
            Delay10us();
            return 0;
        }
    }
    SCL = 0;
    Delay10us();
    return 1;
}
//使用 I2c 读取 1 字节,接收完 1 字节 SCL = 0, SDA = 1
unsigned char I2cReadByte()
{
    unsigned char a = 0, dat = 0;
    SDA = 1;                            //起始和发送 1 字节之后 SCL 都是 0
    Delay10us();
    for(a = 0; a < 8; a ++)             //接收 8 字节
    {
        SCL = 1;
        Delay10us();
        dat <<= 1;
        dat |= SDA;
        Delay10us();
        SCL = 0;
        Delay10us();
    }
    return dat;
}
```

```c
//往24c02的一个地址写入一个数据
void At24c02Write(unsigned char addr,unsigned char dat)
{
    I2cStart();
    I2cSendByte(0xa0);              //发送写器件地址
    I2cSendByte(addr);              //发送要写入内存地址
    I2cSendByte(dat);               //发送数据
    I2cStop();
}
//读取24c02的一个地址的一个数据
unsigned char At24c02Read(unsigned char addr)
{
    unsigned char num;
    I2cStart();
    I2cSendByte(0xa0);              //发送写器件地址
    I2cSendByte(addr);              //发送要读取的地址
    I2cStart();
    I2cSendByte(0xa1);              //发送读器件地址
    num = I2cReadByte();            //读取数据
    I2cStop();
    return num;
}
```

创 新 思 维

1. 逆向思维

逆向思维又称求异思维,它是对司空见惯的似乎已成定论的事物或观点反过来思考的一种思维方式。比如,以前我们在饿的时候都要去饭馆吃饭,后来出现了外卖,只要你在软件上订好餐,用不了多久,就会有人把饭送到你手中。过去我们买东西的时候,必须去超市,后来出现了网上购物,只要你在网上选好你想要的东西,过几天,就有快递小哥把东西送到你面前。我们对一件事情,如果按照循规蹈矩的思维方式,往往摆脱不掉习惯的束缚,会得到一种司空见惯的答案。任何事物都有多面性,当我们对某些问题利用正向思维找不到答案的时候,运用逆向思维,常常会取得意想不到的效果。

逆向思维是指对现有事物或理论相反方向的一种创新思维方式,它是创新思维中最主要、最基本的方式。运用逆向思维,可以从以下3点把握。

（1）面对新的问题,我们可以将通常思考问题的思路反过来,用常识看来是对立的、似乎根本不可能的办法去思考问题。

（2）面对长期解决不了的问题或长久困扰着我们的难题,不要沿着前辈或自己长久形成的固有思路去思考问题,而应该"迷途知返",即转换现有的思维,从与其相反的方向来寻找解决问题的办法。

（3）面对那些久久解决不了的特殊问题,我们可以采取"以毒攻毒"的办法,即不是从其他问题中来寻找解决特殊问题的办法,而是从特殊问题本身来寻找解决办法。

逆向思维是一种科学、复杂的思考方法。因此,在运用它时,一定要对所思考的对象有全面、深入、细致的了解,依据具体情况具体分析的原则。绝不能犯简单化的毛病,简单化只能产生谬误,它同需要严密科学的创新思维是没有缘分的。

2. 逆向思维的案例

有人落水,常规的思维模式是"救人离水",而司马光面对紧急险情,运用了逆向思维,果断地用石头把缸砸破,"让水离人",救了小伙伴性命。

爬楼梯是人在路上行走,逆向思维是人不走,路走。根据这种思维方式,发明了电梯。

一个自助餐厅因顾客浪费严重而效益不好,于是规定:凡是浪费食物者罚款10元!结果生意一落千丈。后经人提点将售价提高10元,规定改为:凡没有浪费食物者奖励10元!结果生意火爆且杜绝了浪费行为。

逆向思维就是反向思维,它是人类思维的一种特殊形式,具有普适性、新奇性、叛逆性的特点。

(1)普适性。逆向思维几乎在所有领域都具有适用性,从本质上讲,它是世界的对立统一性和矛盾的互相转化规律在人类思维中的体现。当常态思维"山穷水尽疑无路"时,将思路反转,有时会意外地"柳暗花明又一村"。

逆向思维也有无限多种形式。如性质上对立两极的转换,软与硬、高与低等。结构、位置上的互换、颠倒:上与下、左与右等。过程上的逆转:气态变液态或液态变气态、电转为磁或磁转为电等。不论哪种方式,只要从一个方面想到与之对立的另一方面,都是逆向思维。

(2)新奇性。逆向思维作为一种特有的生存智慧,处处能产生出奇制胜的效果。逆向思维的最大特点就在于改变常态的思维轨迹,用新的观点、新的角度、新的方式研究和处理问题,以求产生新的思想。

(3)叛逆性。所谓逆向思维的叛逆性,是指在思想的深处运用一种"对立的方法"透彻地思考某一特定难题,以便获得一种与众不同的解决难题的新途径。逆向思维就是能从相互矛盾的事物中、从矛盾着的事物的多重属性中分辨出利弊,将其转化。

思考练习题 12

一、填空题

1. SPI 接口是一种(　　)串行(　　)接口,允许单片机与(　　)的带有标准 SPI 接口的外围器件直接连接。
2. SPI 具有较高的数据传输速率,最高可达(　　)Mbit/s。
3. I^2C 的英文全称为(　　),是应用广泛的(　　)总线。
4. I^2C 串行总线只有两条信号线,一条是(　　)SDA,另一条是(　　)SCL。

二、判断题

1. SPI 串口每发送、接收一位数据都伴随有一个同步时钟脉冲来控制。　　(　　)
2. 单片机通过 SPI 串口扩展单个 SPI 器件时,外围器件的片选端 CS 一定要通过 I/O 口控制。　　(　　)
3. SPI 串口在扩展多个 SPI 器件时,单片机应分别通过 I/O 口线来控制各器件的片选端

$\overline{\text{CS}}$ 来分时选通外围器件。 ( )
4. SPI 系统中单片机对从器件的选通不需要地址字节。 ( )
5. I²C 串行总线对各器件采用的是纯软件的寻址方法。 ( )

三、简答题

1. I²C 串行总线的优点是什么？
2. I²C 串行总线的数据传输方向如何控制？
3. 单片机如何对 I²C 串行总线中的器件进行寻址？
4. I²C 串行总线在数据传送时，应答是如何进行的？

第13章 A/D、D/A转换

在单片机测控系统中,单片机处理完毕的数字量,有时根据控制要求需要转换为模拟量输出,数字量转换成模拟量的器件称为DAC(D/A转换器)。而对温度、压力、流量、速度等非电物理量的测量,需经传感器先转换成连续变化的电压或电流,然后再转换成数字量后才能在单片机中进行处理,实现模拟量转换成数字量的器件称为ADC(A/D转换器)。本章从应用的角度,介绍AT89S52单片机与典型的D/A转换器、A/D转换器的接口设计。

13.1 单片机扩展DAC概述

单片机只能输出数字量,但是对于某些控制场合,常常需要输出模拟量,例如,直流电动机的转速控制。下面介绍单片机如何扩展DAC。

目前集成化的DAC芯片种类繁多,设计者只需要合理选用芯片,了解它们的性能、引脚外特性以及与单片机的接口设计方法即可。由于现在部分单片机的芯片中集成了DAC,位数一般在10位左右,且转换速度也很快,所以单片的DAC开始向高的位数和高转换速度上转变。而低端的并行8位DAC,开始面临被淘汰的危险,但是在实验室或涉及某些工业控制方面的应用,低端8位DAC以其优异的性价比还是具有较大的应用空间。

13.1.1 D/A转换器简介

购买和使用D/A转换器时,要注意有关D/A转换器选择的几个问题。

1) D/A转换器的输出形式

D/A转换器有两种输出形式:电压输出和电流输出。电流输出的D/A转换器在输出端加一个运算放大器构成的$I-V$转换电路,即可转换为电压输出。

2) D/A转换器与单片机的接口形式

单片机与D/A转换器的连接,早期多采用8位的并行传输的接口,现在除了并行接口外,带有串行接口的D/A转换器品种也不断增多,目前较为流行的多采用SPI串行接口。在选择单片D/A转换器时,要根据系统结构考虑单片机与D/A转换器的接口形式。

13.1.2 主要技术指标

D/A转换器的技术指标很多,设计者最关心的技术指标有:

1) 分辨率

分辨率指单片机输入给D/A转换器的单位数字量的变化所引起的模拟量输出的变化,通常定义为输出满刻度值与2^n之比(n为D/A转换器的二进制位数),习惯上用输入数字量的位数表示。

显然,二进制位数越多,分辨率越高,即 D/A 转换器输出对输入数字量变化的敏感程度越高。例如,8 位 D/A 转换器若满量程为 10 V,则分辨率为 $10\ V/2^n = 10\ V/256 = 39.1\ mV$,即输入的二进制最低位数字量可引起输出的模拟电压变化 39.1 mV,该值占满量程的 0.391%,常用符号 1LSB 表示。

同理,

10 位 D/A 转换器,1 LSB = 9.77 mV = 0.1% 满量程。

12 位 D/A 转换器,1 LSB = 2.44 mV = 0.024% 满量程。

16 位 D/A 转换器,1 LSB = 0.076 mV = 0.000 76% 满量程。

使用时,应根据对 D/A 转换器分辨率的需要来选定 D/A 转换器的位数。

2)建立时间

建立时间是用于描述 D/A 转换器转换时间长短的参数。其值为从输入数字量到输出达到终值误差 ±(1/2)LSB(最低有效位)时所需的时间。电流输出的转换时间较短,而电压输出的转换器,由于要加上完成 $I-V$ 转换的时间,因此建立时间要长一些。快速 D/A 转换器的建立时间可控制在 1 μs 以下。

3)转换精度

理想情况下,转换精度与分辨率基本一致,位数越多精度越高。但由于电源电压、基准电压、电阻、制造工艺等各种因素存在误差,严格地讲,转换精度与分辨率并不完全一致。两个相同位数的不同的 DAC,只要位数相同,分辨率则相同,但转换精度会有所不同。例如,某种型号的 8 位 DAC 精度为 ±0.19%,而另一种型号的 8 位 DAC 精度为 ±0.05%。

13.2 单片机扩展并行 8 位 DAC0832 芯片的设计

13.2.1 DAC0832 芯片简介

美国国家半导体公司的 DAC0832 芯片是具有两级输入数据寄存器的 8 位 DAC,它能直接与 AT89S52 单片机连接,主要特性如下:

(1)分辨率为 8 位。

(2)电流输出,建立时间为 1 μs。

(3)可双缓冲输入、单缓冲输入或直通输入。

(4)单一电源供电(5~15 V),低功耗,20 mW。

DAC0832 芯片的引脚如图 13-1 所示,DAC0832 芯片的内部结构如图 13-2 所示。

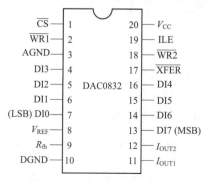

图 13-1 DAC0832 芯片的引脚

由图 13-2 可见,片内共有两级寄存器,第一级为"8 位输入寄存器",用于存放单片机送来的数字量,使得该数字量得到缓冲和锁存,由 $\overline{LE1}$ 控制(即 M1 = 1 时);"8 位 DAC 寄存器"是第二级 8 位输入寄存器,用于存放待转换的数字量,由 $\overline{LE2}$ 控制(即 M3 = 1 时),这两级 8 位寄存器构成了两级输入数字量缓存。"8 位 D/A 转换电路"受"8 位 DAC 寄存器"输出的数字量控制,输出和数字量成正比的模拟电流。

DAC0832 芯片各引脚的功能如下:

(1) DI7-DI0:8 位数字信号输入端,接收单片机发来的数字量。

(2) ILE、$\overline{CS}$、$\overline{WR1}$:当 ILE = 1,$\overline{CS}$ = 0,$\overline{WR1}$ = 0 时,即 M1 = 1,第一级的 8 位输入寄存器被选中。待转换的数字信号被锁存到第一级 8 位输入寄存器中。

(3) $\overline{XFER}$、$\overline{WR2}$:当 $\overline{XFER}$ = 0,$\overline{WR2}$ = 0 时,第一级的 8 位输入寄存器中待转换的数字进入第二级的 8 位 DAC 寄存器中。

(4) I_{OUT1}:D/A 转换器电流输出 1 端,输入数字量全为 1 时,I_{OUT1} 最大,输入数字量全为 0 时,I_{OUT1} 最小。

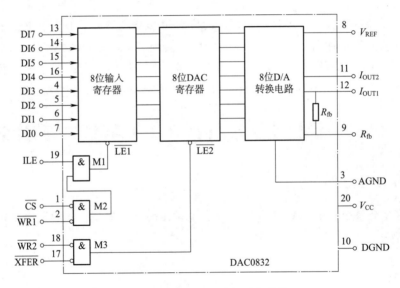

图 13-2 DAC0832 芯片的内部结构

(5) I_{OUT2}:D/A 转换器电流输出 2 端,I_{OUT2} + I_{OUT1} = 常数。

(6) R_{fb}:I - V 转换时的外部反馈信号输入端,内部已有反馈电阻 R_{fb},根据需要也可外接反馈电阻。

(7) V_{REF}:参考电压输入端。

(8) V_{CC}:电源输入端,在 5 ~ 15 V 范围内。

(9) DGND:数字信号地。

(10) AGND:模拟信号地,最好与基准电压共地。

13.2.2 案例设计:单片机扩展 DAC0832 芯片的程控电压源

单片机控制 DAC0832 芯片可实现数字调压,单片机只要送给 DAC0832 芯片不同的数字量,即可实现不同的模拟电压输出。

DAC0832 芯片的输出可采用单缓冲方式或双缓冲方式。单缓冲方式是指 DAC0832 芯片片内的两级数据寄存器有一个处于直通方式,另一个处于受单片机控制的锁存方式。在实际应用中,如果只有一路模拟量输出,或虽是多路模拟量输出,但并不要求多路输出同步的情况下,就可采用单缓冲方式。

单片机控制 DAC0832 芯片实现数字调压的单缓冲方式接口原理电路,如图 13-3 所示。由于 $\overline{XFER}=0$、$\overline{WR2}=0$,所以第二级"8 位 DAC 寄存器"处于直通方式。第一级"8 位输入寄存器"为单片机控制的锁存方式,3 个锁存控制端的 ILE 直接接有效的高电平,另两个控制端 $\overline{CS}$、$\overline{WR1}$ 分别由单片机的 P2.0 引脚和 P2.1 引脚来控制。

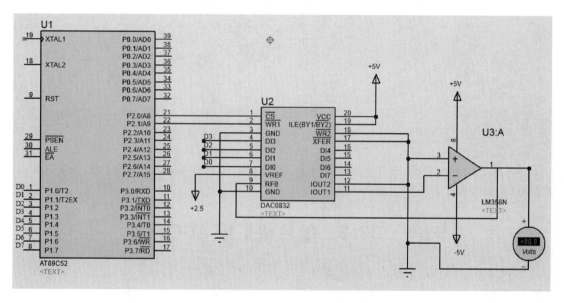

图 13-3 单缓冲方式的接口原理电路

DAC0832 芯片的输出电压 V_o 与输入数字量 B 的关系为

$$V_o = -(B \times V_{REF})/256$$

由上式可见,DAC0832 芯片的输出电压 V_o 和输入数字量 B 以及基准电压 V_{REF} 成正比,且 B 为 0 时,V_o 也为 0;B 为 255 时,V_o 为最大的绝对值输出,且不会大于 V_{REF}。下面介绍单缓冲方式下单片机扩展 DAC0832 芯片的程控电压源的设计案例。

例 13.1 单片机与 DAC0832 芯片单缓冲方式接口原理电路如图 13-3 所示,单片机的 P2.0 引脚控制 DAC0832 芯片的 $\overline{CS}$,P2.1 引脚控制 $\overline{WR1}$。当 P2.0 引脚为低时,如果同时 $\overline{WR}$ 有效,单片机就会把数字量通过 P1 口送入 DAC0832 芯片的 DI7～DI0 端,并转换输出。用虚拟直流电压表测量经运放 LM358N 的 I/U 转换后的电压值,并观察输出电压的变化。

在仿真运行后,可看到虚拟直流电压表测量的输出电压在 -2.5～0 V(参考电压为 2.5 V)范围内不断线性变化。如果参考电压为 5 V,则输出电压在 -5～0 V 范围内变化。如果虚拟直流电压表太小,看不清楚电压的显示值,可用鼠标滚轮放大直流电压表图标。

参考程序如下:

```c
#include <reg52.h>
#define uchar unsigned char
#define uint unsigned int
#define Out P1
sbit DAC_cs = P2^0;
sbit DAC_wr = P2^1;
void main (void)
{
    uchar temp, i = 255;
    while(1)
    {
        Out = temp;
        DAC_cs = 0;             //单片机控制CS引脚为低
        DAC_wr = 0;             //单片机控制WR1引脚为低,向 DAC 写入转换的数字量
        DAC_cs = 1;
        DAC_wr = 1;
        temp ++ ;
        while( -- i);           //i 先减1,然后再使用 i 的值
        while( -- i);
    }
}
```

单片机送给 DAC0832 芯片不同的数字量,就可得到不同的输出电平,从而使单片机控制的 DAC0832 芯片成为一个程控电压源。

13.3　单片机扩展 ADC 概述

A/D 转换器(ADC)把模拟量转换成数字量,单片机才能进行数据处理,这就是通常所说的数据采集系统。

13.3.1　A/D 转换器简介

随着超大规模集成电路技术的飞速发展,大量结构不同、性能各异的 A/D 转换芯片应运而生。对设计者来说,只需合理地选择芯片即可。现在部分单片机的片内也集成了 A/D 转换器,位数为 8 位、10 位或 12 位,且转换速度很快,但是在片内 A/D 转换器不能满足需要的情况下,还是需要外扩。因此,作为外部扩展 A/D 转换器的基本方法,读者还是应当掌握的。

尽管 A/D 转换器的种类很多,但目前广泛应用在单片机应用系统中的主要有逐次比较型 A/D 转换器和双积分型 A/D 转换器,此外 $\sum$-Δ 式 A/D 转换器也逐渐得到重视和应用。

逐次比较型 A/D 转换器,在精度、速度和价格上都适中,是最常用的 A/D 转换器。双积分型 A/D 转换器,具有精度高、抗干扰性好、价格低廉等优点,与逐次比较型 A/D 转换器相比,转换速度较慢,在单片机应用领域中也已得到广泛应用。$\sum$-Δ 式 A/D 转换器具有双积分型与逐次比较型 A/D 转换器的双重优点。它对工业现场的串模干扰具有较强的抑制能力,不亚于双积分型 A/D 转换器,它比双积分型 A/D 转换器有较高的转换速度,与逐次比较型 A/D 转换器相比,有较高的信噪比,分辨率高,线性度好。由于上述优点,$\sum$-Δ 式 A/D 转

换器已得到设计者的重视,已有多种 $\sum$-Δ 式 A/D 转换器芯片可供用户选用。

A/D 转换器按照输出数字量的有效位数分为 4 位、8 位、10 位、12 位、14 位、16 位并行输出以及 BCD 码输出的 $3\frac{1}{2}$ 位、$4\frac{1}{2}$ 位、$5\frac{1}{2}$ 位等多种。目前,除了并行的 A/D 转换器外,带有同步 SPI 串行接口的 A/D 转换器的使用也逐渐增多。串行接口的 A/D 转换器具有占用单片机的端口线少、使用方便、接口简单等优点,已得到广泛应用。较为典型的串行接口的 A/D 转换器为美国 TI 公司的 TLC549(8 位)、TLC1549(10 位)、TLC1543(10 位)和 TLC2543(12 位)等。

A/D 转换器按照转换速度可大致分为超高速(转换时间≤1 ns)、高速(转换时间≤1 μs)、中速(转换时间≤1 ms)、低速(转换时间≤1 s)等几种不同转换速度的芯片。目前许多新型的 A/D 转换器已将多路转换开关、时钟电路、基准电压源、二-十进制译码器和转换电路集成在一个芯片内,为用户提供了极大的方便。

13.3.2 主要技术指标

(1)转换时间或转换速度。转换时间是指 A/D 转换器完成一次转换所需要的时间。转换时间的倒数为转换速度。

(2)分辨率。分辨率是衡量 A/D 转换器能够分辨出输入模拟量最小变化程度的技术指标。分辨率取决于 A/D 转换器的位数,所以习惯上用输出的二进制位数表示。例如,某型号 A/D 转换器的满量程输入电压为 5 V,可输出 12 位二进制数,即用 2^{12} 个数进行量化,分辨能力为 1LSB,即 $5\text{ V}/2^{12}=1.22\text{ mV}$,其分辨率为 12 位,或能分辨出输入电压 1.22 mV 的变化。又如,双积分型输出 BCD 码的 A/D 转换器 MC14433,其满量程输入电压为 2 V,其输出最大的十进制数为 1 999,分辨率为 $3\frac{1}{2}$ 位,即 3 位半(最高位为 1 或 0,称为半位),如果换算成二进制位数表示,其分辨率大约为 11 位,因为 1 999 最接近于 $2^{11}=2\ 048$。

量化过程引起的误差称为量化误差。量化误差是由于有限位数字量对模拟量进行量化而引起的误差。量化误差理论上规定为一个单位分辨率的 ±(1/2)LSB,提高 A/D 转换器的位数既可提高分辨率,又能够减少量化误差。

(3)转换精度。定义为一个实际 A/D 转换器与一个理想 A/D 转换器在量化值上的差值,可用绝对误差或相对误差表示。

这里需要注意的是,两片具有相同位数的 A/D 转换器,它们的转换精度未必相同。

13.4 单片机扩展并行 8 位 ADC0809 芯片的设计

13.4.1 ADC0809 芯片简介

1. ADC0809 芯片功能及引脚

ADC0809 是一种逐次比较型 8 路模拟输入、8 位数字量输出的 A/D 转换器,其引脚如图 13-4 所示。

ADC0809 芯片共有 28 只引脚，双列直插式封装，各引脚的功能如下：

(1) IN0 ~ IN7：8 路模拟信号输入端。

(2) D0 ~ D7：转换完毕的 8 位数字量输出端。

(3) C、B、A 与 ALE：C、B、A 端控制 8 路模拟输入通道的切换，分别与单片机的 3 条地址线相连。C、B、A = 000 ~ 111 分别对应 IN0 ~ IN7 通道的地址。各路模拟输入通道之间的切换由单片机改变加到 C、B、A 上的地址编码来实现。ALE 为 ADC0809 芯片接收 C、B、A 编码时的锁存控制信号。

(4) OE、START、CLK：OE 为转换结果输出允许端；START 为启动信号输入端；CLK 为时钟信号输入端，ADC0809 芯片的 CLK 信号必须外加。

(5) EOC：转换结束输出信号。当 A/D 转换开始时，该引脚为低电平；当 A/D 转换结束时，该引脚为高电平。

(6) $V_{REF(+)}$、$V_{REF(-)}$：基准电压输入端。

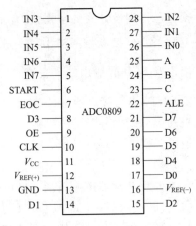

图 13-4　ADC0809 芯片的引脚

2. ADC0809 芯片的内部结构

ADC0809 芯片的内部结构框图如图 13-5 所示。ADC0809 芯片采用逐次比较的方法完成 A/D 转换，由单一的 +5 V 电源供电。片内带有锁存功能的 8 路选 1 的模拟开关，由加到 C、B、A 引脚上的编码来确定所选的通道。ADC0809 芯片完成一次转换需 100 μs，它具有输出 TTL 三态锁存缓冲器，可直接连到单片机的数据总线上。通过适当的外接电路，ADC0809 芯片可对 0 ~ 5 V 的模拟信号进行转换。

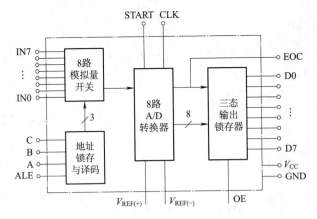

图 13-5　ADC0809 芯片的内部结构框图

3. 输入模拟电压与输出数字量的关系

ADC0809 芯片的输入模拟电压与转换输出结果的数字量的关系如下：

$$V_{IN} = \frac{V_{REF(+)} - V_{REF(-)}}{256} \cdot N + V_{REF(-)}$$

其中，V_{IN}处于(V_{REF})之间，N为十进制数。通常情况下V_{REF}接+5 V，$V_{REF(-)}$接地，即模拟输入电压范围为0～5 V，对应的数字量输出为0x00～0xff。

4. ADC0809 芯片的转换工作原理

在讨论单片机与 ADC0809 芯片的接口设计之前，先了解单片机如何控制 A/D 转换器开始转换，如何得知 A/D 转换结束以及单片机如何读入转换结果的问题。

单片机控制 ADC0809 芯片进行 A/D 转换的过程如下：首先由加到 C、B、A 上的编码来选中 ADC0809 芯片的某一路模拟输入通道，同时产生高电平加到 ADC0809 芯片的 START 引脚，开始对选中的通道转换。当转换结束时，ADC0809 芯片发出转换结束 EOC(高电平)信号。当单片机读取转换结果时，需控制 OE 端为高电平，把转换完毕的数字量读入单片机内。

单片机读取 A/D 转换结果可采用查询方式和中断方式。

查询方式是检测 EOC 引脚是否变为高电平，若为高电平则说明转换结束，然后单片机读入转换结果。

中断方式是单片机开始启动 A/D 转换器转换之后，单片机执行其他程序。ADC0809 芯片转换结束后 EOC 变为高电平，EOC 信号通过反相器向单片机发出中断请求信号，单片机响应中断，进入中断服务程序，在中断服务程序中读入转换完毕的数字量。很明显，采用中断方式的效率高。

13.4.2 案例设计：单片机控制 ADC0809 芯片进行 A/D 转换

例 13.2　单片机采用查询方式控制 ADC0809 芯片(由于 Proteus 元件库中没有 ADC0809 芯片，可用与其兼容的 ADC0808 芯片替代。ADC0808 芯片与 ADC0809 芯片性能完全相同，用法一样)进行 A/D 转换，原理电路如图 13-6 所示。

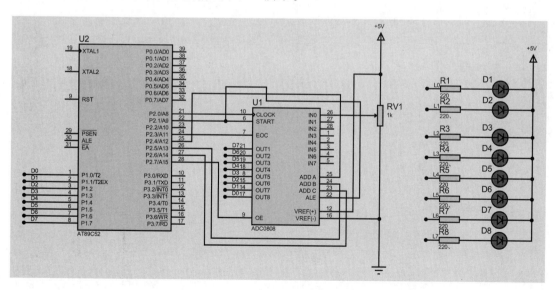

图 13-6　单片机控制 ADC0809 芯片进行转换原理电路

输入给 A/D 转换器的模拟电压可通过调节可变电阻器 RV1 来实现。ADC0808 芯片将输入的模拟电压转换成二进制数字，并通过 P1 口的输出，来控制发光二极管的亮与灭，显示转换结果的二进制数字量。

ADC0808 芯片转换一次约需 100 μs，本例使用 P2.3 来查询 EOC 引脚的电平，判断 A/D 转换是否结束。如果 EOC 引脚为高电平，说明 A/D 转换结束，单片机则从 P1 口读入转换二进制的结果，然后把结果从 P0 口输出给 8 只发光二极管，发光二极管被点亮的位，对应转换结果 0。

参考程序如下：

```
#include <reg51.h>
#define uchar unsigned char
#define uint unsigned int
#tlefine LED P0
#define Out P1
sbit start = P2^1;
sbit OE = P2^7;
sbit EOC = P2^3;
sbit CLOCK = P2^0;
sbit add_a = P2^4;
sbit add_b = P2^5;
sbit add_c = P2^6;
void main(void)
{
    uchar temp;
    add_a = 0;
    add_b = 0;
    add_c = 0;                  //选择 ADC0809 的通道 0
    while(1)
    {
        start = 0;
        start = 1;
        start = 0;              //启动转换
        while(1)
        {
            clock = !clock;
            if(EOC == 1) break;
        }                       //等待转换结束
        OE = 1;                 //允许输出
        temp = out;             //暂存转换结果
        OE = 0;                 //关闭输出
        LED = temp;             //采样结果通过 P0 口输出到 LED
    }
}
```

A/D 转换器在转换时必须要单独加基准电压，用高精度稳压电源供给，其电压的变化要小于 1LSB，这是保证转换精度的基本条件。否则当被转换的输入电压不变，而基准电压的变化大于 1LSB，也会引起 A/D 转换器输出的数字量变化。

如果单片机采用中断方式读取转换结果。可将 EOC 引脚与单片机的 P2.3 引脚断开，EOC 引脚接反相器（如 74LS04 芯片）的输入，反相器的输出接至单片机的外部中断请求输入端 INT0 或 INT1 引脚），从而在转换结束时，向单片机发出中断请求信号。读者可将本例的接口电路及程序进行修改，采用中断方式来读取 A/D 转换结果。

创新思维

破除思维定式

要形成创新思维，第一步便是要打破思维定式、偏见等常规思维对我们思想的束缚。但基于不同常规思维的特点，打破常规思维的方式也不尽相同。

1）破除从众型思维枷锁

破除从众型思维枷锁，需要提倡"反潮流"精神。"反潮流"精神，就是在认识和思考问题的时候，相信自己的理性判断能力，能够顶住周围多数人的压力，敢于坚持自己的观点，不轻易附和其他人。一般来说，创新思维能力强的人，大都具有思维反潮流的精神；而思维从众倾向比较强的人，创新思维能力相对较弱。

2）破除权威型思维枷锁

要破除权威型思维枷锁，需要学会审视权威。首先，要审视是不是本专业的权威。其次，要审视是不是本地域的权威。权威除了有专业性，还有地域性。适用彼时彼地的权威性意见，不一定适用于此时此地。再次，要审视是不是当今的权威。权威是具有时间性的，不存在永久的权威。最后，要审视是否是真正的权威或权威结论。即便真的是权威，但其结论的得出是出于某种利益的需要，这种结论未必具有真实性。

在科学上有一个不可否认的事实：一些半路出家的冒险者闯入一个新的领域，往往能够给这个科学领域带来新的突破。美国著名的创新学专家奥斯本也佐证说："历史证明，许多伟大的思想都是由那些对有关问题没有进行过专门研究的人所创造出来的"。

历史上很多重要的发明来源于外行人士。房地产经纪人恩德斯发现了试管中培养小儿麻痹症的病毒的简便方法；伽利略发现钟摆原理时还是个医生；电报是由莫尔斯发明的，他仅是一名肖像画家；蒸汽船为艺术家富尔顿所发明；惠特尼是一位小学老师，却发明了轧棉机。

3）破除经验型、书本型思维枷锁

经验思维具有局限性，如经验思维只坚持事物的个性和事物固定的特性，多停留在事物的表面联系上，实际上并未了解事物的内在规律与本质特征。因此，破除书本型思维枷锁的途径在于增长运用知识的智慧；在于尊重实践，注意在实践中学习；在于善于超越有限的专业领域，开阔视野，拓展思维空间。

年轻人更容易出重大原创性成果，其原因可能非常复杂，但其中一个重要的因素是年轻人没有传统经验的干扰，因而更少有保守思想，更倾向于革命与颠覆。缺乏经验的年轻人往往比老年人在原创性上更锐利。牛顿、爱因斯坦都是在年轻时做出了人类历史上最重要的贡献。事实上，历史上许多重大的发明都是年轻人所为。有人统计了 301 位诺贝尔奖获得者，其中大约 40% 的人是在 35~45 岁获奖的,而且绝大多数获奖者的科研成果是在获奖前 4~10 年完成的。

超越有限经验是破除思维枷锁的有效方法之一。假如你手里有一张报纸,第一天将它对折,第二天再对折一次,以后每天对折一次,两个月后,你能想象一下报纸大概有多厚吗?(假设理论上可以做到多次对折)这个问题看似简单,却是超越我们日常经验的。对于这个问题,人们脑海里浮现的是一张薄薄的纸和 60 天有限的时间,因此,当要求大家具体想象一下多次对折后的厚度时,有人说也许有四层楼那么高,有人说它的厚度说不定能达到喜马拉雅山那么高。到底有多厚呢?我们知道对折 60 次后的层数为 2^{60},如果按 100 层纸厚 1 cm 计算,对折 30 次的厚度大概是 107 374 m,已经相当于 12 座珠峰的高度,再对折 30 次,将是什么样的厚度呢?

这样我们就看到,大多数人总是习惯于凭自己的经验做出判断,这种经验一般而言是感性的、朦胧的、自闭的。其最大的特点是局限性。个人的经验永远只能是具体的,而一切的具体都是有限的。经验无法达到完全归纳,一切有限的经验归纳在无限的事实面前其比值永远趋向于零。

思考练习题 13

一、填空题

1. 对于电流输出型的 D/A 转换器,为了得到电压输出,应使用(　　)。
2. 使用双缓冲同步方式的 D/A 转换器,可实现多路模拟信号的(　　)输出。
3. 一个 8 位 A/D 转换器的分辨率是(　　),若基准电压为 5 V,该 A/D 转换器能分辨的最小的电压变化为(　　)。
4. 若单片机发送给 8 位 D/A 转换器 DAC0832 的数字量为 65H,基准电压为 5 V,则 D/A 转换器的输出电压为(　　)。
5. 若 A/D 转换器 ADC0809 的基准电压为 5 V,输入的模拟信号为 2.5 V 时,A/D 转换后的数字量是(　　)。

二、判断题

1. "转换速度"这一指标仅适用于 A/D 转换器,D/A 转换器不用考虑"转换速度"问题。
(　　)
2. ADC0809 芯片可以利用"转换结束"信号 EOC 向 AT89S52 单片机发出中断请求。
(　　)
3. 输出模拟量的最小变化量称为 A/D 转换器的分辨率。(　　)
4. 对于周期性的干扰电压,可使用双积分型 A/D 转换器,并选择合适的积分元件,可以将该周期性的干扰电压带来的转换误差消除。(　　)

三、简答题

1. D/A 转换器的主要性能指标都有哪些?设某 DAC 为二进制 12 位,满量程输出电压为

5 V,试问它的分辨率是多少?

2. A/D 转换器两个最重要的技术指标是什么?

3. 一个 8 位的 A/D 转换器,当输入电压为 0~5 V 时,其最大的量化误差是多少?

4. 目前应用较广泛的 A/D 转换器主要有哪几种类型?它们各有什么特点?

5. 在 DAC 和 ADC 的主要技术指标中,量化误差、分辨率和精度有何区别?

参 考 文 献

[1] 张毅刚,赵光权,刘旺.单片机原理及应用[M].3版.北京:高等教育出版社,2016.
[2] 张毅刚.单片机原理及应用[M].北京:高等教育出版社,2004.
[3] 林立,张俊亮.单片机原理及应用:基于Proteus和Keil C[M].4版.北京:电子工业出版社,2018.
[4] 黄勤.单片机原理及应用[M].北京:清华大学出版社,2010.
[5] 张志良.80C51单片机实用教程:基于Keil C和Proteus[M].北京:高等教育出版社,2016.
[6] 郭石川,赵莉.优培智力丛书:星级发散思维训练[M].北京:少年儿童出版社,2009.
[7] 曹裕,陈劲.创新思维与创新管理[M].北京:清华大学出版社,2017.